高等院校学前教育
专业创新型系列教材

学前儿童发展心理学

成丹丹　龙　琴　常伟苹　主　编
何　平　向　英　张琬婧　副主编

清华大学出版社
北　京

内 容 简 介

本书共包括十二章，涵盖了学前儿童发展心理学的理论流派、学前儿童的认知发展、学前儿童个性和社会性发展、学前儿童情绪情感的调节等方面的内容。在本书编写过程中注重思政育人理念，并参考了幼儿园教师资格考试《保教知识与能力》考试大纲，将章节导航、真题链接、案例放送、知识之窗、实习实训和思政小结等部分有机结合，将立德树人的目标贯穿于理论学习与实习实践全过程。本书配有教学资源，扫描本书正文二维码可观看教学视频，下载考证真题及教学课件。

本书可作为本科院校、高职高专院校学前教育专业教材，也可供学前教育工作者、幼儿园教师和幼儿家长参考。

图书在版编目(CIP)数据

学前儿童发展心理学/成丹丹，龙琴，常伟苹主编. —北京：清华大学出版社，2022.1(2022.9 重印)
高等院校学前教育专业创新型系列教材
ISBN 978-7-302-59343-0

Ⅰ. ①学…　Ⅱ. ①成…　②龙…　③常…　Ⅲ. ①学前儿童—儿童心理学—发展心理学—高等学校—教材　Ⅳ. ①B844.12

中国版本图书馆 CIP 数据核字(2021)第 207757 号

责任编辑：张　弛
封面设计：于晓丽
责任校对：刘　静
责任印制：朱雨萌

出版发行：清华大学出版社
　　网　　址：http://www.tup.com.cn，http://www.wqbook.com
　　地　　址：北京清华大学学研大厦 A 座　　**邮　　编**：100084
　　社 总 机：010-83470000　　**邮　　购**：010-62786544
　　投稿与读者服务：010-62776969，c-service@tup.tsinghua.edu.cn
　　质量反馈：010-62772015，zhiliang@tup.tsinghua.edu.cn
　　课件下载：http://www.tup.com.cn，010-83470410
印 装 者：三河市金元印装有限公司
经　　销：全国新华书店
开　　本：185mm×260mm　　**印　　张**：16.75　　**字　　数**：379 千字
版　　次：2022 年 2 月第 1 版　　**印　　次**：2022 年 9 月第 3 次印刷
定　　价：49.90 元

产品编号：083867-01

编写委员会

主　编

成丹丹　龙　琴　常伟苹

副主编

何　平　向　英　张琬婧

编　者

夏　静　蒋登宇　叶盛通　王　佣　杨　章

前　言

随着国家教师资格证考试的全面开展，学前教育专业的学生，尤其是高职高专院校的学生都将面临着如何才能拿到教师资格证的问题，因为考取幼儿教师资格证是他们未来迈向职场的第一步。本书旨在帮助学生掌握学前儿童心理发展的相关知识，着重训练学生用理论知识解决实际问题的能力，帮助学生在学完专业课程之后能够应对相关专业的考试并能解决实际问题。

本书可供高等院校学前教育专业全日制本科生、应用型本科生使用，也可供高职高专院校学前教育专业学生、成人教育以及中职学校学前教育专业学生使用，同时还可供幼儿教育工作者和幼儿家长参考使用。

本书的编写人员由高等院校和高专院校的学前儿童发展心理学专职教师构成，编者们具有丰富的一线教学经验，并了解学生的学习特点和规律。编写时始终贯彻"立德树人"的思政目标，参考国家教师资格证《幼儿保教知识与能力》考试大纲，书中"章节导航"部分可帮助学生形成学科的基本结构，"真题链接"部分可帮助学生精准把握历年出题要点和规律，"案例放送"部分可帮助学生结合现实实例理解相关知识，"知识之窗"部分可帮助开阔学生的眼界和思维，章末的"实习实训"部分能指导学生在实习中活学活用，"思政小结"部分能提醒学生学知识时塑品德。此外，本书还配套有与重要知识点关联的学前儿童视频资源、考试真题及课件，通过手机扫描书中的二维码即可观看和获取。

本书内容共包括十二章，第一章，学前儿童发展心理学概论，简要介绍学前儿童发展心理学的研究内容、方法和理论流派；第二章，学前儿童的注意；第三章，学前儿童的感知觉；第四章，学前儿童的记忆；第五章，学前儿童的想象；第六章，学前儿童的思维；第七章，学前儿童的言语；第八章，学前儿童的情绪情感；第九章，学前儿童的意志；第十章，学前儿童的个性；第十一章，学前儿童的社会性；第十二章，学前儿童的心理健康。

本书第一章由杨章编写，第二章由向英编写，第三章和第十二章由龙琴编写，第四章由王佣编写，第五章由夏静编写，第六章和第七章由成丹丹编写，第八章由张琬婧编写，第九章由蒋登宇编写，第十章由叶盛通编写，第十一章由常伟苹编写。本书由成丹丹和何平提出编写提纲并负责全书的修改与统稿工作。感谢山东女子学院附属幼儿园赵学静、王泽文和牛文君老师提供的视频与案例，感谢家长和小朋友们的大力支持！

由于编者水平有限，本书难免存在疏漏之处，恳请各位专家同行和广大读者批评指正。

教学课件

编　者

2021 年 7 月

目 录

第一章
学前儿童发展心理学概论

章节导航

- 学前儿童发展心理学概论
  - 学前儿童发展心理学概述
    - 学前儿童发展心理学的研究对象
    - 学前儿童发展心理学的研究内容
    - 学前儿童发展心理学的研究意义
    - 学前儿童发展心理学的研究方法
  - 影响学前儿童心理发展的因素
    - 生物因素
    - 环境因素
    - 主观因素
  - 学前儿童心理发展的理论流派
    - 精神分析理论
    - 行为主义理论
    - 皮亚杰的认知发展理论
    - 维果茨基的社会文化理论
    - 布朗芬布伦纳的生态系统理论

学习目标

1. 了解学前儿童心理发展的基本概念，理解并掌握学前儿童心理发展的一般特点。

2. 理解并掌握影响儿童心理发展的主客观因素及其作用，并能对相关案例进行分析。

3. 熟悉遗传决定论、环境决定论、成熟决定论的主要观点，树立正确的心理发展观。

4. 了解不同心理学流派的主要思想，并能用理论指导教学实践。

案例放送

3岁的涛涛在幼儿园不爱说话，也从不与其他小朋友一起玩，即使是在参加有趣的区角游戏活动时，也不进入活动区，甚至连看都不看一眼，只是一个人沉溺在自己的世界里；老师过去和他沟通时，他也不说话，眼睛也不敢看老师；老师将他抱在怀里，他显得很紧张，有明显的抗拒行为。老师建议家长带涛涛去咨询心理专家，通过专家诊断，涛涛患有自闭症。根据心理专家的治疗方案，老师与家长密切配合，涛涛的病情有了明显的好转。

儿童的心理发展是有规律的，在某个年龄阶段会表现出某个年龄阶段的特征。如果儿童在特定年龄阶段的表现与其他同龄儿童有明显的不同，就有可能存在一定的心理问题，应该引起家长或教师的重视，并给予及时的干预，才有助于儿童心理的健康发展。

第一节　学前儿童发展心理学概述

学前儿童发展心理学是个体发展心理学的一个分支。个体发展心理学旨在探究人类从胚胎到死亡的全过程，揭示各个年龄阶段的发展规律和心理特征。而学前儿童发展心理学主要是研究个体从出生到上小学之前的心理发生发展特点和规律的一门科学，着重研究个体发展的早期阶段。

一、学前儿童发展心理学的研究对象

学前儿童发展心理学研究的对象是学前儿童。目前，我国学术界对学前儿童这一概念的界定并不完全一致，存在广义和狭义之分。广义的学前儿童指从出生或从受精卵开始到上小学之前（0～6岁）的儿童。狭义的学前儿童指从进入幼儿园到入小学之前（3～6岁）的儿童。本书研究的是广义的学前儿童，指个体从受精卵开始到6岁这一生命历程。在本书中进一步将学前儿童期划分为四个阶段：胎儿期，精卵细胞结合到小儿出生前；新生儿期，胎儿娩出、脐带结扎时起至出生后满28天；婴儿期，出生后到3周岁之前；幼儿期，3周岁后到6周岁（见图1-1）。

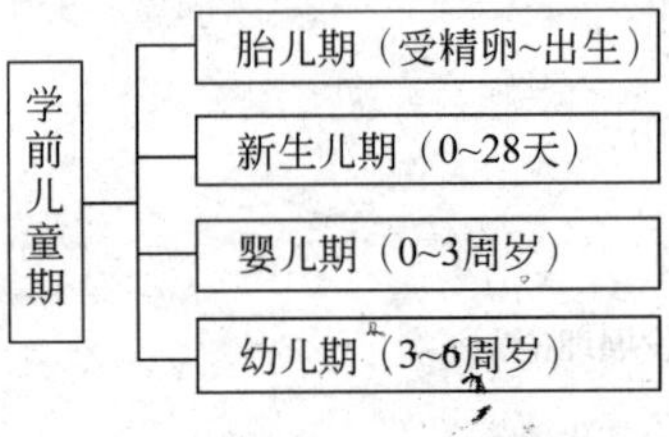

图1-1　学前儿童期年龄阶段划分

二、学前儿童发展心理学的研究内容

学前儿童发展心理学是研究学前儿童心理发生发展特点和规律的一门科学，它不仅要描述学前儿童心理发展过程的共同特征，还要揭示这些特征变化的时间趋势，分析影响其发展的内外因素等。具体来说，学前儿童发展心理学的研究内容可分为以下四个方面。

（一）学前儿童心理的发生

学前阶段是个体发展的早期阶段，各种心理活动都在此阶段发生。新生儿只有最简单的感知活动，且与其生理活动密不可分。人类所特有的心理活动，例如人类的注意、记忆、想象与思维、情绪与情感、意志及个性心理特征，都是在学前阶段发生的。因此，学前儿童心理的发生是学前儿童发展心理学的主要研究内容。

（二）学前儿童心理发展的年龄特征

学前儿童心理发展的年龄特征是指学前儿童在一定条件下，在儿童发展的各年龄阶段中所形成的一般的、典型的、本质的心理特征。这些特征是从许多儿童的心理特征中概括出来的，具有一定的稳定性和可变性。一般来讲，学前儿童从受精卵到出生、成熟，大约经历了胎儿期、新生儿期、婴儿期和幼儿期这四个时期。这些时期代表着相互连续又相互区别的年龄阶段，旧的年龄阶段被新的取代，如此循环往复，螺旋向上发展。例如，婴儿期是品德的萌芽时期，是一个以“好”与“坏”两极性为判断标准的品德时期；幼儿期则主要是情境性品德发展时期。

（三）学前儿童心理发展的特点

1. 发展的方向性和顺序性

正常情况下，学前儿童的心理发展具有一定的方向性和顺序性，一般遵循从低级到高级的、由简单到复杂的发展规律。比如儿童动作的发展，遵循所谓的头尾律、近远律和大小律，即先头部后四肢、从身体中心向外围、从粗动作到细动作的发展规律，每个儿童均不例外。另外，儿童的情绪情感也是按照从基本的情绪（如快乐、悲伤等）到更加高级的情感（如道德感、美感等）的顺序发展。

2. 发展的连续性和阶段性

学前儿童的心理发展是一个连续的过程，先前的发展阶段是后来的发展阶段的前提和基础。在一定的社会和教育条件下，学前儿童从出生到成熟大约会经历胎儿期、新生儿期、婴儿期和幼儿期这四个时期。这些阶段的发展过程是相互连续的，既不能跨越，也不能倒退。例如，儿童言语的发展是一个连续的过程，一般从学会说简单的字词开始，然后把字词串联起来组成短句。虽然儿童的心理发展是连续的过程，但是在不同的发展时期也有各自的特征。例如，3 岁幼儿的思维特点以儿童思维的具体形象性为主，而 5 岁幼儿开始则会出现抽象逻辑思维的萌芽。

3. 发展的不均衡性

儿童心理发展的不均衡性主要体现在同一个体身上。同一个体的某一方面在不同年龄阶段的发展速度不均衡。一般来说，年龄越小，发展的速度越快。比如婴幼儿时期他们的身高呈现出加速发展的特征，成为第一个加速期，进入青春期之后开始第二个加速期，而在其他年龄阶段则发展平稳。此外，同一个体的不同方面发展也不均衡。感知觉在个体出生时就产生，并且迅速发展到较高水平，而抽象逻辑思维发展到学前末期仍处于较低水平。有学者提出敏感期的概念，认为儿童的各种心理机能的发展存在一个最佳年龄阶段，若在此阶段为儿童提供合适的条件，就会有效促进儿童心理的发展，达到事半功倍的效果，若错过这个阶段，将来可能会需要花费更大的代价去弥补，甚至会因为错过最佳发展时期而难以弥补。

4. 发展的个体差异性

学前儿童心理发展的差异性主要指不同个体在心理发展过程中表现出来的心理状况、速度、水平等方面的差异。尽管儿童心理发展一般要按照基本的顺序和方向进行，会经历大致相同的路线，但是每个儿童心理发展的速度，最终达到的发展水平和其发展的优势领域都可能是不同的。现代基因研究表明，虽然个体基因的99.9%都和父母完全相同，但即使0.1%的不同，也可能会导致包括血型和眼球颜色在内的300万个不同的遗传特征，这些不同也造就了每个人的个体差异。例如，有的儿童言语能力发展较快，2岁就能说出完整流利的句子，有的却刚刚学会说话。

（四）学前儿童心理发展的影响因素

影响学前儿童心理发展的因素是多种多样的，主要来自两个方面，一是遗传，二是环境。与此相关的理论主要有三种，即遗传决定论，环境决定论和相互作用论。遗传决定论强调遗传对于人的作用，其代表人物霍尔提出的“一两的遗传胜于一吨的教育”的观点充分说明了这一点。环境决定论的创始人华生则在其《行为主义》一书中写道：“给我12个健全的、没有缺陷的婴儿，在我为他们设立的世界中长大，我可以保证，从他们中任意挑选一个——不管他的天分、爱好、倾向、能力以及他的职业取向或血统如何——我都可以将他们训练成为任何一种领域的专家，如医生、律师、艺术家、商业领袖，甚至是乞丐和小偷”。这两种理论都片面强调某一类因素的重要性，而相互作用论则吸取前两种理论的精华之处，认为个体的发展是遗传和环境两类因素相互作用的结果，这种观点目前已被大家广为接受。

三、学前儿童发展心理学的研究意义

学前儿童发展心理学是学前教育专业学生必须掌握的基础理论学科，对未来的学前教育工作者来说，学习和掌握学前儿童发展心理学的相关知识具有重要的意义。

1. 有利于建立科学的世界观和发展观

学前儿童发展心理学是心理学的一个分支。科学的心理学对人的心理现象的研究证实了辩证唯物主义关于物质第一性、意识第二性的基本命题，证实了世界的物质性，即世界上除了运动的物质之外，再没有其他任何东西。人的心理是高度完善的物质——脑的产物。心理学理论是用来宣传无神论的有力工具，也是破除唯心偏见和迷信观念的强大武器。学习学前儿童发展心理学知识，有利于学前工作者树立正确科学的世界观。

学前儿童发展心理学为我们展示了学前儿童心理发展的规律性。这种发展具有必然性、不可逆性和顺序性，同时又具有不平衡性和个别差异性。学习学前儿童发展心理学，有利于家长和教师树立正确科学的儿童发展观，既要适时适当地对幼儿提出发展的要求和目标，动态地评价幼儿的发展，避免幼儿教育小学化倾向，又要根据不同幼儿的个别差异，因材施教，避免拔苗助长，促使每个幼儿在原有基础上得到最大程度的发展和提高。

2. 有利于搞好学前教育工作，提高学前教育的效果

第一章 幼儿教育小学化

幼儿教师学习学前儿童发展心理学既是自身发展提高的需要，也是搞好学前教育工作的需要。

(1) 学前儿童发展心理学揭示了学前儿童认识发展过程的特点和规律，为教师组织各项活动、选择恰当的教学方法提供了心理学依据；为了解学前儿童情绪情感和意志提供了行之有效的方法；又为学前教育教师在对待不同年龄段儿童行为问题时提出针对性措施提供了理论依据。

(2) 了解了学前儿童个性心理形成的规律，可以帮助教师更好地培养儿童良好的性格，帮助一个人从小形成良好的思想品质和行为习惯。对不同能力的儿童，可以在活动中提出不同的难度要求，调动儿童的学习兴趣和积极性。对不同气质类型的儿童，更应该有目的地运用不同的方法，有针对性地发展幼儿的心理品质，提高幼儿教育的效果。

(3) 学前儿童发展心理学的知识还可以帮助教师预见儿童心理发展的前景，发现心理发育不良的儿童并及时给予适当的教育和治疗，从而能有意识地引导幼儿的心理向健康方向发展。

3. 为今后更好地进行教育工作和开展教育研究打好基础

幼儿教育的重要性现在已越来越被人们所认识到。《幼儿园工作规程》中明确规定："幼儿园是对三周岁以上学龄前幼儿实施保育和教育的机构，是基础教育的有机组成部分，是学校教育制度的基础阶段。"广大学前教育教师工作在学前教育的第一线，对学前教育研究最积极，参与性最高。近年来，由幼儿教师承担的研究课题，撰写的教研科研论文越来越多，水平也逐步提高，这和广大教育工作者认真学习、运用学前儿童发展心理学的理论是密切相关的。因此，每一个教师都应该认真学习心理学知识，不断完善自己的知识结构，积极开展学前教育科研，为学前教育事业做出自己的贡献。

四、学前儿童发展心理学的研究方法

对学前儿童的心理现象进行研究时可采用多种方法。根据收集材料的具体方式不同，可将研究方法划分为观察法、实验法、调查法、测验法和其他方法。

1. 观察法

观察法是指在自然条件下，对表现出某种心理现象的外部行为进行有目的、有计划、系统的观察，从而发现这种心理现象产生和发展的规律的方法。如观察学生在课堂上的表现，了解学生注意的稳定性、情绪状态和个性的某些特征；观察婴儿的言语活动，可以了解个体言语发生和发展的一般规律。

观察法是研究人员对被观察者的行为进行直接了解分析，因而能收集到第一手资料，了解到最真实的情况。观察法是研究学前儿童心理活动最基本和最常用的方法。但观察法也存在明显的缺陷，一是在自然条件下，事件很难按严格相同的方法重复出现，因此，对某种现象难以进行重复观察，对观察的结果也难以进行检验和验证；二是在自然条件下，影响心理活动的因素是多方面的，因此，对观察的结果很难进行精确的分析；三是由于对条件未加控制，观察时可能出现不需要观察的现象，而需要观察的现象却没有出现；四是观察法易受观察者自身兴趣、愿望、知识经验和能力水平影响，因此，观察结果有时缺乏客观性。

因此，观察法的使用是有条件的，这是因为：一是对研究对象无法加以控制；二是在控制条件下，可能影响某种行为的出现；三是由于社会道德的要求，不能对某种现象进行控制。

观察法有自然观察法和实验室观察法两种形式。

（1）自然观察法

自然观察法是指在日常生活条件下，研究者通过观察被试在自然情景中的表情、动作、行为和言语等外部表现，以了解人的心理活动的方法，必要时也可采用录音录像等辅助手段。

自然观察法又可分为如下几种方法。

① 日记描述法：研究者对研究对象进行长期的跟踪观察，并采用写日记的方式记录观察对象的行为表现的方法。此方法往往只有一个特定的观察目标和方向，或者只有一个大致的观察内容。

② 轶事记录法：着重记录某种有价值的行为及研究者感兴趣的事例的方法，与日记描述法不同，不需要连续记录。

③ 时间取样法：专门观察和记录在规定时间内观察对象的特定行为表现及相关事件的方法。

④ 事件取样法：注重观察和记录某些特定行为或事件的方法。

⑤ 临床观察法：对观察、测验、临床诊断的综合运用，通过对儿童进行观察、谈话、实物操作，对所得数据进行分析，并从中探索儿童心理发展规律的方法。

科学的观察要有明确的目的和计划，要较系统地、长期地进行，对观察的具体情境和被观察者的各种表现要做详细的记录，对通过系统观察获得的材料要能做出科学的分析和评估，使其具有理论认识的价值。

（2）实验室观察法

实验室观察法是指在实验室条件下，研究者根据研究目的创设研究情境，较为严格地控制无关变量、操作自变量，测量记录婴幼儿的反应，从而发现婴幼儿在某种条件下心理发展特点及其规律的方法。例如，班杜拉的观察学习研究就是采用了实验室观察法。

2. 实验法

实验法是指有目的地控制一定的条件或创设一定的情境，以引起被试（研究对象）的某些心理活动而进行研究的一种方法。实验法一般有实验室实验法和自然实验法两种形式。

（1）实验室实验法

实验室实验法是指在实验室里利用一定的设施，控制一定的条件，并借助专门的实验仪器进行研究的一种方法。通常多用于研究心理过程和引起某些心理活动的生理机制等方面的问题。

实验室实验法便于严格控制各种因素，有助于发现事件的因果关系，而且实验所得结果不仅准确而且能进行重复验证，具有较高的信度。但由于是在人为的条件下进行的，被试的主观态度和情绪等可能会在一定程度上影响实验结果。

（2）自然实验法

自然实验法是指在日常生活条件下，有目的、有计划地创设和控制一定的条件来进行研究的一种方法。自然实验法比较接近人的生活实际，易于实施，并且兼具实验法的主动性和观察法的自然性等优点，所以这种方法被广泛应用于研究教育心理学、儿童心理学和社会心理学的大量课题中。

3. 调查法

调查法的主要特点是以问题的方式，要求被调查者就某个或某些问题做出回答。可分为访谈法（口头调查）和问卷法（书面调查）两种。

（1）访谈法

访谈法是指研究者根据提前准备好的问题向被调查者口头提出，以一问一答的方式进行的调查方法。要使访谈法富有成效，首先应创造坦率和信任的良好气氛，使被调查者愿意接受访谈。同时，研究者应具有良好的准备和训练，尽量使谈话标准化，记录指标保持一致。

访谈法的优点是研究者可以直接控制访谈进程，可以以不同的方式考察被调查者对问题回答的真实程度，并可以根据被调查者的反应即时提出临时应变的问题等。访谈法的缺点是比较浪费时间，调查的数量有限，并且对研究者自身的素质要求较高。

（2）问卷法

问卷法是根据研究课题的要求，设计问题表格和相应内容让被调查者自行填写以搜集资料的方法。在调查中，为了消除被调查者的顾虑，可采用不记名的方式。

问卷法的优点是简便易行，可以同时向许多人搜集同类型的资料。缺点是问题的设计有一定难度，发放的问卷难以全部收回。

4. 测验法

测验法也称心理测验，是采用标准化的心理量表，对被试的某些心理品质进行测量的一种方法。目前，心理测验有很多种，按内容可分为智力测验、成就测验、态度测验和人格测验；按形式可分为文字测验和非文字测验；按规模可分为个体测验和团体测验等。

心理测验要注意两个基本要求，即信度和效度。信度是指一个测验的可靠性程度；效度是指测验的有效性程度。要保证测验的信度和效度，一方面需要研究者对某种心理品质进行深入的研究，另一方面在编制心理量表时要注意客观性和科学性。

5. 其他方法

（1）个案分析法

个案分析法是指通过对某些具有特殊情况的个体进行长期系统的了解来研究其心理活动的方法。如同卵双生子女研究、儿童早期环境研究等。

（2）作品分析法

作品分析法是指根据被试者的作品，研究其心理活动的方法。如教师通过分析学生的日记、作文、图画等来研究学生的心理活动。

案例放送

学会“倾听”儿童的画

儿童用红色和黄色用心地在楼房的边上点了20多个点，用黑色画了十几个点，大致分布在红色和黄色点的周围(见图1-2)。

儿童：楼房里有灯光，灯光是彩色的。

教师：怎么还会有黑色的灯光呢？

儿童：这是小虫子。有灯的地方就有小虫子。

教师：我看到画面上有树，有灯光，有酒店，可以告诉我树和酒店在什么地方吗？

儿童：在西安。

图1-2 儿童绘画中的风景

教师：树长在哪里？

儿童：在路上。我画条路啊(用黑色画了一条线)，路有两条线(又用红色画了一条，接着又蘸取一些黑色，在两条线上画下了许多点)。好多好多的蚂蚁啊，蚂蚁被压死了，就在路上。我看到过好多蚂蚁被压死了。

绘画作品分析：这幅画将生活中的真实经验和感受用绘画和语言表达出来，儿童表现了很多细节，楼房边彩色的灯光、灯光下的小虫子、路上的蚂蚁。儿童总能注意到生活中细小的事物和变化，并在画路上的蚂蚁时表现得十分专注。从画面的符号中仔细看，儿童专注地在路面上点下了将近70个点用来表现路上的蚂蚁。这些黑点排列得很整齐，点和点的距离都差不多，尽量将每个点画在代表路面的线条上，更将蚂蚁被碾压在路上的感觉体现得淋漓尽致。儿童绘画中的细节不是那种细密繁复的细节，而是单纯的细节，源自对世界各种差异变化的单纯的、直接的感动和好奇。

(资料来源：徐荣荣，于开莲.儿童的画与话——幼儿绘画作品分析[J].学前教育，2015(5)：9-11)

第二节 影响学前儿童心理发展的因素

影响学前儿童心理发展的因素是非常繁杂的。究竟是什么原因会导致婴幼儿某种心理的产生与发展，是很难用单一的因素进行分析和解释的。心理发展与影响因素之间并不是一一对应的关系，心理的发展是多种因素交互作用的结果。本节主要论述的是三个最基本的影响因素，即生物因素、环境因素和主观因素。

一、生物因素

遗传和生理成熟是影响婴幼儿心理发展的生物因素。

（一）遗传素质是儿童心理发展的自然前提

脑与神经系统是影响儿童心理发展的最重要的生物因素，在儿童心理发展中起基础性作用，是儿童心理发展的自然前提。没有健全的脑，没有完善的神经系统，心理的产生与发展就必然失去重要的物质基础。脑与神经系统是通过遗传而获得的。人类通过遗传，获得作为人这一种系的生理构造、形态、感官和神经系统等方面的解剖生理特征，即遗传素质。

研究表明，遗传素质的好坏从多方面影响儿童的发展。如先天的神经系统或染色体的病变能直接引起智力落后；先天的生理缺陷，如先天的失明、失聪，也会导致智力落后；先天的肢体残缺、先天畸形等，由于这些儿童的活动受到限制，人格受到歧视，教育机会受到限制，因而影响儿童的心理发展。正常的儿童都具有人类共同的遗传素质，并在此基础上形成人的正常的心理，这是遗传素质和心理发展的共性表现。然而，遗传素质上的不同会引起儿童心理发展的个别差异。

（二）生理成熟为儿童心理发展提供了物质前提

儿童的心理发展是建立在其生理成熟的基础之上。事实证明，即使是遗传完全正常的儿童，其生理成熟没有达到一定的程度，某些心理现象是不可能形成和发展的。骨骼与肌肉的发展是儿童运动能力发展的基础；语言系统的成熟是儿童言语能力发展的基础；听觉系统的成熟是听力发展的基础；脑与神经系统的发展是儿童心理发展的基础等。

（三）疾病与损伤

此外，身体的疾病与损伤，也是影响儿童心理发展的重要的生理因素，既可能对胎儿产生影响，也可能对婴幼儿产生影响；感官甚至是神经系统的疾病与损伤，也可能造成儿童在某些方面心理发展的严重缺失。

（四）遗传决定论与成熟决定论

1. 遗传决定论

遗传决定论是19世纪后半期到20世纪初西方关于儿童心理发展的主要观点之一。遗传决定论者片面强调遗传在儿童心理发展中的作用，认为儿童心理的发展是由先天的、不变的遗传所决定的，而儿童心理发展过程就是这些先天遗传的自我发展和自我暴露的过程，与外界影响、教育无关，外界的影响和教育即使对儿童心理发展起作用，最多也只能促进或延缓素质的自我发展和自我暴露，不能改变它的本质。

遗传决定论的创始人是英国的高尔顿。1869年，他发表了《遗传的天才》一书，书中说："一个人的能力，乃由遗传得来的，其受遗传决定的程度，如同一切有机体的形态及躯体组织之受遗传的决定一样。"霍尔主张复演说，他曾说过："一两的遗传胜过一吨的教育"。彪勒认为，儿童心理发展的过程乃是儿童内部素质向着自己的目的有节奏的运动过程，外界环境在这里只起着促进和延缓这一过程的作用，而不能改变这一过程。单纯主张遗传决定论的人极少，但此种思想仍然流行。詹森1969年总结了自己在8个国家的100多种研究，提出一个人的智商有 80%是来自遗传的。

2. 成熟决定论

成熟决定论是美国心理学家格塞尔关于儿童心理发展的主要观点。格塞尔认为个体的生理和心理发展，都是按基因规定的顺序有规则有秩序地进行的。他将发展看成是一个顺序模式的过程，这个模式是由机体成熟预先决定和表现的。而成熟则是通过基因来指导发展的机制，即是一个由遗传因素控制的过程，通过从一种发展水平向另一种发展水平突然转变而实现。因此，格塞尔观点有明显的成熟决定论的倾向。

格塞尔认为支配儿童心理发展的因素有两个，即成熟和学习。成熟是由一个内部因素控制的过程，它的基本方面不可能受到像教育这样一些外部因素的影响。成熟是发展的重要条件，决定机体发展的方向和模式，因此成熟是推动儿童发展的主要动力。而学习并不是发展的主要原因，因为引起变化的原因是成熟的顺序或机体的机制所固有的，学习只是给发展提供适当的时机而已。格塞尔的这种观点主要源于其著名的“双生子爬梯”实验。实验结果表明，儿童的学习取决于生理的成熟，没有足够的成熟就没有真正的发展，而学习只是对发展起一种促进作用。格塞尔认为，儿童在成熟之前，处于学习的准备状态。所谓准备，就是由不成熟到成熟的生理机制的变化过程，只要准备好了，学习就会发生。所以，发展的过程不可能通过环境的变化而改变。

遗传决定论看到了遗传在个体心理发展中的作用，但过分夸大了这一作用，而忽略了其他因素，因而是错误的；成熟学说承认了生理成熟是个体心理发展的前提，但不承认适宜的教育对心理发展的作用，也是片面的。

二、环境因素

心理是脑的机能，这是从心理活动的产生方面来说的，而从心理活动的内容方面来说，它是客观现实在脑中的反映。客观现实存在于环境之中，环境可以分为自然环境与社会环境。自然环境为儿童生存提供所需的物质条件，如空气、阳光、水和营养等；社会环境则为儿童心理发展提供“原料”，社会环境中的政治、经济、文化、教育及家庭等，都是儿童心理发展的客观源泉。

（一）人的心理对客观现实具有依存性

客观现实是心理的源泉，没有客观现实及其对人脑的作用，就不会产生人的心理。人的大脑好像是个“加工厂”，客观现实好像是原材料，没有原材料，头脑这个“加工厂”，就不能生产出任何产品。无数的客观事物以各种不同的形式作用于我们的各种器官，引起神经系统的活动，结果就以感知、记忆、思维等形式反映在人的头脑中，于是就产生了各种心理现象。此外，个人的行为习惯、兴趣爱好、情感意志、能力和性格等，也都是在实践活动中形成和发展起来的。离开了社会实践活动，就无法产生人的心理。

感觉剥夺实验发现，在近乎完全的感觉隔离情况下，被剥夺者不久就变得烦躁，不能集中注意，意识混乱，幻觉也开始产生。野兽哺育幼童的资料也证明，脱离现实，脱离人类社会的交往和实践活动，即便有健全的人的神经结构，心理也会变得畸形。可见，人的正常的心理功能是离不开人的社会环境及社会实践的。

(二) 教育主导儿童心理的发展方向和水平

教育是儿童心理发展中最重要的环境因素,它是一种有目的、有计划、有组织的儿童成长环境,在儿童心理发展中起着主导作用。作为社会个体来说,社会生活环境对儿童心理发展的影响是通过教育来实现的。教育是一种有目的、有计划、系统的对下一代施加影响的过程,它通过对影响儿童发展的各种刺激进行加工选择,根据一定的社会要求和儿童身心发展规律对儿童施加影响,促进儿童向成人所期望的方向发展。从这个层面上来说,教育主导了儿童发展的方向和水平,比社会环境中自发的、偶然的、无计划的影响效果要好得多。

(三) 环境决定论与教育万能论

环境决定论与教育万能论是19世纪后半期到20世纪初,西方关于儿童心理发展的主要的观点之一。环境决定论者重视教育和环境对儿童心理发展的作用,但是他们片面地强调和机械地看待环境或教育的作用,认为儿童心理的发展完全是由环境决定的。因此,称为"环境决定论"或"教育万能论"。

"教育万能论"属于环境决定论的一种观点,是一种片面地夸大教育在人的发展中的作用的观点,认为人完全是教育的产物。德国哲学家康德认为,人之所以成为人,完全是教育的结果。法国启蒙思想家爱尔维修是教育万能论的代表人物,他在《论人的理智能力和教育》一书中提出,人的天赋是平等的,遗传素质不存在差别,人是环境和教育的产物,人的性格、气质和精神都是教育的结果。通过教育发展人的理性,可形成健全的道德,从而改变社会现状,建立合乎理性的社会制度。可见,持"教育万能论"观点的心理学家普遍忽视或否定了遗传素质及人的主观能动性在人的发展中的作用,把社会环境和教育看作是影响人的发展的决定性因素。

三、主观因素

生物因素与环境因素是儿童心理发展的客观因素,它们对儿童心理发展都有着重要的影响,然而,儿童不是被动地接受这些外在因素的影响,而是积极主动地参与到自身心理的发展过程中。年龄越大,主观因素对其心理发展的作用也越大。人的心理对客观现实具有依存性,但人的反映并不是简单地、直接地取决于当前被反映的客观现实。这是因为,人对客观现实的反映是以主体的已有的主观世界为中介进行的。人在反映客观现实的过程中,逐渐形成了具有丰富内容的主观世界和不同的心理特征。反过来,这些心理内容又影响和调节着主体对现实的反映,从而表现出人的心理的主观性。

由于每个人的知识经验、目的动机、兴趣爱好和态度体验不同,因而对现实的反映也不一样。不同的人对同一事物,或者同一个人在不同的条件、不同的时间对同一事物的反映都不一样。所以,我们把人对现实的反映称为人对客观事物的主观印象。人的心理并非是对客观现实的消极的、被动的反映，而是在社会实践中积极的、能动的反映，这就是心理反应的能动性。人的心理反应的能动性，具体表现在以下几个方面。

首先，人在行动之前，能够确定行动的目的，并为达到目的而制订行动计划，这种行动的目的性与计划性是人与动物的明显区别，也是心理主观能动性的具体体现。

其次，人在行动之前，能预见行动的结果。人的心理能够反映事物的内在联系的本质特点，因此，人不仅能够意识到现实的场景，而且能意识到过去和未来的场景。人行动之前，能对行动的结果进行预见，因此当结果与预期可能不符时，就能主动进行行动调节，避免不良后果的产生。

再次，人能认识世界、改造世界。人对客观现实的反映并不是被动的反映，而是根据自身的需要和客观现实，能动地加以创造，并反映出自身的特点，带有个人主体的色彩。

最后，人能认识自己、改造自己。人不仅能认识外界事物，而且能够认识自己的身心状态，把自己的生命活动和心理活动作为认识的对象，将自己作为主体从客体中区分出来，从而控制自己的力量，调节个人同周围世界的关系。

总之，人们的心理就其产生的方式来说是脑的反射活动，就其内容来说是客观世界的反映。所以，人的心理是人脑对客观现实的主观的、能动的反映，是客观现实在人脑中的主观印象，是主客观因素相互作用的结果。

第三节　学前儿童心理发展的理论流派

对于儿童心理发展的研究，历史上不同的学者采用各异的研究视角和研究方法，形成了不同的理论流派。他们对学前儿童心理发展的解释各不相同，这些理论也会影响学校和家庭对儿童的教育方式。因此，我们有必要学习当今主要的理论流派，了解其对教育工作的指导意义。

一、精神分析理论

精神分析理论的主要代表人物有西格蒙德·弗洛伊德和艾里克·艾里克森。弗洛伊德提出了著名的性心理理论，其影响非常广泛。艾里克森在弗洛伊德理论的基础上进一步提出了心理社会发展理论，将人的一生分为八个阶段。

（一）弗洛伊德的性心理理论

弗洛伊德非常看重性本能在人格发展中的作用，他眼中的性是广义的，除了包括生殖活动外，还包括吮吸、排便、抚摸等一切能引起身体快感的行为。他将性能量称为“力比多”，随着性本能的成熟，“力比多”就会逐渐从身体的某一部位转移到另一部位，儿童的性心理发展就进入了另一个阶段。根据“力比多”在不同年龄阶段所涉及部位的不同，弗洛伊德将儿童的性心理发展分为五个阶段，即口唇期、肛门期、性器期、潜伏期和生殖期。学前儿童的年龄阶段主要处于前三个时期，即口唇期、肛门期和性器期。

1. 口唇期(0～1岁)

性本能主要集中在口唇，婴儿主要通过吮吸、咀嚼和咬东西等口唇活动来获得满足。若婴儿的口唇需要未能得到适当满足，儿童长大后的性格可能偏向依赖、悲观和退缩，也可能形成吮吸手指、暴食和抽烟的不良习惯。例如，婴儿突然断奶或断奶过早，结婚后可能会过分依赖配偶。

2. 肛门期(1～3岁)

儿童按照自己的意愿排便是这一时期满足性本能的主要方式。成人对儿童的如厕训练主要发生在这一时期，要求儿童必须在找到合适的场所之前忍住排便的欲望，这会引起父母和儿童之间的冲突。成人在训练孩子如厕时的情绪氛围很重要，会对孩子的人格发展产生持久影响。过分严格、过早的如厕训练会使儿童变得顽固和压抑。

3. 性器期(3～6岁)

儿童对刺激的需求主要集中在性器官区域。儿童开始对自己的性器官感兴趣，常会抚摸自己的生殖器获得快感。在这一时期儿童出现俄狄浦斯情结，即女孩的恋父情结和男孩的恋母情结。随着儿童年龄的发展，在正常的养育条件下，其俄狄浦斯情结会逐渐消失，最终形成对同性父母的认同。在这一时期，成人如何看待和处理儿童抚摸生殖器的行为会影响其今后人格的发展。

4. 潜伏期(6～12岁)

儿童的性能量被压抑在无意识当中，自我和超我不断地发展。儿童的生活范围不断扩大，与同伴交往的内容更加丰富，他们将更多的经历投入到学习、游戏和运动中来。儿童一般喜欢和同性伙伴一起玩耍，和异性较为疏远。

5. 生殖期(12岁以后)

青春期的到来唤醒了埋藏深处的性能量，青少年对异性产生兴趣，必须学会采用社会接纳的方式释放自己的性能量。如果获得健康发展，就会顺利进入结婚生子的阶段。

弗洛伊德认为，如果儿童在某一发展时期不能得到满足或过度满足，将会发生固着。固着是指某一时期的发展任务未解决，从而导致今后表现出这一时期的行为方式。例如，口唇期的需要没有合理满足的儿童，在成年后可能会出现嘴部的吮吸行为——咬嘴唇、咬指甲或吮吸手指等行为。弗洛伊德的理论并非基于实证研究，而是采用访谈或临床法，很难进行验证。他的理论还过分关注性感受和性唤起，也遭受很多质疑。但是，弗洛伊德提出人的早期经验会对今后发展产生重要影响的观点一直具有广泛的影响力。

知识之窗

儿童为什么要分床独睡

分床而睡是每一个儿童都要面临的问题(见图1-3)。有的儿童八九岁了，还赖在父母床上不肯走。过晚地分床睡，会带来一系列心理问题。为保证儿童的心理健康发展，父母

图 1-3 走向独立啦

与儿童分床的时间，最晚不要超过 3 岁。

第一，2～3 岁正是儿童自主意识萌芽和迅速发展的时期，安排儿童独自睡对于培养其心理上的独立自主感很有益处。这种独立感和自理能力的培养，能够促进儿童今后更好地适应社会。

第二，儿童在 4～5 岁时，正处于男孩恋母、女孩恋父的时期，这个时期的恋父恋母情结具有排他性，表现为对异性父母更加依恋，并且拒绝与同性父母的亲近。

第三，因此，3 岁之前分床是比较合适的，否则越往后拖，分床会越困难。儿童的年龄越大分床越难，若强行分床，会容易产生心理问题。

（资料来源：分床而睡——长大的标志[J].婴幼儿综合能力培养，2015(5)：20.）

（二）埃里克森的心理社会发展理论

埃里克森在弗洛伊德的理论基础上，进一步提出了自己的理论。他认为弗洛伊德将性作为解释行为的主要原因的看法太过局限，并且他将视野拓展到社会环境下的儿童和家庭，重视社会文化对人的影响以及人与人之间的相互作用。埃里克森根据人的一生中出现的心理社会问题，将人格发展分为八个阶段。这些阶段以固定的模式出现，对所有人都是相似的。个体在每个阶段中都有其独特的发展任务，也会面临相应的发展危机，如果他能很好地解决，才能顺利进入下一个阶段，获得积极的品质，否则个体将会形成消极的品质，影响后一阶段的良性发展，产生适应困难。学前期儿童主要处于婴儿前期、婴儿后期和幼儿期三个阶段。

1. 婴儿前期（0～1 岁）

此时期主要解决基本信任对基本不信任的心理危机，获得信任的品质。信任指婴儿的需要与外界对其需要的满足保持一致，这种信任主要来自母亲或其他主要的养育者。在婴儿因为饥饿、身体不适等原因产生哭闹时，养育者是否能够及时关注和照料，这很大程度上决定了婴儿信任品质的形成。在这一阶段，婴儿与其养育者形成良好的依恋关系非常重要，这会进一步决定其今后发展其他人际关系的能力。

2. 婴儿后期(1～3岁)

此时期主要解决自主对羞怯和怀疑的心理危机,获得意志的品质。这一时期的婴儿逐渐学会走路和说话,生活范围进一步扩大。这时婴儿产生独立自主的需要,想要自己动手穿衣、吃饭、拿玩具和探索周围的世界。父母应允许孩子做一些力所能及的事情,并给予鼓励和表扬,这有利于培养孩子的意志品质。另外,父母希望训练孩子良好的生活习惯,如按时吃饭、节约粮食和不随处排泄等。父母的要求有时与孩子的需求产生激烈冲突,此时,父母不能对孩子的反抗行为听之任之,放任自流,这会妨碍孩子形成良好的习惯;同时也不能过分严厉或惩罚不当,这会伤害孩子的自主感,使儿童产生怀疑,感到害羞。父母应把握好适度原则,才有利于孩子自主能力的发展。

3. 幼儿期(3～6岁)

第一章 培养自主感——自己吃饭1

此时期主要解决主动对内疚的心理危机,获得目的的品质。这一时期儿童对外界充满了强烈的好奇心,想要主动探索周围的世界。如果成人能够支持孩子的探索行为,在适当的时候给予指导,孩子的主动性会不断增强,将来很可能成为一个有创造力和责任感的人。如果在这一时期成人压制孩子的好奇心,限制孩子自由探索的行为,不尊重孩子的想象力或创作,孩子会丧失信心,感到内疚和失败。孩子需要保持主动性,但也要学会不侵犯他人的权利、利益和目标。

4. 童年期(6～12岁)

此时期主要解决勤奋对自卑的心理危机,获得能力的品质。这一时期的儿童主要在学校接受教育。他们通过勤奋学习,获得相应的知识和技能。优异出众的表现会获得同伴的欣赏和老师的赞扬,这会使儿童更加自信,充分肯定自己的能力,形成积极的自我评价。相反,如果儿童不勤奋好学,在与同伴的横向比较中处于劣势,可能会缺乏他人的认可甚至招致他人消极的评价,这会让儿童产生自卑心理。

5. 青年期(12～20岁)

此时期主要解决同一性对角色混乱的心理危机,获得诚实的品质。埃里克森认为青年期是一个非常重要的转折时期,在这一时期青年思考最多的可能是"我是谁?"的问题,并逐渐形成明确的自我意识和角色定位。青年人有一段时间会对自己到底是怎样的人充满疑惑,表现出成人眼中的逆反行为,他们会通过尝试各种行为去探索更真实的自己。比如尝试各种奇装异服,参加校内外的帮派团体,有的也可能会探索秘密甚至危险的行为。经过这些探索和尝试之后,青年人需要建立自我的同一性,形成一个统一的自我角色。在中国的教育环境下,青年期对自我同一性的探索一般会推迟到18岁以后,即高中毕业进入大学之后,他们才有机会去实践各种探索的想法。

6. 成年前期(20～40岁)

此时期主要解决亲密对孤独的心理危机,获得爱的品质。这一时期的成人逐渐脱离父母的庇护,开始寻求与他人的亲密关系,发展出自身的责任感。只有具有自我同一性并获得诚实品质的成人才可能发展出真正的亲密关系。真正成熟的亲密关系意味着彼此之间相互信任,在平等的关系中包含着自我牺牲、妥协并承担相应的义务。处于成年前期的个体如果没有获得成熟的亲密关系，就会体验到孤独感。

7. 成年中期(40～65岁)

此时期主要解决创造对停滞的心理危机，获得关心的品质。这一时期的成人需要获得创造感，生命才会充满活力，避免停滞不前。这种创造感可以在两方面得以体现：第一，在家庭方面，养育后代，关心他们的健康成长；第二，在工作上不断努力，追求更高的成就。这种创造感会给个体注入新鲜的活力，使其获得满足感。相反，如果成人不愿意承担养育家庭和工作的责任，只考虑自身的享乐，那他就会变得停滞或以自我为中心，导致人格贫乏。

8. 成年晚期(65岁以后)

此时期主要解决自我完善对悲观绝望的心理危机，获得智慧的品质。这是人生的最后一个阶段，老年人回想过去的生活，如果觉得自己一生过得很有价值，很有意义，也很幸福，他便会产生一种满足感，会坦然地面对死亡的来临；如果觉得自己一辈子碌碌无为，没有实现自己的理想和目标，他便会感觉悲观失望，恐惧死亡的来临。

在埃里克森看来，每一个发展阶段都有一对危机需要解决，它们就像一个连续体的两极，成功地解决危机能发展出积极的品质，但这并不意味着丝毫没有负面的体验。两种品质之间应该有一个合适的比例。比如，在第六个阶段(亲密对孤独)，对于成人来说，虽然需要建立亲密关系，但也不能亲密无间，需要保留彼此独立的空间，偶尔的孤独感会让人更加成熟和独立。另外，只要寿命足够长，人都要经历所有的发展阶段，并非只有当前一个阶段的危机得到解决后才能进入下一个阶段，而是说顺利度过前一个阶段会增加后一阶段顺利发展的机会，个体也可以在当前阶段去解决前一个阶段遗留的任务。

(三) 精神分析理论对于学前儿童教育的启示

精神分析理论对教育最大的启示就是要重视儿童的早期经验。个体在童年时期接受的抚养和教育方式为其一生的发展奠定了基础。学前期是人生发展的开端时期，学前教育越来越受到人们的重视，成人着手对孩子进行培养的年龄也越发提前。精神分析理论对于学前儿童教育的启示主要体现在以下几个方面。

(1) 教师要给儿童提供一个民主、尊重和关爱的课堂环境，让儿童主动探索，在适当的时候给予指导，儿童才能够快乐学习，健康发展。

(2) 教师应尊重儿童的个体差异，鼓励孩子看到自身的优点。每个个体发展的速度不均衡，教师应学会真心地欣赏儿童，淡化横向比较，鼓励以自我为参照标准的纵向比较，让儿童体验到自身的进步，增强自信心。

(3) 教师不应简单粗暴地制止儿童身上发生的不良行为，如攻击他人、扰乱课堂秩序等，应多方面关注儿童生活，了解他们的经历和感受，探究其不良行为背后的动机，再对症下药。

(4) 教师可通过绘本故事给儿童提供适当的性教育。按照弗洛伊德的观点，3～6岁的幼儿处于性器期，也有学者研究表明，在这个年龄阶段，儿童经常会刺激自己的生殖器获得快感。教师应用专业知识武装自己，正确看待儿童的性活动，提供适宜的性关怀和性教育。

二、行为主义理论

行为主义的创始人是美国心理学家华生。行为主义主张研究可观察的、外显的行为，而不是研究意识之类的内部心理活动。该理论非常强调后天学习的作用，认为人类的学习是一个循序渐进的过程，而非必然要经历一系列相似的发展阶段。行为主义理论的代表人物有华生、斯金纳和班杜拉，他们分别提出了自己的理论。

（一）华生的环境决定论

环境决定论是由华生提出的，华生被称为“行为主义之父”。华生认为儿童是被动的个体，其发展完全取决于养育环境和教养方式。换句话说，儿童成长为怎样的人，教养者负有极大的责任。华生认为心理学不应该研究意识，而应该研究可观察的外显行为。行为的基本要素是刺激与反应，用公式可表述为 S-R，其中 S 指 Stimulus（刺激），R 指 Response（反应）。他否认遗传的作用，认为从一个个体接受何种的刺激，便可预测他的反应；从个体的反应也可推测他所接受的刺激。这种刺激与反应之间的联结是通过后天的学习获得的。

华生致力于儿童情绪的研究，他认为婴儿出生时只有三种情绪反应，即恐惧、愤怒和爱。以恐惧为例，华生认为，起初能引起婴儿恐惧的刺激无非就是突然的声响和失去支撑物（如从高空坠落），但年长些的婴儿会恐惧更多事物，如陌生人、猫、狗、黑暗等。他认为婴儿对这些事物的恐惧一定是后天习得的。为了检验自己的理论，华生和其助手瑞里进行了著名的“小阿尔伯特实验”。他们以一个 9 个月大的小男孩阿尔伯特为实验对象，观察他对小白鼠的恐惧是否是后天习得的。实验之初，华生给小阿尔伯特看一只温顺的小白鼠，小阿尔伯特对小白鼠并不害怕，并且跟小白鼠一起玩。2 个月后，每当小阿尔伯特接近小白鼠时，华生就在他身后用力敲打金属棒，发出巨响，孩子受到惊吓。反复几次后，小阿尔伯特将小白鼠和吵闹的声响联系起来，当他再看到小白鼠靠近时，就会表现出恐惧、逃避的反应。这个实验证明了恐惧是很容易在后天习得的。

华生告诫父母，应该从孩子刚出生就开始训练他们，应避免拥抱或亲吻孩子，因为这样容易使婴儿将父母的出现与纵容的行为联系起来，就不会学习独立自主地探索世界。要想培养孩子良好的习惯，就应该尽可能避免娇惯他们并使用良好的方式训练。华生的环境决定论否定遗传的作用，片面夸大教育和环境的作用，忽视人的主观能动性，陷入了教育万能论。

（二）斯金纳的操作学习理论

斯金纳根据自己发明的斯金纳箱，以白鼠和鸽子为实验对象，提出了操作学习理论（见图 1-4）。该理论认为，人类的发展取决于外部刺激（强化物和惩罚物），而不是诸如本能、驱力或生理成熟等内部力量。斯金纳

图 1-4　斯金纳箱中的白鼠踏杆取食

研究的条件作用与巴普洛夫和华生的有所不同，他将那种由外在刺激而引发的反应称为“应答性反应”，这种反应常常是自动的、无意识的行为。而把个体对环境的主动操作，受到强化的反应称为“操作性反应”，这常常是有目的的行为。

人类的学习主要是操作性学习，即一个个体的行为是否会再次发生，取决于它产生的结果是积极或消极。例如，幼儿园的一个小朋友主动将自己的玩具与同伴分享，老师看到后及时强化，给予口头表扬，那么这种积极的情绪体验会促使这位小朋友今后更多地表现出分享行为。

斯金纳在操作学习理论中，提出了两个重要的概念，即强化和惩罚。并且，他进一步将强化区分为正强化和负强化；将惩罚区分为正惩罚和负惩罚。正强化，又称积极强化，指通过呈现一些令人愉快的刺激物或行为如食物、表扬和注意等使个体更多地表现出某种行为。负强化，也称消极强化，指通过去除某种令人厌烦的刺激从而使个体更多地表现出某种行为。如为了避免老师的批评，小朋友在课堂上更多地表现为遵守纪律。无论是正强化还是负强化，其作用都是为了增加行为的发生频率。而惩罚则是为了降低某种行为的发生频率甚至消除某种行为。正惩罚是当幼儿出现不适当的行为时，给予其令人厌恶的刺激的方式；负惩罚指当幼儿表现出不适宜行为时，剥夺其获得的愉快性刺激的方式（见表 1-1）。例如，当幼儿在同伴游戏中表现出攻击行为，若教师带其到反思角待着，这种方式属于正惩罚；若教师收走其曾经获得的小红花，这种方式属于负惩罚。

表 1-1　强化类型与惩罚类型对照表

惩罚类型 / 强化类型	愉快性刺激	厌恶性刺激	作　用
正强化	给予	—	增加行为发生的频率
负强化	—	消除	
正惩罚	—	给予	降低行为发生的频率
负惩罚	消除	—	

斯金纳的操作学习理论在塑造孩子的良好行为以及消除孩子的不良行为习惯上有很大的实践价值。教师在运用强化和惩罚的方式时，应当注意以下几点。

1. 注意强化的个体差异性和精神性

教师为了使自己选择的强化物起到良好的作用，需要提前了解每位幼儿的兴趣与需要，进行有针对性的强化。例如，糖果对于某些幼儿具有诱惑力，可以起到强化作用，但对某些幼儿可能就不具备吸引力。此外，强化应以表扬、微笑等精神性奖励为主，少用物质性奖励，防止儿童养成为获得外在的物质奖赏而学习的习惯。

2. 及时强化

对儿童表现出来的积极行为要及时给予强化，它才会更容易保留下来；如果隔一段时间才去强化，行为往往得不到加强。教师要善于在日常生活中对儿童进行随机教育，观察到孩子的积极行为时应当及时给予表扬等，帮助其塑造良好的品质。

3. 小步调的原则

儿童的良好行为习惯是长期塑造的结果。当儿童取得一个小的进步时，就应对他进行强化鼓励，并且可进一步提出更高一点的要求，一步一步耐心地等待，儿童最终会逐渐表现出成人所期望的行为。

4. 谨慎使用惩罚

惩罚在消除不良行为时，并不一定总是有效，而且容易带来负面效果。惩罚容易使儿童心怀怨气，可能进而表现出转向攻击的行为，意图把自己的不满发泄到同伴身上。也应注意有的行为在成人眼里是惩罚，在儿童看来却是奖励。如有些儿童捣乱课堂纪律，可能就是为了吸引教师的注意，此时教师的批评反而其实是一种奖励，儿童就会变本加厉。这时最好的方式是在课堂上不去关注个别孩子的捣乱行为，课下可深入了解孩子行为背后的动机，对症下药，这种行为就会逐渐消失。

（三）班杜拉的社会学习理论

社会学习理论，有时也称为社会认知理论，该理论认为学习来自对他人的观察，并强调行为榜样的影响性。班杜拉特别重视观察学习、认知因素和自我调节在新行为习得上的重要作用。班杜拉将学习分为直接学习和观察学习两种形式。直接学习指个体表现出某种行为后得到强化进而产生学习的过程。例如，儿童主动将垃圾捡起来并丢进垃圾箱，老师看到后表扬了他，那么他今后会逐渐养成爱护环境的好习惯，这种学习是他亲身经历的。而观察学习则是指个体通过观察他人的行为及其受到的强化而进行学习的过程。比如，另外一个儿童正好目睹了老师表扬小朋友主动捡起垃圾的行为，他为了获得老师的称赞，可能会在某个时候表现出同样的行为，这就是观察学习的过程。

班杜拉认为，人类的大部分行为是通过观察学习获得的。其中，最能引起儿童模仿的榜样有以下几类：①父母和幼儿园老师。他们是儿童心目中最重要的人，当然也是最喜欢模仿的人。②同性别的长辈。在家里，男孩子喜欢模仿父亲，女孩子喜欢模仿母亲。很多女孩子童年时代都有穿妈妈高跟鞋，歪歪扭扭走路的经历，这是对成人穿着打扮的模仿。③受到老师称赞的同伴。儿童希望表现出受到老师表扬的同伴的同样行为获得老师的表扬和奖励。④影视中的人物。随着大众传媒的发展，儿童接触到的信息越来越丰富，经常会出现对影视中人物的模仿。因此，在对孩子的教育过程中，成人不仅要注意自己的言行举止对孩子所产生的影响，而且要过滤掉不良的信息源，给孩子树立正面的榜样。

个体的成长会经历种种成功和失败，也会相应地经历不同的情绪体验。在面对未知的挑战时，个体是否有信心去接受呢？班杜拉就此提出了自我效能感的概念。自我效能感是指个体相信自己能够在某种情境下实现目标的信念。它影响人们对于任务的选择，遇到困难时的态度与坚持性等。影响自我效能感的因素主要有以下四个方面。

1. 曾经成功或失败的经验

成功有助于个体建立较高的效能感，失败则会降低效能感。教师应给儿童提供难度适当的任务，激发他们的成功体验，提升效能感。

2. 对其他人在相似情境下的观察

个体倾向于观察跟自己能力水平相当的人，如果他们能够完成某件事情，即使自己没有做过，也会认为自己能够顺利完成。

3. 言语说服

个体在面临一项新任务时，可能会信心不足，这时来自教师、父母、领导等权威人士的言语鼓励会极大地提高他的自我效能感。

4. 对自身生理和情绪状态的解释

适度的紧张对于完成一项任务是必需的，有利于发挥最佳水平。例如，个体在公开演讲时，感受到自己的紧张情绪，出现心跳加快、手心出汗和脸红等生理表现时，若他把这当作正常的反应，则不会降低自我效能感；若认为自己的紧张被人发现甚至嘲笑，则会极大地干扰活动的顺利进行。

案例放送

活动中的旁观者

在幼儿园的区域活动中，老师能够关注并尊重孩子积极参与的表现和行为，而对默默旁观的孩子往往有这样的想法和处理方式："怎么不参加活动呀?""不要光在旁边看人家玩儿，你也一块去玩儿吧。"在老师看来，孩子只是在看，没有参加活动。那么，他们为什么喜欢旁观？什么样的孩子喜欢旁观？旁观后他们学会了什么？

一次美工区要进行新的活动，小羽一直跟在旁边。我说："小羽和我们一起做个新的作品怎么样?"小羽一扭头走开了。我和孩子们围坐在一起，开始一步一步地展示剪对称图形的方法。我抬头看见小羽伸着脖子站在外围向里看。当我俩的眼睛对在一起的时候，他马上扭头向别处看，我不再关注他，指导参与的孩子进行操作。这时，他走得更近了，专注地看着其中一个已经开始操作的小朋友，以至于我走到了他身边也没有被发现。十几分钟过去了，有两个小朋友操作完成，离开了。这时小羽绕到空位子拿起纸和剪刀开始操作。"你还没和老师学呢，你不会。"坐在对面的香香对他说。"我刚才都看见了，纸对折，就能剪出来一样的，我会了。不能像廷廷那样把那边剪没有了。"小羽比划着没有开口的折纸对香香说。

其实，喜欢旁观的孩子是在用另一种学习方式学习新内容，他们不愿意被他人关注，觉得被关注似乎是一件不好意思的事情，所以选择间接地学习——旁观。在有一定的把握后，自己再独自尝试操作，这样他们没有太多的压力。即使做得不好也不会担心其他小朋友给自己不好的评价。这样的孩子自尊心比较强，比同龄的幼儿更加情感丰富、要强和敏感。

（资料来源：张国欣. 活动中的旁观者[J]. 学前教育，2015(5)：26.）

三、皮亚杰的认知发展理论

行为主义理论注重研究个体外显的行为结果，以及如何塑造个体希望看到的行为。而认知发展理论侧重个体内在的认知过程，研究个体在与环境相互作用过程中的发展。皮亚杰的认知发展理论认为人的发展体现在人对环境的适应过程中，并将人的认知发展分为四个阶段。

（一）认知发展的基本单位

皮亚杰认为发展起源于主体的动作，其本质在于主体对环境的适应过程。所谓适应指的是有机体适应情境所需要的能力。例如，饥饿的儿童寻找食物和成人在危难时寻求帮助的行为都是适应性的。图式，也称认知结构，是认知发展的基本单位，指能够解释和应对某一情境的思维或行为模式。随着年龄的成长，儿童脑中的图式会不断丰富，能够帮助他们更好地适应环境。一般而言，个体通过同化和顺应两种方式来取得机体和环境的平衡。同化是指主体将所获得的新的外部信息加以修改，直接纳入自己已有的图式中去的过程。顺应是指主体修改或重新建构自己已有的图式以适应新环境的过程。例如，婴儿从吮吸乳头到使用奶瓶就是一个不断适应新环境，塑造新行为的过程。他用吮吸乳头的方式去吮吸奶嘴，这是个同化的过程；但是同时，奶嘴的不同质地，奶瓶的抓握等新的信息又需要婴儿能够重新去修改已有的经验，这是顺应的过程。认知发展是同化和顺应相互穿插、相互作用的结果。

（二）认知发展的阶段

皮亚杰根据自己多年的研究结果，提出了认知发展的四个阶段，即感知运动阶段、前运算阶段、具体运算阶段和形式运算阶段（见表 1-2）。他认为，所有的儿童都要有序地经历这四个阶段，既不能跳跃发展，也不能逆向倒退。

表 1-2 皮亚杰的认知发展阶段

年 龄	阶 段	主要特征和发展
0～2 岁	感知运动	婴儿主要通过感觉和动作来适应生活，如（触摸、视觉等）。2 岁时，已经形成客体永存性的概念
2～7 岁	前运算	思维的特点是自我中心，不能从别人的角度思考。提高了符号思维的能力，出现表象思维
7～11 岁	具体运算	开始具有逻辑思维和运算能力，可以用心理活动代替物理活动。建立物体守恒的概念和思维的可逆性
11 岁以上	形式运算	认知发展的最高阶段。能理解组成命题各概念之间的关系，能运用命题进行思维。逻辑思维不再限于具体的事物，逐渐形成抽象思维能力

知识之窗

物体守恒实验

物体守恒是指物体的数量不随着物体形状的改变而改变的现象。皮亚杰设计实施的一系列守恒实验显示，3～6 岁幼儿的思维往往还不具有守恒性。例如，研究者给幼儿呈现两排相同颜色的珠子，这两排珠子按照同样的间距放置，儿童认为两排珠子的数量一样多。然后研究者当着儿童的面将第二排珠子的间距扩大，再让儿童判断两排珠子的数量是否一样多。未获得守恒概念的儿童会认为第二排的珠子数量更多（见图 1-5）。

（三）皮亚杰认知发展理论的教育意义

皮亚杰认为，教育的原则是培养创新的人——有创造力的、善于发明和发现的人，而

儿童认为两排珠子的数量一样　　未获得守恒概念的儿童认为第二排珠子多

图 1-5　守恒能力测验示意图

非简单重复前人的人。他的认知发展论对学前儿童的教育具有很大的指导意义。

(1) 在幼儿园设置充满智慧刺激的环境，鼓励儿童自由探索，依靠自己的能力解决问题。

(2) 儿童的发展是循序渐进的，过于复杂的经验不利于儿童进行同化或顺应，应该为儿童提供适合其发展水平的教育。

(3) 个体的思维先后经历了四个不同的发展阶段，应根据儿童所处发展阶段的认知方式来设计教学模式，激发孩子学习的欲望。

(4) 儿童认知发展的速度不同，同一年龄的儿童会出现不同的发展水平，在教学中要注意个别差异，因材施教。

(5) 儿童 2～7 岁时存在以自我为中心的思维特点，在幼儿教学中可多方位地鼓励与同伴交往，这将有利于儿童学习站在他人的角度考虑问题。

四、维果茨基的社会文化理论

社会文化理论认为，儿童通过与拥有更丰富知识的社会成员(如父母、教师或更有能力的同伴等)的合作交流中获得他们的文化价值观、信仰和问题解决策略。社会文化背景会影响个体的认知发展。因此，维果茨基认为认知并不只存在于个人的思维中，还存在于个体参与的社会经验中，不是所有儿童都要经历相同的认知发展阶段，认知发展的过程和内容并不像皮亚杰所说的那样具有普遍性。他提出了著名的最近发展区和支架的概念。

最近发展区是指一个学习者能独立达到的水平与在一个技能更为娴熟的参与者的指导和鼓励下能达到的水平之间的差距。如果成人为儿童提供处于最近发展区的有适当挑战性的任务和知识，则能够更有效地促进其认知发展。最近发展区的大小是儿童心理发展潜能的重要标志，也是儿童可接受教育程度的重要标志。支架是指教育者根据儿童在学习情景中的行为做出相应的指导，逐渐提高儿童对问题的理解和解决能力。这种指导如同给儿童提供一个支架，待儿童能独立解决问题时，就可以将支架撤掉。这种支架可以来自教师、家长或能力稍高的同伴。

案例放送

案例一：美工“小豆动物”

(1) 教师出示用豆和牙签组成的长颈鹿范例，紧接着示范操作过程。

(2) 出示乌龟、小鸟等范例，并在黑板上挂了一幅由豆和牙签组合的动物图。

(3) 幼儿学习制作“小豆动物”。

(4) 结果是全班除一位幼儿做了小乌龟外，其余全部做了长颈鹿。

案例二：美工“小豆动物”

(1) 幼儿观察、触摸桌面上的材料，说说其特点。

(2) 请幼儿说说自己想做什么，打算用什么材料做动物的什么部分。

(3) 让幼儿尝试操作，并鼓励幼儿说说有什么发现和困难。

(4) 点评幼儿的初试作品后，要求幼儿做几个正式作品。

(5) 自我挑选出几个正式作品，结束活动。

(6) 结果幼儿都做了自己喜欢的小动物，形态生动，各不相同。

案例分析：案例二之所以取得比案例一更好的教学效果，在于教师的教学是建立在对幼儿已有发展水平了解的基础上。在案例一中，教师自始至终都不清楚幼儿关于制作“小豆动物”已经具备了哪些经验，教师似乎也不想关注幼儿在这方面的已有发展水平如何，而是一开始就急于向幼儿展示将要学习的新知识和新经验。教师这种对幼儿已有发展水平疏忽了解的做法，致使在整个教学过程中幼儿只有机械的动作模仿，而没有思维参与建构的主动学习。

在案例二中，教师始终关注幼儿在制作“小豆动物”上已经具备了哪种能力水平，在教学中教师并不急于教授幼儿新的知识和经验，而是想方设法提供机会让幼儿展示关于制作“小豆动物”方面已经具备的经验和能力。教师首先让幼儿充分感知材料，鼓励幼儿自己构思，并让幼儿尝试将自己的构思创作出来。在这些环节中，教师并没有教给幼儿新的经验和能力，而是提供了足够的机会让幼儿的真实水平充分展现在自己和教师的面前。在此基础上教师针对幼儿在创作中的发现和困难，给予有的放矢的教育与指导，从而使幼儿接下来的学习变得更加富有成效。

(资料来源：孙琴干.在教学中，我们真的了解幼儿的已有发展水平吗[J].山东教育·幼教版，2009(12).)

五、布朗芬布伦纳的生态系统理论

布朗芬布伦纳(1917—2005)认为，人类的发展是生物因素和环境因素相互作用的结果。其中，自然环境是人类发展的主要影响因素，它就像一组嵌套结构，如同俄罗斯套娃一般，一种环境嵌套在另一种环境中(见图1-6)。布朗芬布伦纳将个体所处的生态环境分为五个系统，即微观系统、中间系统、外部系统、宏观系统和时间系统。

(1) 微观系统处于环境层次的最里层，指儿童生活中大部分时间直接接触的环境，包括家庭、幼儿园和小区等。微观系统是一个动态的发展系统，生活在其中的个体会相互产生影响。夫妻对孩子不同的教育方式可能让孩子感觉无所适从，同时也会造成夫妻间的冲突，影响夫妻关系。

(2) 中间系统是指微观系统中的各个环境成分之间的相互联系。例如，如果儿童的家庭和学校等系统之间有积极一致的支持性联系，儿童将最大可能得到适宜的发展。当今幼儿园重视家园共育正是基于这一理论。

(3) 外部系统在中间系统之外，指儿童虽未直接参与但仍然对其发展造成影响的环境系统。包括父母的工作环境、家庭的朋友关系和社区对家庭的影响等。若父母结交了

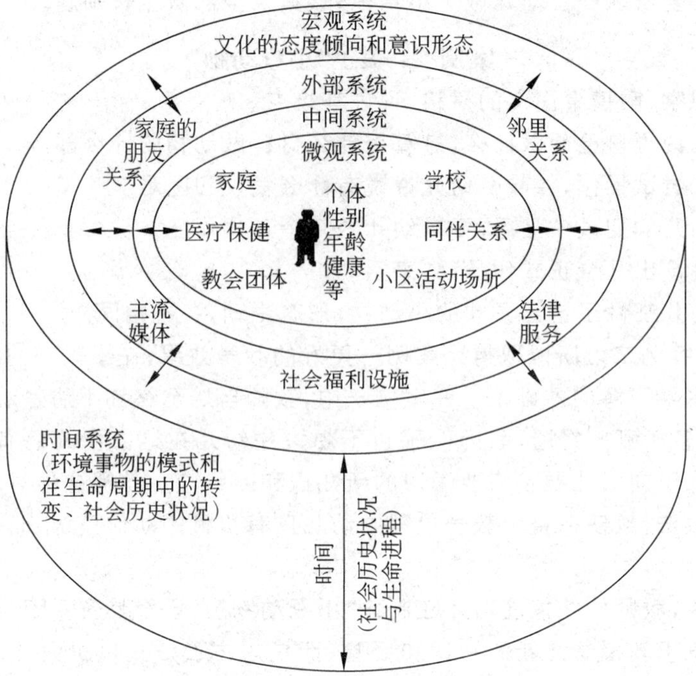

图 1-6　生态系统理论示意图

（图片来源：唐娜·威特默,桑德拉·彼得森,玛格丽特·帕克特.儿童心理学：0～8岁儿童的成长[M].何洁,金心怡,李竺芸,译.6版.北京：机械工业出版社,2015.）

一些酒肉朋友,经常在外酗酒赌博,这必然会影响孩子的成长和学习。

(4) 宏观系统是最外层的系统,指儿童所处社会的文化、亚文化和社会阶层背景,包括某种文化的态度倾向、价值观、法律和规范等。它影响着其他系统并最终作用于儿童。比如,我国是一个集体主义文化取向的民族,这种文化会影响学校教育的方向,主张将儿童培养成为重视集体利益的人。

(5) 时间系统指社会历史事件的发生和个体生理的发展变化等,它是从纵向的角度来考察对儿童发展产生的影响。社会历史事件包括战争、自然灾害等,这些会对儿童的生活造成影响。青春期的孩子因生理和心理的特点会较多地与父母发生冲突。

各系统之间以及系统与个体之间的相互作用影响着个体的成长、发展和学习。如果个体所处的每个系统之间的联结是和谐的、积极的,他就能健康成长;若各系统之间存在冲突与矛盾,个体的成长就会受到负面的影响。因此,儿童的教育需要学校、家庭和社会等各个系统的相互配合,为他们的成长营造一个良好的生态环境。

本章小结

本章是对学前儿童心理发展的概述,是在学习和掌握普通心理学知识的基础上,进一步了解学前儿童心理发展的这一分支学科的研究对象、意义和方法,掌握学前儿童心理发展的影响因素,了解不同心理学流派的理论体系和主要思想,正确运用已有的心理学研究成果，逐步树立科学的儿童心理发展观，初步构建学前儿童心理发展的学科知识结构体系。

第一章　真题链接

思政小结

通过学习儿童心理发展的影响因素，主要研究方法和不同的心理理论流派，学生将进一步强化科学的唯物主义世界观，树立科学正确的心理发展观，初步形成以儿童为本的职业观，能够在理论指导下更有效地促进幼儿全面发展。

实习实训

制作儿童观察记录表

一、实习实训目标

运用自制观察记录表，观察并记录儿童的行为。

二、理论知识回顾

观察法是指在自然条件下，对表现心理现象的外部行为进行有目的、有计划、系统的观察，从而发现心理现象产生和发展的规律性的方法。

根据观察记录表制作提示，自制儿童行为观察记录表，并撰写观察记录。

观察日期	年　月　日	观察者	
观察对象	了解对象的基本信息（姓名、性别、年龄）		
观察时间	了解儿童行为的时间长度		
观察项目	即观察的名称，如一名 3 岁儿童的言语行为		
观察目标	即观察的具体内容，如儿童在游戏活动中的言语行为		
环境描述	即观察对象所处的环境，包括活动环境		
观察实录	这是观察记录的主体部分，要翔实、客观、全面地记录儿童的行为表现		
观察结果	概括叙述观察到的行为表现并分析与观察目标之间的关联，作出结论		
分析评价	将观察结果与常模进行比较，并分析儿童行为表现的成因		
教育建议或对策	针对儿童的发展状况提出教育建议或对策，可以是针对儿童自身，也可以是针对家长或教师的		

三、实训任务

根据提示，自制观察记录表，观察并记录 1 名儿童的行为。

第二章 学前儿童的注意

章节导航

- 学前儿童的注意
  - 注意概述
    - 注意的概念
    - 注意产生的生理机制
    - 注意的种类
    - 注意的外部表现
    - 注意的功能
    - 注意的品质
  - 学前儿童注意的发展
    - 学前儿童注意的发生与发展
    - 学前儿童注意品质的发展
  - 学前儿童注意力的培养
    - 学前儿童注意分散的原因
    - 学前儿童注意分散的防止

学习目标

1. 了解注意的定义、类型和品质。
2. 掌握 3～6 岁学前儿童注意发展的特点。
3. 掌握学前儿童注意分散的原因。

4. 能结合实际有效地引导学前儿童注意的发展。

案例放送

活动课上,中班幼儿在认真听教师讲故事,突然一个小班幼儿华华推门而入,此时,中班幼儿的目光不由自主地转向华华身上。

户外活动中,小班幼儿华华自己在玩积木。没过几分钟,他转头看见滑梯,又放下积木跑去玩滑梯。

问题:为什么幼儿会有以上这些举动呢?幼儿教师该采取何种方法应对幼儿的这些行为呢?

第一节 注意概述

一、注意的概念

注意是指心理活动对一定对象的指向和集中。注意只是心理活动或意识活动的一个特点,是心理过程的一种状态,即心理活动总是指向、集中于某些对象的这种特点或状态。所以,注意不是一种心理过程,它并不反映任何事物,也不反映事物的任何属性,平常我们会说“注意看”“注意听”“注意想”,实际上离开了心理过程也就不存在注意的现象了,所以说注意并不是独立的心理过程,但任何心理过程都离不开注意。注意是人进行心理活动的一个必要的条件。注意有两个特点,即指向性和集中性。

1. 指向性

注意的指向性是指心理活动在某个瞬间,选择了某个对象,而忽略了另一些对象。例如,我们周围有许多人时,我们一下子只注视几个人,对其余的人则并不留意。思考问题时,我们一时也只能留心考虑一两个问题,而不会考虑其他问题。

2. 集中性

注意的集中性是指把心理活动贯注于某一事物。由于人处于注意状态时,神经系统既对某些刺激的兴奋增强,也会对其他无关刺激加以抑制,从而心理活动的对象会得到鲜明而清晰的反应,而对其他刺激则“视而不见、充耳不闻”了。

知识之窗

双耳分听实验

1960年,彻里(Cherry,1953)给被试的两耳同时呈现两种材料,让被试大声追随从一个耳朵听到的材料,并检查被试从另一耳所获得的信息。前者称为追随耳。结果发现,被试从非追随耳得到的信息很少,当原来使用的英文材料改成法文或德文呈现时,或者将课文颠倒时，被试也很少能够发现。这个实验说明，从追随耳进入的信息，由于受到注意，因而得到进一步的加工、处理，而从非追随耳进入的信息，由于没有受到注意，因此，没有被人们所接受。

（资料来源：彭聃龄.普通心理学[M].4版.北京：北京师范大学出版集团，2012.）

二、注意产生的生理机制

网状结构兴奋对脑中枢的激活是注意产生的前提，它保证大脑皮层处于唤醒状态；定向反射是注意产生的基础，是在先天的无条件反射的基础上、无生理需要的条件下搜索外在刺激的能力；大脑皮层优势兴奋中心是维持注意的保证，人在觉醒时保持的优势兴奋中心，好像一盏聚光灯，使心理活动清晰。

三、注意的种类

根据是否有预定目的以及是否需要意志努力，将注意分为无意注意、有意注意和有意后注意。

（一）无意注意

无意注意是指没有预定目的、也不需要意志努力的注意，又叫不随意注意，可以理解为不随主体的意愿而发生，即个体控制不住。例如，课堂上，同学们正在认真地听老师授课，这时一位迟到的同学推门而入，大家就会不由自主地去注意这位迟到的同学，这就是不随意注意。这时，我们对注意的东西没有任何准备，也没有明确的目的。可以说，不随意注意是一种消极被动的注意，人的积极性水平较低，人和动物都具有。产生无意注意的原因来自客观和主观两个方面，即刺激物自身的特点和人本身的状态。

1. 刺激物自身的特点

（1）刺激物的新异性

刺激物的新异性，指刺激物的异乎寻常的特征。例如，大街上行人怪异的装扮、动画片中夸张的人物造型，都很容易引起人们的注意。

（2）刺激物的强度

刺激物的强度一般可分为绝对强度和相对强度两种。比如巨大的雷声，无论在嘈杂的白天还是在寂静的夜晚都很容易引起我们的注意。相反，即使不大的声音，比如教室时钟的嘀嗒声，如果发生在安静的教室，也很容易引起我们的注意。所以，对不随意注意而言，起决定作用的往往不是刺激的绝对强度，而是刺激的相对强度，即刺激物与周围物体强度的对比。

（3）刺激物之间的对比关系

刺激物之间的强度、形状、大小、颜色或持续时间等方面的差别如果特别显著或特别突出，就容易引起人的无意注意。例如，鹤立鸡群，万绿丛中一点红，都容易引起人的注意。

（4）刺激物的运动变化

活动的刺激物、变化的刺激物比不活动、无变化的刺激物容易引起人们的注意。例如，大街上的红绿霓虹灯有规则地一亮一灭，很容易引起行人的注意。教室里突然站起来的同学也更容易引起老师的注意。

2. 人本身的状态

个体的不随意注意不仅会由刺激物被动地引起，而且与人自身的状态、需要、情绪与知识经验等密切相关。在相同外界刺激的影响下，由于人自身各方面的不同，不随意注意的情况也不同。

（1）个体对事物的需要与知识经验

需要是人们主动探索环境的内部因素。凡能满足一个人的需要和兴趣的事物，都容易成为无意注意的对象，因为这些事物对他具有重要的意义。例如，人们去爬山，不同的个体所注意的事物往往有所不同，从事地质勘探的人，总是更多地注意该地形地质及其构造方面的内容；从事植被研究的人，总是更多地关注不同海拔和区域植被类型及其特点等。个体对事物的需要与其知识经验是密切相关的。

（2）个体的情绪状态

凡能激起某种情绪的刺激物都容易引起人们的注意。此外，当一个人心胸开朗，心情愉快，平常不太容易引起注意的事物，这时也很容易引起他的注意；当一个人无精打采或过于疲劳时，平常容易引起注意的事物，这时也不一定会引起他的注意。

（3）个体的兴趣

兴趣也会引起个体的无意注意。比如，在街上逛街，服装、首饰、包包更容易引起女孩子的注意，而妈妈却更容易被宝宝类产品所吸引。

（二）有意注意

有意注意是指有预定目的且需要付出一定意志努力才能维持的注意，又叫随意注意。上课认真听讲，随着老师的思维过程认真思考，目不斜视、专心致志的学习，这都是需要付出一定意志努力的表现，都是有意注意。随意注意是注意的一种积极、主动的形式，只有人类才有随意注意。引起和保持有意注意的主要有以下因素。

1. 明确的活动目的和任务

有意注意是有预定目的的注意，因而对于活动的目的、任务的重大意义认识的越清楚，理解的越深刻，完成任务的愿望就越强烈，与完成任务有关的一切事物也就越能引起人们的注意。

2. 合理的组织活动

活动组织的是否合理，将直接影响有意注意的产生和维持。如果幼儿一日活动组织的不合理，幼儿将整天处于忙乱状态，即使在需要有意注意的情况下也无法调动和组织自己的有意注意。

3. 已有知识经验的影响

人们已有的知识经验对有意注意也有重要影响。当注意对象与已有知识经验差异太小时，个体无须进行深入的智力活动就能把握它，因而也不需要刻意集中的注意。反之，当差异太大时，个体即使积极开动脑筋运用所有的已有知识经验也无法理解它，这样有意注意也就很难维持下去了。

4. 培养间接兴趣

兴趣是引起注意的主观条件。对事物本身和活动过程的兴趣是直接兴趣，它是引起无意注意的主要原因。而间接兴趣是对活动的目的与结果所产生的兴趣，是保持有意注意的重要条件。间接兴趣越强烈、越稳定，有意注意就越集中、越持久。

5. 良好的意志品质

有意注意是一种随意注意，是需要用一定的意志力来维持的，因此，它和人的意志品质有密切的关系。意志坚强的人能主动调节自己的注意，使之服从当前的活动目标和任务；意志薄弱的人则很难排除环境中的和来自自身的各种干扰的消极影响，因而也就不能很好地保持自己的有意注意。

在教学过程中发展和培养学生的有意注意，是教师的一项重要任务。学习是一项艰苦的智力活动。在学习中，仅仅利用无意注意的规律是不够的，随着年龄的增长，为促进学生把有意注意维持在学习目标上，需要帮助学生明确学习目的、培养学习兴趣、塑造良好的人格品质。

（三）有意后注意

有意后注意是一种既有目的，又无须付出一定意志努力的注意，又叫随意后注意。在学弹钢琴的时候，注意力非常集中，这是有意注意。当钢琴水平已经达到一定程度后，演奏家在任何场合表演，都能熟练自如的完成弹奏动作，不需要集中太多注意在琴键上，这时弹钢琴就成了随意后注意。所以，随意后注意是在随意注意的基础上发展起来的，开始是随意注意，通过学习既熟悉了学习的对象，又有了兴趣，这时即使不花费多大的意志努力，活动也能继续维持下去，这就成了有意后注意。如果很多活动或操作都能变成有意后注意，我们将会节省不少的精力，并可以将更多的精力用在更重要的活动上去。

案例放送

波兰有个叫玛妮雅的小姑娘，学习非常专心，不管周围怎么吵闹，都分散不了她的注意力。一次，玛妮雅在做功课，她姐姐和同学在她面前唱歌、跳舞、做游戏。玛妮雅就像没看见一样，在一旁专心地看书。姐姐和同学想试探她一下，她们悄悄地在玛妮雅身后搭起几张凳子，只要玛妮雅一动，凳子就会倒下来。时间一分一秒地过去了，玛妮雅读完了一本书，凳子仍然竖在那儿。从此姐姐和同学再也不逗她，而且也像玛妮雅一样专心读书，认真学习了。玛妮雅长大以后，成为一个伟大的科学家。她就是居里夫人。

案例中居里夫人是哪种注意，判断的依据是什么？

四、注意的外部表现

人在集中注意于某个对象时，常常伴随有特定的生理变化和外在表现，一个人注意时最显著的外在表现有下列几种。

（一）无关运动停止

当个体集中注意时，全身肌肉处于紧张状态，一切无关运动停止。例如，当幼儿吃饭的时候看电视，就会出现因注意力集中在电视节目中而忘了吃饭的现象。

（二）适应性运动开始

当人们专注的观察事物时，其感官就会朝向相应的对象，表现为感官趋向活动。例如，注意看某一物体时，就会把视线集中在该物体上，目不转睛；注意听某一声音时，就会把耳朵转向发出声音的方向，侧耳倾听。

（三）呼吸运动的变化

人在集中注意时，呼吸会变得轻微而缓慢；注意力高度集中时，个体甚至会出现暂时停止呼吸的状态。

了解了上述外在表现有助于我们判断幼儿的注意力是否集中。学前儿童注意的外在表现比较明显，教师可以从观察幼儿的外在表现来观察他们是否集中注意，从而更好地组织教学。

五、注意的功能

注意在人的心理活动和行为中占据很重要的位置，对人类具有十分重要的意义。苏联教育家乌申斯基指出，注意是心灵的唯一门户，凡是进入心灵的东西都要经过它。教育实践已经证明，只有打开注意这道“门户”，知识的阳光才能透进心灵，智力才能得到发展。注意之所以在人的心理活动中起着这么重要的作用，是由它的功能决定的。

（一）选择功能

注意的选择功能是由注意指向性的特点所决定的，心理活动会有选择的指向那些对个体有意义的、符合需要的、与当前活动有关的对象，同时忽略和抑制那些无关的对象。注意的选择性特点可以保证个体以最少的精力完成最重要的任务。如在一场热闹的鸡尾酒会（或其他大型聚会）过程中，在这种情况下，个体的注意力会集中在某一个人的谈话之中而忽略背景中其他的对话或噪音，这就是鸡尾酒会效应，该效应充分体现了注意的选择功能。

（二）保持功能

注意的保持功能是由注意的集中性特点所决定的。注意可以使人在一段时间内保持一定的紧张状态，跟随注意的对象，即注意会有意识地得到保持和维持，直到顺利地完成某种行为动作和达到认识活动的目的。

（三）调节和监督功能

注意能使人调节和保持自己的心理过程，监督所从事的活动，使其朝着一定的方向和目标进行，并根据需要做出适当的分配和适时的转移，排除无关因素的干扰，必要时参与对错误行为的纠正。此时注意通过适应多变的环境，保证了活动顺利进行，从而提高了活动的效率。

六、注意的品质

注意的品质也称注意的特征，主要有注意的广度、注意的稳定性、注意的转移和注意的分配。

（一）注意的广度

注意的广度，也称注意的范围，指在同一时间内，意识所能把握对象的数量多少。注意的范围受制于刺激的特点和任务的难度等多种因素，简单的任务下注意的广度大约是7±2，即5～9个；互不关联的外文字母的注意广度是4～6个。由于个体不同，注意的广度也存在个体差异。如有的同学能一目十行，眼观六路耳听八方等。影响注意广度的因素主要有客观因素（即刺激物自身的特点）和主观因素（个体），因此要提高注意的广度，可以从这两方面着手。

（二）注意的稳定性

注意的稳定性指注意维持在某一对象或活动中的时间长短。注意维持的时间越长，注意稳定性越高。但是，在稳定注意的条件下，感受性也会发生周期性的增强和减弱的变化现象，这种现象叫作注意的起伏或注意的动摇。例如，把手表放在耳朵边刚刚能听到的地方，集中注意认真地听，你会发现，声音听起来一会儿强一会儿弱，表现出周期性的起伏变化，这就是注意的起伏。注意起伏是由于生理过程的周期性变化引起的，是一种普遍存在的现象，只是由于平常听到的声音比较强，感觉不出来这种周期性的变化。所以注意的起伏并不影响注意的稳定性。

和注意的稳定性相反的注意品质是注意的分散，即平常所说的分心。注意的分散是指注意离开了心理活动所要指向的对象，而被无关的对象吸引过去的现象。做事不能集中注意，总被无关的对象吸引过去，做事的效率会极大的受到影响，这是一种不良的注意品质，应当努力加以克服。例如，幼儿在上课时，很容易被外面的事物所吸引而不能认真听讲，这就是注意的稳定性不强的表现。

（三）注意的转移

由于任务的变化，注意由一种对象转移到另一种对象上去的现象叫作注意转移。注意转移的速度和质量，取决于前后两种活动的性质和个体对这两种活动的态度，也受个性特点的影响。注意的转移不同于注意的分散，注意的转移是根据任务的要求，发生了注意稳定性的方向的改变，但注意力是稳定的；而注意的分散则是心理活动离开了当前的任务，注意不能维持在某一对象或活动中。

（四）注意的分配

在同一时间内，把注意指向于不同的对象，同时从事几种不同活动的现象叫作注意的分配。例如，边听讲边做笔记，自拉自唱等都是注意分配的例子。

能够分配注意的条件是，所从事的活动中必须有一些活动是非常熟练的，甚至已经达到了熟练自如的程度，只有这样一个人才能把更多的注意指向不太熟悉的活动上，否则注意的分配将是不可能的。注意分配的另一个条件是，所从事的几种活动之间应该有内在的联系，没有内在联系的活动很难同时进行。例如，自拉自唱只能针对同一个曲调，如果拉的和唱的不是同一首曲子，一个人既拉又唱是难以做到的。

两种活动如果是在同一感觉通道内，用同一种心理操作来完成的话，这两种活动也很难做到注意的分配。例如，一手画圆一手画方，画出来的一般是既不圆也不方的。

第二节　学前儿童注意的发展

一、学前儿童注意的发生与发展

（一）胎儿的注意

在胎儿时期，个体就开始对声音有了定向反射。胎儿在母体内收到多种复杂的、不同强度的声音刺激，比如来源于母亲的呼吸、心跳、胃肠蠕动等内部声音和来源于外界环境中的自然界和生活环境中的各种声音。大量的研究表明，胎儿在母体内已经会对不同分贝的声音刺激做出不同的反射，即对不同的声音刺激有选择性注意。所谓选择性注意是指儿童偏向于对一类刺激物注意的多，而在同样情况下对另一类刺激物注意的少的现象。选择性注意是胎儿期注意发展的一种主要表现形式.

（二）新生儿的注意

新生儿会表现出一些注意现象，这种注意基本上是先天的、无条件的定向反射，同时也表现了一定程度上的主动反应的性质。新生儿的注意发展主要表现在以下两个方面。

1. 原始的注意行为

对新生儿来说存在一种无条件反射的情况，比如，高强度的声音刺激会使他暂停吸吮动作，还有，明亮的物体会引起视线的片刻停留等。这种无条件定向反射可以说是原始的、初级的注意，即定向性注意。这种定向性注意是由外界事物的特点引起的。

2. 选择性注意的发展

虽然新生儿的注意大都是由外界刺激引起的，但他们并不是被动地等待刺激，也不是对外界所有的刺激都做出反应，而是主动探索、发现信息，然后对这些信息或刺激做出有选择的反应。研究表明，新生儿对不同的对象有不同的偏爱。

（1）对简单鲜明图案的偏好

美国心理学家范兹(R.L.Fantz)对新生儿视觉注意的选择性做了一系列的研究，发现新生儿对成形的图案比不成形的零乱的东西注视时间要长一些。比如，出生3～4天的新生儿更多注视一个带点子的模式，而较少注视一个不规则的模式，他们偏好一个非常明确的模式多于一个灰暗而不明确的图案，偏好线条较粗的图案等。原因在于受新生儿感知觉发展的局限，感知觉发展的低水平限制了他们注意较复杂的图案。

（2）对人脸的偏好

范兹(1963)的研究表明，新生儿对人脸的注意多于对其他物体的注意。原因是人脸有更多吸引和保持新生儿注意的特点，包括脸的轮廓、脸的成分和脸的活动等。

（三）婴儿注意的发展

满月以后的婴儿每天清醒的时间会延长，觉醒状态与昏睡状态之间的转换也变得有规律，此时婴儿的注意也会得以发展，并且表现为注意选择性发展。

1. 1～3个月婴儿注意的发展

神经系统的迅速成熟使婴儿对外界事物的反应变得更加积极和主动。到了3个月，婴儿已能保持较长时间的清醒，搜索活动的机会增多，此时变成了一个积极的搜索者。20世纪60年代和70年代，人们采用感觉偏爱法广泛开展了对婴儿注意选择性的研究，并总结出1～3个月婴儿注意选择性的主要规律与特点，包括：①偏好复杂的刺激物多于简单刺激物；②偏好曲线图案多于直线图案；③偏好不规则图形多于规则图形；④偏好轮廓密度大的图形多于密度小的图形；⑤偏好具有同一中心的刺激物多于无同一中心刺激物；⑥偏好对称的刺激物多于不对称刺激物；⑦偏好熟悉的刺激物；⑧偏好新奇的刺激物。

2. 3～6个月婴儿注意的发展

3～6个月的婴儿对外界事物的探索活动会更加主动积极。各种基本感知觉能力日趋成熟且在很多方面已达到成人水平。在身体运动技能成熟方面，虽然还受到一些限制，但已足以提供婴儿探索外部世界的进一步可能性。

对这一时期的婴儿来说，奥尔森和费尔德等人的研究表明具有以下特点。

- 婴儿头部运动自控能力加强，扫视环境更加容易，双手的触摸和抓取技能更加精细和稳定，从而扩展了获取信息的能力。
- 婴儿的视觉注意更加发展，视觉搜索平均时间变短，更加偏好复杂的和有意义的视觉图像。
- 婴儿增长了对日益扩展的外部世界的好奇，探索和学习的驱动力活跃。
- 对物体的观察和操作能力得到发展，提高了注意的稳定性。
- 大量新信息扩大了婴儿的知识基础，注意日益为婴儿对世界事物的认识所控制，尤其在社会性事件方面表现更为明显。

3. 6～12个月婴儿注意的发展

6～12个月的婴儿注意的发展有以下特点。

（1）半岁以后，婴儿觉醒时间的增长是大脑成熟的标志。此时的婴儿有更长的时间去探索事物和获得更多新信息的机会。同时,婴儿有更多机会去玩耍和进行社会交往,他们经常处于警觉和积极探索状态。

(2) 婴儿能够独立坐、爬行、站立和试图行走,其活动的范围和视野明显扩大,注意的对象更加广泛。他们通过抓取、吸吮、倾听、操作和运动等活动可以更广泛的选择自己注意的对象。

(3) 婴儿注意的选择性受经验的支配。6 个月以后,婴儿对熟悉的事物更加注意,这在社会性方面更为突出,比如,婴儿对母亲特别注意。

4. 1～3 岁幼儿注意的发展

1 岁以后,婴儿开始逐步掌握语言,表象开始发生,客体永久性概念日趋完善,记忆和模仿能力迅速发展,这一系列认知方面的发展表明婴儿注意的发展更进了一步。1～3 岁婴儿注意的发展表现出如下特征。

(1) 注意的发展与“客体永久性”

客体永久性是瑞士心理学家皮亚杰在其研究中提出的一个概念。客体永久性是指当客体从视野中消失时,儿童仍然知道客体是存在的,并会试图重现该客体的现象。那么究竟儿童多大才具备客体永久性呢?这与儿童注意的发展密切相关。研究发现 9 个月至 12 个月的婴儿就已经具备了客体永久性。皮亚杰将儿童从出生到 1 岁半的注意发展分为以下几个阶段。

第一阶段(0～2 个月):该阶段的婴儿没有客体永久性概念,表现为婴儿能看着一个客体,但是当客体移出他的视野时,他并不会去追踪。

第二阶段(2～4 个月):“被动的期望”阶段。客体移动时婴儿能够跟踪客体,甚至客体到了屏幕后面时,他也会继续短暂的追踪。此时,婴儿更多的是等待,并没有积极探索。

第三阶段(4～6 个月):“探索部分被遮盖的物体”阶段。婴儿能拾起一个物体,除非这个物体被一块布盖着。但是他还不能理解,一个被遮盖的物体仍然存在。当布被拿开后,物体不见了,他感到惊讶。他能够把位置和运动协调起来。如果一个移动着的客体停止了,他会停止跟踪并处于停止状态。同样,他能跟随着一个移动的客体,且不论它向哪个方向移动。

第四阶段(6～12 个月):儿童开始主动探索,能够寻找一块布下面的客体,但是如果将布下面的客体移到对面,他仍然看着那块被放回原处的布的下方。他知道物体可以从一处移到另一处,也知道放在一起的两个相同的客体不是同一个客体。

第五阶段(12～15 个月):婴儿能够找到先后藏在两个位置的同一个客体,但是只有当他看见藏的动作时才能找到,如果他没有看见藏的动作就找不到。

第六阶段(15～18 个月):婴儿能找到在任何情况下藏起来的客体。他已经掌握了一个规律,即两个客体不能同时处于同一个位置,除非一个藏在另一个里面。

(2) 注意时间延长且注意的事物逐渐增加

2 岁前儿童的注意时间是非常短暂的,随着儿童活动范围的扩大,接触事物的增多,儿童在活动中注意的时间也有所延长,2.5～3 岁幼儿最多能集中注意 20～30 分钟。对自己喜欢的动画片,基本能坚持看完,对周围生活中出现的各种事物都能表现出明显的关注。

(3) 有意注意开始萌芽

随着儿童年龄的增长,其注意逐渐带有预期性。研究发现,6 个月大的婴儿不会追踪、寻找在他的视线下消失的物体。婴儿七八个月以后，能够注视物体藏匿的地方，甚至能把它找出来。预期性的出现，表明婴儿的无意注意开始带有某种目的性的萌芽，而在与成人的社会交往中，由于儿童表象的发生以及对言语的掌握和使用，他们的有意注意也逐渐产生了。

（四）3～6岁幼儿注意的发展

概括地说，3～6岁幼儿注意的特点是无意注意占优势地位，有意注意逐渐发展。这一时期注意的特点是和幼儿心理活动和行为的不随意性占优势、调节和控制自己的心理活动和行为的能力交叉相联系的。

1. 无意注意占优势

第二章 小中班幼儿注意力 入园初期小朋友

3岁前儿童的注意基本上都是无意注意。3～6岁儿童的注意虽然主要是无意注意，但是和3岁前儿童相比，幼儿的无意注意有了较大发展。引起幼儿的无意注意的原因主要有以下两个方面。

（1）刺激物的物理特性仍然是引起无意注意的主要因素

强烈的声音、鲜明的颜色、运动变化的刺激物更容易引起幼儿的无意注意。比如动画片、卡通人物和各种玩具较能吸引幼儿的注意；如果教室里一片喧哗声，教师突然放低声音或停止说话，反而会引起幼儿的注意。随着认知能力的发展和经验的丰富，学前儿童能够发现许多新奇的事物，所以新颖性是引起幼儿无意注意的重要因素。

（2）与幼儿的兴趣和需要有密切关系的刺激物逐渐成为引起无意注意的原因

幼儿的生活经验比以前丰富了，对于一些事物有了自己的兴趣和爱好，符合幼儿兴趣的事物，容易引起幼儿的无意注意。如某男性幼儿非常喜欢小汽车，那么所有与车相关的事物就更容易引起他的无意注意。

尽管3～6岁的幼儿的注意以无意注意为主，即主要受刺激物的特征和兴趣的影响。但是不同年龄段的幼儿，其无意注意发展的特点稍有不同。主要表现在幼儿的无意注意随年龄增长会不断稳定和深入。小班幼儿的无意注意明显占优势，但注意的稳定性差，容易转移。中班幼儿注意的范围更广，他们对于自己感兴趣的活动能够较长时间保持注意，而且集中程度较高。大班幼儿的无意注意进一步发展，对于感兴趣的活动能够集中更长时间的注意。大班儿童关注的不仅仅是事物的表面特征，而是开始指向事物的内在联系和因果关系，并且注意保持的时间更长了。幼儿注意的这种变化与其认识的深化有关。

2. 有意注意的逐渐发展

幼儿期有意注意处于发展的初级阶段，水平低且不稳定，而且依赖成人的组织和引导。额叶是有意注意的控制中枢部位，7岁的儿童额叶才能达到成熟水平。因此，幼儿期有意注意尚处于初步形成时期。一般而言，小班幼儿的有意注意只能保持3～5分钟，并且注意对象也比较少；中班幼儿的有意注意能保持10分钟；大班幼儿有意注意得到了迅速发展，有意注意能保持10～15分钟，其注意的范围也比较广泛，并且能按照成人的要求去控制自己的注意力。总之，幼儿的有意注意发展水平大大低于无意注意。因此，在幼儿园教育教学中，一方面应充分利用幼儿的无意注意，另一方面要努力培养其有意注意。

二、学前儿童注意品质的发展

衡量一个人注意力好坏的标准是注意的品质。在教育的影响下，学前儿童注意的品质也在随着年龄的增长而不断发展，其注意品质的发展主要表现为以下几点。

（一）注意广度不断扩大

注意广度即注意范围，是指人在同一瞬间所把握的对象的数量。注意广度受到生理因素、注意对象的特点以及个体知识经验的制约。

注意对象越集中，排列越有规律，越具有内在的意义联系，注意的广度就越大；注意者的知识经验越丰富，注意的广度就越大。例如，10 个不规则分布的圆点不容易被把握，如果 5 个为一组排成两朵梅花形，就很容易被注意到。

幼儿注意范围较小，教师在指导幼儿活动或教学中应注意以下几点。

（1）要提出明确而具体的要求，在短时间内不能要求幼儿注意更多的方面。

（2）在呈现挂图或其他直观教具时，同时出现的刺激物的数目不宜太多，而且排列应当规律有序，不宜杂乱无章。

（3）要采用各种幼儿喜闻乐见的方式或方法，帮助幼儿获得丰富的知识经验，以逐渐扩大他们的注意范围。

（二）注意稳定性不断提高

注意的稳定性是指注意集中于同一对象或同一活动中所能持续的时间。注意的稳定性是幼儿游戏、学习等活动获得良好效果的基本保证。

幼儿注意的稳定性与注意对象及幼儿的自身状态都有关系。注意对象单调无变化，不符合幼儿的兴趣，注意的稳定性就差；反之，注意对象新颖、生动，活动方式适宜、有趣，注意的稳定性就强。需要强调的是，注意的稳定性并不意味着它总是指向同一对象，为了完成一项活动内容，可能要求注意不同的对象。

注意的稳定性随着年龄的增长而增强。但总体而言，幼儿的注意稳定性不强，特别是有意注意的稳定性比较低，容易受到外界无关刺激的干扰。因此，要提高幼儿教育教学活动的效果，必须做到以下几点。

（1）教育教学内容难易适当，符合幼儿的心理发展水平。

（2）教育教学方式方法要新颖多样，富于变化，动静结合。尤其是在内容较抽象的教学活动中，教学的方式方法更要生动有趣。

（3）幼儿园各年龄班的作业时间应当长短有别。集中活动的时间不宜过长；活动的内容要多样化，不能要求幼儿长时间的从事一项枯燥无味的活动；活动强度是以避免幼儿由于疲劳而产生注意的分散为标准。

（三）注意分配能力不断增强

注意的分配是在同一时间内把注意集中到两种或两种以上不同的活动上。注意分配的基本条件，就是同时进行的两种活动中至少有一种非常熟练，甚至达到收放自如的程度。

由于幼儿掌握的熟练技巧较少，因此注意的分配比较困难，常常会顾此失彼。比如跳舞时，注意动作就忘了做表情，注意做表情了又忘记做动作。注意的分配能力随着年龄的增长而逐渐提高。

要培养幼儿注意分配的能力，教师可以从以下两个方面入手。

（1）加强动作或活动练习，使幼儿对所进行的活动比较熟悉，至少对其中一种活动能够比较熟练地掌握，做起来不必花费太多注意力或精力。

（2）在安排活动时，尽可能让幼儿能够运用多种感官协调活动，逐步培养幼儿的注意分配能力。

（四）注意转移能力不断增强

注意的转移是指自觉地调动注意，使之从一个对象转换到另一个对象上。注意的转移可以发生在同一活动的不同对象之间，也可以发生在不同活动之间。

注意转移的快慢和难易，依赖于前后活动的性质、关系以及人们对它们的态度。如果前一种活动中注意的紧张度高，两种活动之间没有什么内在联系，或者主体对前种活动特别感兴趣，注意转移就困难而且缓慢；反之则容易且迅速。

注意的转移与分心有所不同。转移是主动的，是主体根据任务需要，自觉地将注意指向新的对象或新的活动；而分心是被动的，是由于受到无关刺激的干扰而使注意离开活动任务。

幼儿易分心，不善于根据任务的需要灵活地转移注意。随着儿童活动目的性的提高和言语调节机能的发展，幼儿逐渐学会转移注意。

幼儿注意转移能力差，年龄越小越明显。教师在组织活动时应注意以下几点。

（1）活动开始时，运用猜谜、谈话、出示教具等多种方式引起幼儿的兴趣，将幼儿的注意转移到当前活动上来。

（2）活动中，运用语言指导让幼儿明确活动的目的，可以做到主动转移注意。

（3）引导幼儿从小养成良好的生活和学习习惯，有规律的作息制度有助于幼儿注意转移能力的发展。

第三节　学前儿童注意力的培养

受身心发展水平的限制，整个学前期幼儿的注意力发展水平相对成人来说还是比较低的。一般来说幼儿还不善于控制和调节自己的注意，在教学活动中很容易出现注意分散即分心现象。为了防止学前儿童注意的分散，应该了解引起分心的原因，采取相应的措施加以预防，同时注意运用正确的方法培养幼儿的注意力。

案例放送

幼儿正在认真听老师讲故事，突然一名家长敲门后直接走进教室，这时，大多数幼儿的眼睛都转向这位进来的家长身上，并随着家长的方向移动。尽管老师仍然认真地讲解故事内容，但是老师讲的内容他们都没能听进去。

思考：请运用注意的相关内容分析上述材料。

一、学前儿童注意分散的原因

1. 无关刺激的干扰

尽管幼儿的有意注意已经开始萌芽，但仍然以无意注意为主。他们很容易被新奇的、多变的或强烈的刺激物所吸引，从而干扰他们正在进行的活动。例如，活动室的布置过于烦琐、杂乱，装饰物更换的次数过于频繁，教学辅助材料过于有趣、繁多，甚至教师打扮的过于时尚、新潮，都可能分散幼儿的注意。

2. 疲劳

幼儿的神经系统尚处于生长发育过程中，耐受力较差。如果长时间处于紧张状态或从事单调、枯燥的活动，便会引起疲劳，降低觉醒水平，从而使注意涣散。刚开始幼儿会表现出精神状态差、打哈欠，继而就会出现注意力不集中的情况。

引起疲劳的另一个原因是缺乏合理的生活制度。有些家长不重视幼儿的作息制度，晚上不督促孩子早睡，甚至让他们长时间看电视、玩耍，造成睡眠不足，致使第二天无精打采，不能集中精力参加学习活动。

3. 对活动缺乏兴趣

兴趣、成功感以及他人的关注等因素都可以形成儿童活动的动机。对于学前儿童来说，这些因素更会直接影响活动的注意状态。活动内容过难，可能会因缺乏理解的基础和获得成功的可能而丧失兴趣和积极性；而如果活动内容过易，也可能会因缺乏新异性、挑战性而缺乏对他们的吸引力。

4. 缺乏必要的情感支持

班额过大，老师难以照顾到每个学生的情感状态，导致师生之间必要的情感交流不够，幼儿可能因得不到教师的关注和情感支持而丧失对参加活动的积极性。

5. 教学活动组织不合理

教学活动目标要求不明确，教学过程中幼儿缺少实际操作的机会，教学过程的组织形式呆板缺少变化，教师对活动要求不明确等都可能分散学前儿童的注意力。此外，教师对教育过程控制的过多、过死，幼儿缺少积极参与和创造性发挥的机会等，也都可能容易导致幼儿的注意分散现象的发生。

6. 不善于进行注意的转换

教师只注重学前儿童的一种注意形式而忽略其他形式，也会引起学前儿童注意的分散。如教师常会使用一些新颖的事物来引起学前儿童的无意注意，当新颖刺激失去新意性时，学前儿童便不再对其注意。虽然学前儿童的注意是以无意注意为主，但是无意注意和有意注意在活动中是相互补充、交替进行的。教师在活动中恰当地引导学前儿童进行两种注意形式的转换，不仅有助于学前儿童维持注意，防止注意的分散，还可以帮助学前儿童在活动中减少疲劳，提高兴趣。

二、学前儿童注意分散的防止

对于幼儿园教师来说，防止幼儿注意分散，要从以下几个方面加以考虑。

1. 排除无关刺激的干扰

应尽可能减少无关刺激的干扰，比如尽量保持教室周围的环境安静；教室布置应整洁优美，对于新布置过的教室最好及时组织幼儿参观；对于使用的教具应适用于教学而不必追求新奇；出示教具应适时；老师的衣着应朴素大方；个别幼儿注意力不集中时，不要中断教学且当众给予点名批评，最好稍作暗示，以免干扰全班儿童的活动。

2. 制定合理的作息制度

在日常生活中，为保证学前儿童有充足的睡眠和休息时间，应制定合理的作息制度。晚上不要让学前儿童看电视看太晚，尤其是在周末时间，一定不能让学前儿童外出玩得太久。学前儿童的生活应有规律，保证他们有充沛的精力从事学习等活动，从而防止注意的分散。

3. 根据幼儿的兴趣和需要组织活动

幼儿园的教育活动应符合幼儿的兴趣和发展需要。活动内容应尽可能贴近幼儿的生活，要选择他们关注和感兴趣的事物。应尽量以游戏化的方式组织各种教学活动，使幼儿能够积极、主动地参与活动，在这样的活动过程中幼儿不仅可以有愉快、自信的情感体验，还有利于师生之间、同伴之间的交往。

4. 灵活运用无意注意和有意注意的交互作用

第二章　注意力1——捡颜料盒比赛

有意注意是完成有目的的活动所必需的，但有意注意需要一定的意志努力，消耗的神经能量较多，容易引起疲劳。幼儿自身的生理特点决定了幼儿更难长时间保持有意注意。学前儿童的无意注意占优势，任何新奇多变的事物都能引起他们的注意，而且无意注意不需要意志努力，耗能较少，因而保持的时间可以比较长。但仅仅依靠无意注意是难以完成一些有目的活动的。

鉴于两种注意本身的特点，教师既要充分利用学前儿童的无意注意，也要培养和激发他们的有意注意。在教育教学过程中可以运用新颖、多变、强烈地刺激吸引他们，同时，也应让幼儿明确活动的目的，并提出具体明确的要求，帮助他们能够主动地集中注意。在幼儿园教育中，应灵活地交替运用两种方式，不断转换幼儿的两种注意，使其大脑有张有弛，既能完成活动任务，又不至于过度疲劳。

幼儿教师作为教育活动的组织者和引导者，对防止幼儿注意分散具有重要的影响。教师应根据儿童自身的身心发展规律与特点，为幼儿创造良好的教育环境，有意识地培养幼儿的注意力，帮助幼儿养成良好的注意品质。

本章小结

注意是心理活动对一定对象的指向和集中。注意的外部表现主要有三个，即适应性动作的产生、无关动作停止和呼吸运动的变化。注意的分类有无意注意、有意注意和有意后注意。无意注意的产生主要依赖于客观刺激物本身的特点和注意者本人的状态。有意注意的产生依赖于对活动目的的理解、对活动的兴趣和活动组织的方式等。学前儿童注意的特点表现为无意注意占优势而有意注意逐渐发展。学前儿童的注意广度、注意稳定性、注意的分配和注意的转移等品质都随着年龄的增长而得以发展。学前儿童容易出现注意的分散，原因主要有无关刺激干扰、疲劳、对活动缺乏兴趣、缺乏必要的情感支持、教学活动不合理、不善于进行注意的转移等。

第二章 真题链接

思政小结

3—6 岁幼儿无意注意占优势，有意注意能够保持时间很短，注意力容易受到外界因素的干扰。学生学习这些知识之后能够充分理解幼儿在课堂上“坐不住”的表现，有意识地提高自己课堂管理和教学能力，能够真正做到理解、尊重和适应幼儿，而不是去威胁、恐吓甚至体罚好动的孩子。

实习实训

注意分散

一、实习实训目标

通过观察学前儿童注意的表现，了解幼儿注意分散的原因。

二、理论知识回顾

学前儿童注意稳定性发展情况：小班幼儿，3～5 分钟；中班，5～10 分钟；大班，10～15 分钟。当然如果活动组织有趣，幼儿注意集中的时间会在此基础上适当延长。

学前儿童注意分散的原因有：①无关刺激的干扰；②疲劳；③对活动缺乏兴趣；④缺乏必要的情感支持；⑤教学活动组织不合理；⑥不善于进行注意的转换。

三、实训任务

观摩并记录不同年龄班级幼儿的一次教学或游戏活动，评析教师是如何根据幼儿的注意的特点来组织活动的。

观察记录表

幼儿班级	幼儿表现 （注意稳定性 & 外部表现）	教师做法	分析评价
小班幼儿			
中班幼儿			
大班幼儿			

第三章
学前儿童的感知觉

章节导航

- 学前儿童的感知觉
  - 感知觉概述
    - 感知觉的概念
    - 感知觉的分类
    - 感觉与知觉的关系
  - 学前儿童感知觉的发展
    - 学前儿童感觉的发展
    - 学前儿童知觉的发展
  - 学前儿童感知觉能力的培养
    - 感觉统合训练
    - 视觉能力的培养
    - 听觉能力的培养

学习目标

1. 了解各种感觉和知觉的概念、分类与特性。
2. 了解学前儿童感知觉的发展特点。
3. 了解学前儿童感知觉能力培养的方法。

案例放送

小明今年3岁了,妈妈发现他最近总是坐在阳台处,一动不动。原来是在看小区楼下的挖掘机……

我们经常感叹每一个男孩都有个挖掘机梦,不得不佩服挖掘机的吸引力,许多孩子一遇到挖掘机就走不动了。他们喜欢看工人们操作挖掘机并且为之而感到好奇,他们喜欢用玩具挖掘机去模仿挖沙倒沙,并获得视觉、触觉等感官的发展。

婴幼儿认识世界、探索未知事物就是依赖于感知觉的发展,那么学前儿童的感知觉是如何发展的?作为学前教育者如何利用感知觉的特点进行教学?本章将探索学前儿童感知觉相关的内容。

第一节 感知觉概述

感知觉是一个合成词,可拆分为感觉和知觉。感觉和知觉有着密不可分的联系,但又存在细微的差别。一般说来,并不存在孤立的感觉与知觉,从个体发展的角度看,一般感觉先于知觉出现。为了更加科学合理地探究感觉和知觉两种心理过程,下面会将感觉、知觉分开来加以介绍。

一、感知觉的概念

(一)感觉的概念

感觉是人脑对直接作用于感觉器官的客观事物的个别属性的反应,是人最早发生和成熟的心理过程。例如,葡萄,当我们看到葡萄时,可见其紫色的果皮和圆形的外表,以及闻起来时的香甜,还有品尝起来的酸甜适口等特点。葡萄的颜色、形状和味道等就是它一系列的个别属性,这些个别属性在我们头脑中的反应就是感觉。

通过感觉,我们不仅可以了解到客观事物的个别属性,比如物体的大小、形状、颜色、气味、温度等,还可以了解到我们机体各部分的状态,比如饥饿,疼痛等。感觉是个体探索外部世界、认识自我的第一步,也是个体全部心理现象的基础。

知识之窗

加拿大心理学家贝克斯顿(W.H.Bexton)等人于1954年首先进行了"感觉剥夺"实验(见图3-1)。实验中被试者躺在一张舒适的床上,并戴上半透明的护目镜,使其难以产生视觉;用空气调节器发出的单调声音限制其听觉;手臂戴上纸筒套袖和手套,腿脚用夹板固定,限制其触觉。总之,来自外界的刺激几乎都被"剥夺"了。被试者单独待在实验室里,几小时后开始感到恐慌,并且注意力涣散,思维迟钝,感到紧张、焦虑、恐惧等,实验后需数日方能恢复正常。该实验证明了感觉对人类的重要性。由此可见，外界刺激对个体的生存有着十分重要的意义。

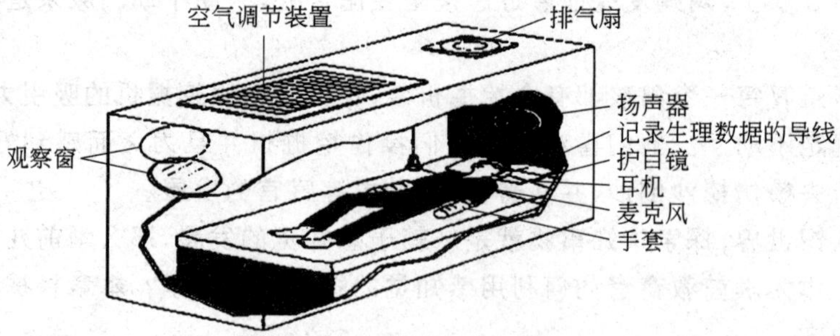

图 3-1　感觉剥夺实验示意图

（资料来源：成丹丹，汪晓阳，游贝贝.学前心理学[M].北京：清华大学出版社，2016.）

（二）知觉的概念

知觉是人脑对直接作用于感官的客观事物的整体属性的反应。知觉与感觉都是对直接作用于感官的客观事物的反应。例如谜语：小白人穿黄衣，腰弯弯甜如蜜（打一水果）。从上述描述中，我们可以得知这种水果的形状、外貌、颜色、味道等，最终通过大脑的分析和综合，把这些属性整合起来可知这个水果是常见的香蕉，这一过程就是知觉。

二、感知觉的分类

（一）感觉的种类

根据刺激的来源不同，可把感觉分为外部感觉和内部感觉两大类。外部感觉是指由外部刺激引起的，反映外界事物个别属性的感觉。其主要包括视觉、听觉、嗅觉、味觉和肤觉，其中肤觉又可细分为触压觉、痛觉和温度觉。

内部感觉是指接受机体本身的刺激，反映的是机体自身状态的感觉，包括平衡觉、运动觉和机体觉。

1. 外部感觉

（1）视觉

眼睛作为视觉的感觉器官，主要是通过视网膜的感光细胞（视锥细胞和视杆细胞）来辨别外界物体的颜色、细节和明暗等特性。产生视觉的适宜刺激是可见光。当适宜的光刺激透过眼睛到达视网膜，引起视网膜上的感光细胞产生神经冲动，神经冲动沿着视神经传导到大脑皮质的视觉中枢，便产生了视觉。

（2）听觉

声波振动鼓膜从而产生的感觉就是听觉。引起人类听觉刺激的适宜刺激频率为在16～20 000 赫兹范围内的声波，超出这个范围的声波，人们一般无法感知到。

(3) 嗅觉

鼻腔黏膜的嗅细胞接收到外界气体分子的刺激时产生的感觉就是嗅觉,引起嗅觉的适宜刺激一般是有气味的挥发性物质。

研究表明,嗅觉刺激可以唤起个体的记忆和情绪,例如,清新的空气,可以使人身体放松,心情愉悦,做事效率高;但浑浊的气味,会使人难以忍受,可能引起个体身体及情绪的不适。

(4) 味觉

味蕾接收到可溶性物质的刺激时产生的感觉叫作味觉。引起味觉的适宜刺激是溶解于水、唾液和脂类的化学物质。随着年龄的增长,个体味蕾数量会逐渐减少,所以个体味觉敏感性会逐渐降低。味觉在胎儿时期已发育成熟,味觉是新生儿出生时最发达的感觉。

基本的味觉有酸、甜、苦、咸四种,其余的都是混合味觉,是基本味觉的不同组合。四种基本味觉由四种不同的味觉细胞感受,它们在舌面上的分布是不均匀的。舌尖对甜味最敏感,舌的两侧中部对酸味最敏感,舌的两侧前部对咸味最敏感,对苦味最敏感的是舌根(见图 3-2)。味觉往往会同其他感觉,特别是同嗅觉、皮肤觉相联系,如辣觉是热觉、痛觉和基本味觉的混合。

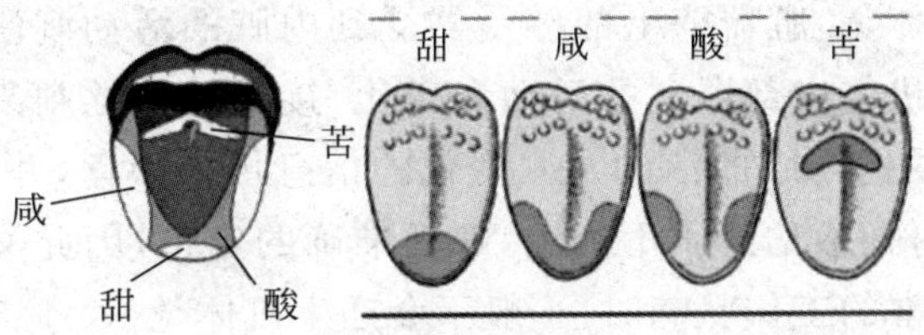

图 3-2 味觉敏感区分布图

(资料来源:https://image.baidu.com/search/detail)

(5) 肤觉

皮肤接收到外界刺激而引起的不同感觉叫作肤觉。肤觉包括触压觉、痛觉和温度觉。

① 皮肤上接受到不均匀的压力引起的感觉叫作触压觉,触压觉包括触觉和压觉。当机械刺激作用于皮肤表面而未引起皮肤变形时产生的感觉是触觉;而当机械刺激使皮肤表面变形但未达到疼痛时产生的感觉是压觉。

② 痛觉是对伤害有机体的刺激所产生的感觉。引起痛觉的刺激很多,包括机械的、物理的、化学的、温度的以及电的刺激等。痛觉对个体的生长具有保护作用,例如,天生无痛觉的人遇到危险时不会迅速逃离和躲避,因为他们体会不到因机体受伤产生的痛觉。婴儿出生后即有痛觉,并表现为新生儿的痛觉感受性较低,随着年龄的增长,对痛觉的敏感性逐渐增强。这就是为什么婴儿在打针时反应并不是很强烈或者打完针后才感受到机体的疼痛。

③ 温度觉是指皮肤对冷、温刺激的感觉,温度觉包括冷觉和温觉两种。冷觉和温觉的划分以生理零度为界限,温度刺激高于生理零度,引起温觉;温度刺激低于生理零度,引起冷觉;温度刺激与生理零度相同,则不会引起冷觉和温觉。

2. 内部感觉

(1) 动觉

动觉也叫运动感觉,即反映身体各部分位置和运动以及肌肉紧张程度的感觉。引起运动觉的适宜刺激是身体运动和姿势的变化，接受运动觉刺激的感受器位于肌肉、韧带、关节等部位的神经末梢。动觉是主动触摸的重要组成部分，凭借动觉与触觉的结合，我们可以了解物体的大小、形状、轻重等。动觉也是随意运动的基础，通过肌肉活动的强度、紧张和速度所产生的神经冲动，不断向大脑皮层发出运动信号，大脑皮层综合分析这些运动信号，通过传出神经对肌肉进行调节和控制，便形成了走、跑、跳等活动。

（2）平衡觉

平衡觉也叫作静觉，即个体做旋转或加、减速直线运动时所产生的感觉。引起平衡觉的适宜刺激是身体旋转以及运动时的速度等，接受平衡觉刺激的感受器位于内耳的前庭器官，包括半规管和前庭两部分。半规管是反映身体进行旋转运动时的器官，前庭是反映进行直线加速或减速运动时的器官。

平衡觉与视觉、内脏感觉有着大量联系。我们熟知的晕车、晕船和晕机等现象就是由于前庭器官受到刺激，视野中的物体似乎出现移动，个体的消化器系统便出现反胃、恶心和呕吐等现象。对于前庭器官活动的稳定性可以经过训练得到改进。

（3）内脏觉

内脏感觉也叫机体觉，脏器壁上的感受器受到内脏的活动刺激时产生的感觉。引起机体觉的适宜刺激是机体内部器官的活动和变化，接受机体觉刺激的感受器分布于人体各脏器的内壁，感受器把内脏的活动及其变化的信息传入中枢，并产生饥渴、饱胀、便意、恶心、疼痛等感觉。内脏感觉性质不确定，缺乏准确的定位，因此又叫“黑暗”感觉。当人体的内部器官处于正常的工作状态时，一般不会产生机体觉。

（二）感觉的规律

1. 感觉的适应

个体由于持续受到刺激物的作用，从而引起感受性发生变化，这种现象叫作感觉的适应。感觉适应的现象在我们日常生活中随处可见。例如，当一间明亮的教室突然熄灯，最初你是看不清楚任何东西的，可过了一会儿你却发现你能看清某些东西了。这是因为视觉的感受性在提高，我们把这种现象称为暗适应。相反，假如你从一个漆黑的山洞走到洞口时，你会下意识的遮住自己的眼睛，这是因为突然而来的强光使你难以看清事物，但过一会儿视力就得到恢复了，这是因为视觉的感受性在降低，我们把这种现象称为明适应。

2. 感觉的对比

感觉的对比是指同一感受器接收到不同的刺激时感受上所发生的变化。感觉的对比可分为同时对比和相继对比。例如，在吃完甜葡萄之后再吃苹果，就会觉得苹果是酸的，这是相继对比。

3. 联觉

联觉是指一种感觉兼有另一种感觉的心理现象。例如，望梅止渴以及幼儿看到白大褂会感到疼痛等。

4. 感觉的补偿

个体某一种感觉丧失后，其他感觉会起到补偿的作用。例如，盲人的听觉一般会很灵敏。

（三）知觉的种类

根据不同的划分标准，知觉可以分为不同的种类。

1. 根据主导作用分类

根据知觉活动中占主导作用的感官来划分，可以把知觉分为视知觉、听知觉、味知觉、嗅知觉和肤知觉等。例如，在认识事物的大小、颜色、形状或看书、看电影时起主导作用的主要是视知觉。在辨别音律、声音和节奏时则主要是听知觉。这些知觉，除了起主导作用的感官所感受到的感觉以外，还常常伴随着其他感觉便形成了复杂知觉，如看电影时的知觉就是视知觉、听知觉等多种知觉的结合。

2. 根据知觉对象分类

根据知觉对象的不同特性来划分，可把知觉分为空间知觉、时间知觉和运动知觉。

（1）空间知觉

空间知觉是指大脑所反映客观事物的空间关系，它包括形状、大小、方位、距离等知觉。通过空间知觉，我们可以认识到事物的大小、形状以及物体的上下、前后、左右等方位。

（2）时间知觉

时间知觉是人脑对客观事物顺序性和连续性的反映。时间知觉主要是通过自然界的周期现象，由机体内的各种生理过程有节律的周期变化以及其他计时工具来进行的，同时，它还受人的兴趣、态度、情绪和知识经验的影响。

（3）运动知觉

运动知觉是个体对物体运动特性（位置移动、速度等）在脑中的反映。运动知觉的主要作用是辨别物体的静止与运动以及运动速度的快慢等。运动知觉对动物和人的适应性行为有着重要的意义。例如，为动物的捕食活动（饿虎擒养、螳螂捕蝉）提供信号，完成这些捕食活动不仅需要对猎物的形状、距离、方向的感知，还需要对猎物运动速度的正确识别。

3. 根据是否符合客观现实分类

根据知觉内容是否符合客观现实，可把知觉分为正确的知觉与错觉两类。

正确的知觉是人脑对客观事物正确属性的反映；错觉又叫错误知觉，是指不符合客观实际的知觉，即对客观事物的一种不正确的、歪曲的知觉。

（四）知觉的特性

知觉过程看似非常复杂，但实际上往往只需在极短的时间内便能完成。人们能够如此迅速、完整、清晰地完成对客观事物的感知，与知觉所具有的基本特性是密不可分的。一般而言，我们最常提到知觉的四种基本特性，它们分别是选择性、理解性、整体性和恒常性。

1. 知觉的选择性

个体在感知多个客观事物时，会有选择地将少数事物作为知觉的对象，并将其优先地区分出来，这些被“挑选”出来的事物就会被格外清晰地知觉到，而其他的事物就成了背景而暂时被我们所忽略。例如，在课堂上，我们会有选择地把教师的语言和课件作为知觉的对象，而忽略外面嘈杂的声音等。

2. 知觉的理解性

知觉的理解性表现为个体在感知事物时，会依赖已有的知识经验来对其进行解释和判断。个体会因为所具有的知识经验不同，在面对同一事物时，所产生的认知是具有差异性的。正如莎士比亚所说：“一千个观众眼中有一千个哈姆雷特。”

3. 知觉的整体性

个体在知觉客观对象时，往往将它视为一个整体而反映出来。在日常生活中，人们并不是个别、孤立地认识事物，而总是优先将其作为一个统一的整体来认识。例如，认识水果，个体并不是分别去感知其颜色、形状、气味等，而是直接说出水果的名称。

4. 知觉的恒常性

知觉的恒常性是指知觉的条件在一定范围内发生改变时，知觉的印象仍然会保持相对不变。知觉的恒常性表现在形状恒常、大小恒常、颜色恒常和亮度恒常等。例如，一个人身上所穿的衣服颜色，不会因为白天或黑夜而产生变化，正是因为个体知觉具有恒常性，才使得人们在认识事物过程中能够按照事物的实际面貌来反映事物，从而能够根据对象的实际意义去适应环境。

三、感觉与知觉的关系

（一）感觉与知觉的联系

感觉和知觉是联系非常紧密的两种心理活动。首先，二者都是人脑对当前客观事物的反映，只有当客观事物直接作用于感觉器官，并引起它们的活动时，才有可能产生感觉和知觉。相反，如果客观刺激没有直接作用于感觉器官，或者客观刺激的强度低于或高于感觉器官被唤醒的范围，感觉和知觉都不会产生。其次，知觉以感觉作为基础，但知觉不是感觉信息的简单相加，知觉是按一定方式来整合个别的感觉信息，形成一定的结构，并根据个体的经验来解释由感觉提供的信息。

感觉和知觉之间有着密不可分的联系，知觉是在感觉的基础上产生的，它们都属于认知过程的初级阶段。

（二）感觉和知觉的区别

1. 性质不同

感觉是人脑对客观事物的个别属性的反映，知觉则是对客观事物综合的、整体的反映。

2. 生理机制不完全一致

感觉是介于生理和心理之间的活动，它的产生主要源自客观刺激的物理特性和感觉器官的生理活动，其间必须要有主客观因素的共同作用。而知觉则是完全依赖生理机制为基础的心理活动过程，处处表现出人的主观因素的参与。

总之，在实际生活中，不存在孤立的感觉与知觉。事物的个别属性离不开整体的存在。通过收集客观事物的个别属性，并加以分析与整合，最终对该事物进行整体反映。

第二节 学前儿童感知觉的发展

长期以来，人们一直认为胎儿和新生儿，甚至出生后3～4个月的婴儿是“无能”的。例如，儿童心理学的鼻祖——普莱尔认为：“一切婴儿刚生下来都是耳聋的。”婴儿听觉通道由于黏膜肿胀和羊水堵塞，导致他们不能听到声音。随着早期教育研究热潮的掀起，加之许多新的研究手段（如磁带录像、红外照相术和电子计算机）的出现，人们已经发现，胎儿的某些感觉器官在母体中已经开始发挥作用，许多感知器官在婴儿出生后不久就能达到成熟水平。婴儿已经拥有令人惊奇的感知能力和广阔的反应范围。

一、学前儿童感觉的发展

（一）视觉的发展

1. 视觉的产生

起初人们普遍认为新生儿在出生后几周才能注视物体，任凭环境支配而毫无能力。而范茨（Fantz，1961）所做的研究以及随后的一些研究都表明，婴儿并不是毫无能力完全被动的。最新研究发现，人类的视觉也许早在四五个月大的胎儿身上就已经开始发挥作用。北京人民医院的一项研究发现，闪光灯突然发出的强光会引起特殊的胎动现象，等过了几分钟之后胎动才逐渐减弱，这可能说明胎儿已经对这种强光产生了适应（庞丽娟、李辉，1993）。学前儿童视觉的发展主要表现在视敏度的发展和颜色视觉的发展两方面。

2. 视敏度

视敏度也称视觉敏锐度，是指个体辨别细小物体或识别物体最小差异的能力，俗称视力。视敏度的发展首先需要依靠眼睛的晶状体功能的不断完善。新生儿晶状体不能变形，因而投射到视网膜上的形象比成人模糊。研究表明，新生儿的最佳视力距离为20厘米左右，即物体与婴儿的距离为20厘米左右时，婴儿视网膜才能够成像清晰。

在整个婴幼儿期，儿童的视敏度是不断提高的。“视动眼球震颤”测验表明，新生儿的视力与成人的视力对比为20∶150，即视力正常的成人在150厘米内能看清的物体，新生儿只能在20厘米内看清。1个月的婴儿与成人的视力比为20∶100，而2个月的婴儿与成人的视力比已达20∶60，婴儿出生6个月左右，其与成人的视力比可达20∶20，即可达到成人的视力水平。另外，该测验表明，6个月以内是学前儿童视力发展的敏感期，这个时期如果出现发育异常，可能会引起视力异常甚至丧失。

3. 颜色视觉

颜色视觉是指人们在视力上区别颜色细小差异的能力，俗称辨色力。

新生儿看不见彩色，最初他们眼中的世界只有黑、白、灰三种颜色。一般认为，婴幼儿只有到出生三四个月后才开始能够区分彩色和非彩色，且4～8个月的婴儿就已经开始出现对颜色的视觉偏爱，相较于那些波长较短的冷色，如蓝色和紫色，他们更喜欢波长较长的温暖色，如红色、橙色和黄色，尤其红色特别能引起他们的视觉兴奋。但也有研究认为这种颜色辨别能力可能在出生两周后就已初步具备，马晓梅等(1988)通过对15名新生儿进行研究后发现，80%的新生儿在出生14天后就能分辨红圆和灰圆。

(1) 在幼儿期颜色视觉的发展主要表现在区别颜色细小差别能力的进一步发展，并对颜色的辨别和掌握颜色名称结合起来。幼儿时期颜色视觉的发展，主要依靠生活经验和教育，并呈现以下特点。

(2) 在幼儿初期(3～4岁)，已能初步辨认红、橙、黄、绿、蓝等基本颜色，但在辨认紫色等混合色和蓝与天蓝等近似色时，往往较困难，也难以说出颜色的正确名称。

(3) 在幼儿中期(4～5岁)，大多数能认识基本色、近似色，并能说出基本色的名称。

幼儿晚期(5～6岁)，不仅能认识颜色，而且在画图时，能运用各种颜色调出需要用的颜色，并能正确地说出黑、白、红、蓝、绿、黄、棕、灰、粉红、紫等颜色的名称。

研究表明，6岁前的幼儿基本上都喜欢亮度大的红、橙、黄等颜色，且性别差异不明显。7岁前的儿童对颜色的爱好基本上不受物体固定颜色的影响，7～8岁是转折期。

学前儿童在颜色习得过程中，一般先认识颜色，然后才掌握颜色词，将颜色词与相应的颜色联系起来，需要一个发展过程。一般4岁儿童能将基本颜色与其名称联系起来，5～7岁能正确地命名常见颜色。

颜色视觉的一个重要缺陷表现为色盲和色弱，色盲是指不能分辨自然光谱中的某种颜色或各种颜色；而对颜色的辨别能力差的则称色弱，色盲与色弱以先天性因素为多见。色盲有很多种类，其中最常见的是红绿色盲，即患者不能辨别红色和绿色，男性患者远多于女性患者。

作为教师应该根据幼儿视力发展的规律与特点，针对年龄越小的幼儿，提供的教学字图应该越大，对重点突出的知识点和问题，应该用醒目的字体与颜色。

（二）听觉的发展

1. 听觉的产生

关于儿童何时开始拥有听觉的问题至今尚有争论，但许多实验研究已经证实，在胎儿时期胎儿的听觉感受器已初步发展完善，新生儿已经拥有良好的听觉能力，

为了研究胎儿的听觉，研究者把一种微型话筒置入子宫内进行录音，发现孕妇身体周围500～1 000赫兹的声波能完好地传入子宫，引起胎儿的反应(Hecox，1975)。法国的心理学家认为，8个月以后的胎儿，对低音的感受比高音更敏感，因此，胎儿对父亲的声音比母亲的声音更易产生反应。研究(王振宇，2006)表明，胎儿期父亲多跟胎儿交流，对胎儿的发展很有益处。

廖德爱等(1983)通过实验证实刚出生的新生儿已经具备听觉反应。他们对随机抽选的42名刚出生不到24小时的新生儿用类似蟋蟀的叫声进行刺激，结果发现：①第一次刺激便引起反应的有19名，第二次刺激引起反应的有16名，第三次刺激才有反应的有5名，其余的2名新生儿需要经过4～5次刺激方能引起反应；②新生儿对声音的反应包

括睁眼、眨眼、眼珠转动、皱脸、嘴动、头扭动、有苦相和哭闹等；③在所有被试中，83.31%的新生儿对听觉刺激反应较快，只有16.69%的新生儿反应较慢。

2. 学前儿童视听协调活动

对于出生不久的新生儿就出现把头转向声源的行为，很多研究都证实了新生儿具有视听协调能力。最早发现新生儿视听协调现象的是魏瑟墨。魏瑟墨(1961)在研究中发现，刚出生几秒的女孩就可以把头转向声源的方向。据此，鲍厄和魏瑟墨等提出了儿童天生就有几种不同感觉协调能力的理论。

研究还发现，婴儿的视听协调能力可以帮助他们辨别视听信息是否一致。斯佩尔克和科特隆(Spelke & Coretelgon，1981)以及沃克(1982)的研究也证实，4～7个月的婴儿对说话声音与面部口唇运动相符的人脸注视时间更长，而对声音与面部口唇运动不相符的人脸则表现出不安。研究(庞丽娟、李辉，1993)表明，婴儿刚出生不久就具有的这种视听协调能力应该是人类长期进化过程中保留下来的具有生物保护意义的本能之一。

知识之窗

习惯化与去习惯化法

习惯化与去习惯化是研究婴儿感知觉的一种方法。给婴儿反复呈现同一个刺激(如一个图形或一种声音)，当刺激物连续呈现若干次后，婴儿对刺激物就不再注意，即习惯化。若变换新的刺激物呈现给婴儿，则重新引起婴儿的注意，即去习惯化。

(资料来源：林崇德.心理学大辞典[M].上海：上海教育出版社，2003.)

(三) 触觉的发展

触觉是肤觉和运动觉的联合，即皮肤受到机械刺激时而产生的感受。触觉是婴儿认识世界的主要手段。2岁以前，触觉在儿童的认知活动中起着主要作用。2岁之后，随着儿童视觉、听觉的发展，触觉所起的作用相对减少。但在整个学前期，儿童还是主要依靠触觉与视觉、听觉等其他感知觉的协同活动来认识外部环境的。

1. 触觉的产生

婴儿出生时就有触觉反应，是天生的无条件反射，而且他们的触觉敏感性已经发展得很好了，如会出现抓握反射、吸吮反射、惊跳反射等，如表3-1所示。

表3-1 婴幼儿的反射行为

名称	特征	原因	存在期	功能
巴宾斯基反射(足趾反射)	当用火柴棍或大头针等物的钝端，由脚跟向前轻划新生儿足底外侧缘时，脚拇指会缓缓地上跷，其余各脚趾呈扇形张开，然后再蜷曲起来	中枢神经通路(锥体束及大脑皮层)还不成熟	最早可在4～6个月的新生儿身上看到，该反射在6～18个月逐渐消失，但在睡眠或昏迷中仍可出现，婴儿2岁还有，2岁后则出现与成人相同的足底反射，若再出现此反射，一般是锥体束受损害的表现	尚未知晓

续表

名　称	特　　征	原因	存在期	功　能
达尔文反射（抓握反射）	任何接触其手掌和脚掌的物体：例如，小棒、铅笔，或手指，都会立刻引起婴儿反射性的动作，手将会握成拳头，紧紧地抓握住放进手中的物体不放松	可能是灵长目种系发生的遗传	在出生后的几个月内非常强烈，到大约第6个月时，就会开始减退，到1岁时消失	为婴儿能自愿抓握做准备
莫罗反射（惊跳反射）	突如其来的刺激，出现惊跳反射时，婴儿的双臂伸直，手指张开，背部伸展或弯曲，头朝后仰，双腿挺直，双臂互抱	人从灵长目种系进化来的遗存现象	在出生后3～5个月内消失	有助于婴儿抱住母亲
食物反射	当食物或其他物品进入口中就会有唾液分泌	抑制原始反射的神经元尚未发育完全	出生后半小时内的新生儿处于清醒状态下	有利于喂食

2. 口腔的触觉

儿童对外界事物的探索最早是通过口腔的活动进行的，比如，婴儿看见了东西，往往有将其抓住放进嘴里进行舔、咬等行为。婴儿早期除了用口腔的触觉去进行探索活动外，还通过其辨别不同的物体。例如，3个月的婴儿在吸吮时，对熟悉的物体吸吮的速度会逐渐降低，出现习惯化现象。如果换了新物体后，则又会用力吸吮，即出现去习惯化。

在相当长的时间内，婴儿仍然以口腔的触觉探索作为手的触觉探索的补充。比如，1～2岁的婴儿，在地上捡起一些物体，也会往嘴里放。

3. 手的触觉

触觉探索主要是通过手的活动来进行。学前期手的触觉探索活动不断发展，主要经历两个阶段，即手的本能性触觉反应阶段和视触协调阶段。

（1）手的本能性触觉反应阶段

手的本能性触觉反应阶段在婴儿刚出生时就已表现出来，抓握反射就属于手的本能性的触觉反应。例如，当有物体接触到新生儿的手心时，他会立即收起手指，紧握该物体。

（2）视触协调阶段

① 前够物行为：不是成熟的眼手协调动作。很多的研究都发现新生儿在看到眼前的物体时，会摇晃其双臂。有人把这种动作称作“前够物行为”。特维切尔（Twitchell，1965）指出，处于前够物阶段（0～3个月）的婴儿在注视物体时挥动手臂的次数明显多于没有注视物体时。庞丽娟和李辉（1993）认为，新生儿的这种“前够物行为”是一种不自觉的低级的视触协调活动，可能是人类发展过程中遗留下来的一种反射性质的本能，在人类早期生活中有着重要的 生存价值和意义。

5个月是婴儿够物行为发展的重要分水岭。菲尔德（Field，1976）对2～5个月婴儿的研究也表明，直到5个月时，婴儿才能按照物体的距离调整手的动作。鲍厄(1977)指出，不足5个月的婴儿不能同时注意手和物体。而6个月以后的婴儿，往往先把手伸到视觉范围，然后用视觉把手送到物体所在处，此阶段的婴儿可以依靠视觉指导其够物行为。

② 视触协调：主要表现为眼手探索活动的协调。眼手协调活动是婴儿认知发展过程中的重要里程碑，也是手的真正探索活动的开始。婴儿出生后不久就出现了眼手协调的先兆，成熟的视触协调活动出现于出生后5个月左右。

眼手协调动作出现的主要标志是伸手拿到看见的东西，产生这种动作所要求的知觉条件有：知觉到物体的位置——主要是视觉；知觉到手的位置——主要是动觉；视觉指导手的触觉活动。

二、学前儿童知觉的发展

（一）空间知觉的发展

空间知觉是多种感官协调所进行的复合知觉，包括形状知觉、大小知觉、方位知觉和距离知觉等。

1. 形状知觉的发展

形状知觉指的是对物体的形状进行辨别的能力。婴儿出生几天后，即出现视觉偏好，许多心理学家使用视觉偏爱法，即通过观察幼儿注视不同的物体所花费的时间来判断他的个人喜好，得出幼儿对形状的视觉偏爱呈现如下特征：①喜欢变化、动态的物体；②喜欢曲线多于直线；③喜欢复杂物体；④喜欢人脸。

幼儿的形状知觉能力发展很快，一般在3岁时能辨别一些几何图形，如圆形、正方形、三角形等；4～4.5岁是形状知觉的敏感期；5岁幼儿能正确辨别各种基本的几何图形。对幼儿来说叫出图形名称比辨认图形要晚，幼儿最容易辨别的图形是圆形。由易到难的顺序依次是，圆形→正方形→半圆形长方形→三角形→八边形→五边形→梯形→菱形。

2. 大小知觉的发展

大小知觉是人们对物体大小的感知能力。

2.5～3岁的孩子已经能够按语言指示拿出大皮球或小皮球。3岁以后判断大小的精确度有所提高。据研究，2.5～3岁是孩子辨别平面图形大小能力急剧发展的阶段。

对图形大小判断的正确性要由图形本身的形状而定。一般而言，幼儿判断圆形、正方形和等边三角形的大小较容易，而判断椭圆长方形、菱形和五角形的大小却有困难。

幼儿判断大小的能力还表现在判断的策略上。4～5岁的幼儿在判别积木大小时，要把积木叠在一起或并排去比较。而6～7岁的幼儿，由于经验的作用，已经可以单凭视觉就能辨别出积木的大小。

3. 方位知觉

方位知觉是指对物体的空间关系和自己的身体在空间所处位置的知觉，包括辨别上、下、前、后、左、右、东、西、南、北、中的知觉。

幼儿方位知觉的发展随年龄由小到大能力不断增强，3岁辨别上下，4岁开始辨别前后方位,5 岁开始能以自身为中心辨别左右方位,6 岁幼儿虽然能完全正确地辨别上下前后四个方位,但辨别左右方位仍然感到困难,7 岁才开始能够辨别以别人为基准的左右方位。

学前儿童左右方位的辨别特点是从以自身为中心逐渐过渡到以其他客体为中心。由于词语具有抽象性,儿童对方位词的掌握要晚于具体的方位知觉。在幼儿园教学中,当教师说"左边""右边""左手""右手"时,幼儿常常不能准确反映。因此,教师在教学活动中要用"镜面示范",即以幼儿的角度来做示范。

在识字教学时,幼儿常常出现 b 与 d、p 与 q 不分的现象,书写数字 39 时常写成"ε9""3p",把 8 写成∞。教师应注意着重强调方位,用彩笔突出不同,并加以区别。

4. 深度知觉的发展

深度知觉又被称为立体知觉或距离知觉,它是对立体物体或两个物体前后相对距离的知觉。儿童的深度知觉是与生俱来还是后天习得一直是个有争议的问题。

为了解决这个争端,吉布森(E. J. Gibson,1960)等人在 20 世纪 60 年代初设计了著名的"视崖"实验(见图 3-3)。研究者以玻璃中央板为中心并在玻璃板下面铺上格子形状,即一侧贴近玻璃板处铺上格子形状的图案布,所以看起来像个"浅滩",另一侧离玻璃板几尺深的地面上用了同样格子形的图案布,给幼儿造成一种错觉——似乎这一侧是"悬崖"。把 6.5～14 个月大的婴儿放在玻璃板的中央部位,让母亲分别在两侧呼唤婴儿,然后观察幼儿的反应。实验结果表明,大多数婴儿只爬到浅滩,拒绝从深渊的一侧爬向母亲。这说明婴儿此时已经有了深度知觉。吉布森的实验仍无法判断深度知觉是否是先天的。后有研究者(Bertenthal & Kermoian,1992)把 2～3 个月的婴儿分别放在"浅滩"和"悬崖"两侧,测量婴儿心率变化,并未发现婴儿在"悬崖"处出现心率加快现象。但把 8～9 个月大的婴儿放在"悬崖" 边时,心律却出现明显加快现象。

图 3-3 "视崖"实验

随着幼儿生活经验的进一步积累,其空间知觉会有明显发展,但不精确。他们不善于把现实物体的距离、位置、大小等空间特性正确表现出来,不了解"近大远小"等视觉现象。因此,学前教师要在实践活动和教育的影响下促进幼儿空间知觉的发展,如可通过绘画、手工等教学活动。

(二) 时间知觉的发展

时间知觉是对客观现象的延续性、顺序性和速度的反映。人总是通过某种衡量时间的媒介来反映时间的。任何变化速度均匀的现象都可以作为时间的标尺,其中包括外界的变化,也包括人体内部的某些生理状态。

婴儿主要以个体内部的生理变化来反映时间,如"生物钟",即以生物节律周期来反映"时间",比如到点感到困,到点感到饥饿等。

在幼儿初期，幼儿逐渐能够以外界事物作为时间的标尺，主要通过一些具体事物和生活经验来了解时间。如日出就是早上，日落就是晚上，上午就是上幼儿园的时候，放学回家就是下午。有时也会用一些带有相对性的时间概念，如“昨天”“明天”，但往往会用错。如会说“我昨天要去游乐园了”。

在幼儿中期，幼儿可以正确理解“昨天”“明天”，也能运用“早晨”和“晚上”等词，但是对较远的时间，如“前天”“后天”等，理解起来仍感到困难。

在幼儿晚期，在前面的基础上，已开始能辨别“前天”“大后天”，知道春、夏、秋、冬等。但还不能正确理解时间单位。对更大或更小的时间单位，如几个月、几分钟等辨别仍感困难。

鉴于上述特点，对幼儿讲时间问题，应该结合具体事情，如借助音乐、铃声帮助建立幼儿园常规生活秩序。

第三节　学前儿童感知觉能力的培养

我们时常能看到这样的孩子，胆小害羞、入学适应困难、粗心大意、丢三落四、从不认真听讲、经常走神儿、发愣，易受外界的细微干扰而分心，对于教师刚讲过的问题，一提问十有八九不会，甚至连问题都复述不出来，成绩当然可以想象。然而，为什么会出现以上问题？关键就在于感知能力的培养上。个体主要通过感官学习与外部世界建立联系，通过感官学习认识外部世界、积累大量经验，近年来随着脑科学的实验研究的不断深入，我们体会到了感觉学习的重要性和必要性。下面着重梳理介绍感觉统合训练和几种感知觉能力培养的方法。

一、感觉统合训练

感觉统合是指机体在环境内有效利用自己的感官，以不同的感觉通路（视觉、听觉、味觉、嗅觉、触觉、前庭觉和本体觉等）从环境中获得信息并输入大脑，大脑再对其信息进行加工处理（包括解释、比较、增强、抑制、联系、统一等），并作出适应性反应的能力，简称“感统”。这是一个大脑和身体相互协调的学习过程，只有经过感觉的统合，人类才能完成高级而复杂的认知活动，包括注意力、记忆力、语言能力、组织能力、自我控制、概括、理解和推理能力等。

感觉统合训练的目的就是通过对幼儿手、眼、脑等各器官的协调性训练，使幼儿在一定时间内能集中注意力去认真完成某一件事情，从而改善大脑对外界输入信息的组合能力，提高幼儿的动作协调能力、理解能力、逻辑推理能力、记忆能力以及人际交往能力。

（一）感觉统合失调常见的基本训练方法

1. 前庭觉统合失调的训练方法

在感统器械上我们可以利用圆筒吊缆、网缆等来对孩子进行训练。

圆筒吊缆使用方法：孩子屈曲身体，用手紧抱圆筒并保持身体平

第三章　感觉统合训练
剥豆子

衡，做前后左右大回转。促进身体协调以及固有前庭感觉输入统合（见图 3-4）。

网缆使用方法：俯卧抬头给孩子左右前后晃动（见图 3-5）。

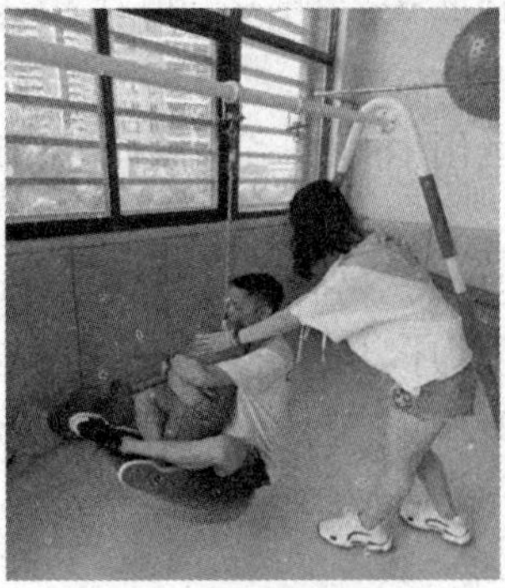

图 3-4　圆筒吊缆

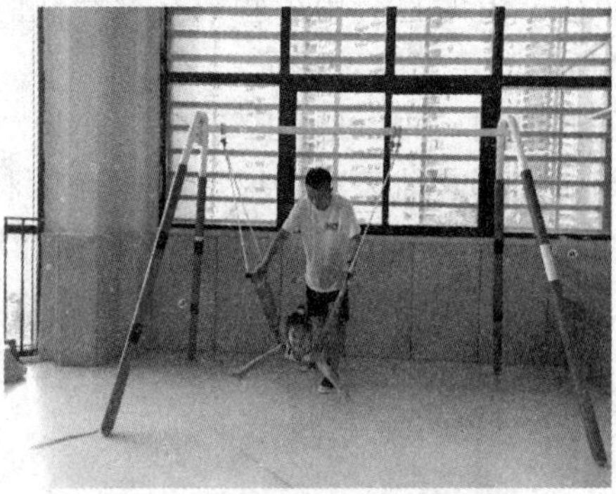

图 3-5　网缆

2. 平衡觉统合失调的训练方法

在感统器械上我们可以利用平衡台、独脚椅、滑板＋滑梯来对孩子进行训练。

平衡台使用方法：双脚或单脚站立在平衡台上，用双手做拍球等运动，并保持身体的平衡。强化前庭刺激，加强身体平衡能力。

独脚椅使用方法：坐在独脚椅上，手平伸，双脚交叉踢高或单脚连续踢，身体保持平衡。练习伸展和保持平衡，协调身体，控制重力感，建立前庭感觉机能（见图 3-6）。

滑板＋滑梯的使用方法：把滑板放在滑梯上面，孩子俯卧姿势趴在滑板上，肚脐眼在滑板正中间，头抬高、脚伸直、手放在后背上，在家长或者老师协助孩子时一只手握住滑板，另外一只手握住孩子后背的手，在滑板滑下滑梯时不能放手（见图 3-7）。

图 3-6　独脚椅

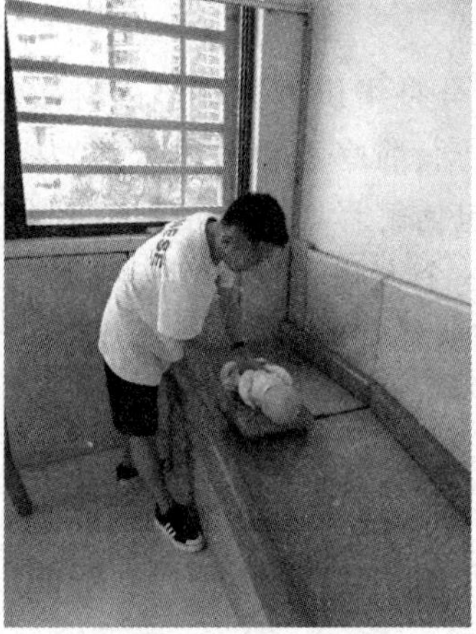

图 3-7　滑板＋滑梯

3. 本体觉统合失调的训练方法

在感统器械上我们可以利用陀螺、跳跳床来对孩子进行训练。

陀螺使用方法：大孩子可坐在中间，盘起双腿，双手抓住两边，用力旋转，或者跪坐在中央抓住两边旋转。小孩子可以走边线、仰、躺，由他人协助旋转(见图 3-8)。

跳跳床使用方法：让孩子站在跳跳床上，双脚并拢蹦跳，跳起来时，膝盖弯曲，脚后跟踢至臀部。强化前庭刺激，抑制过敏讯息，矫治重力不稳和运动企划不足。

4. 触觉统合失调的训练方法

在感统器械上我们可以利用大小触觉球和万象组合来对孩子进行训练。

大小触觉球使用方法：孩子趴下，双手打开，脸部朝向左方向或者右方向，用大触觉球给孩子按摩前后身，注意不能按压孩子的生殖器官。小触觉球用来按摩手心、手背、手臂、肚子、胸部、脖子、脸、头顶、腿、脚心(见图 3-9)。

图 3-8 陀螺

图 3-9 触觉球

万象组合的使用方法：使用教具摆成一个关卡，然后从起点向终点闯关。

案例放送

5 岁半的小鹏上幼儿园大班，聪明活泼反应快，可是小鹏和家人以及其他小朋友的关系处理的非常糟糕，会常常为一些小事情发脾气，而且会自己生闷气，不愿意出去玩，整天自己待着。这种情况出现的频率非常高，几乎每天都有，而且不知道什么原因就会生气。

案例分析:

(1) 情绪控制能力差，需加强触觉训练。

(2) 由于是剖腹产及后期皮肤触觉不足导致小朋友的触觉神经调节遇到了一定的阻碍。

(3) 对于小朋友的情绪未及时得到舒缓和解决，以至于长期积压，导致和周围人关系僵硬，一旦有一点小事情则会有较大反应。

解决方案:

(1) 每周进行一次团队训练和一次心理辅导。

(2) 每晚进行 30 分钟左右的亲子沟通，并结合大触觉球按摩和徒手按摩两种手段进行，利用聊天、谈心和听音乐等方式和小朋友交流。

二、视觉能力的培养

（一）视觉追踪

1. 找对应

让儿童从曲线一端的某个小动物开始，沿着曲线追踪到线另一端对应的小动物（见图 3-10）。

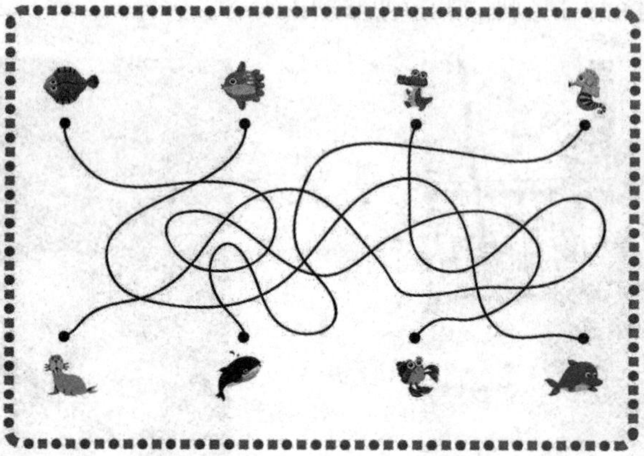

图 3-10　找对应的小动物

（资料来源：http://m.sohu.com/a/243625211_100149569.）

2. 追视灯光

在一间较暗的房间内，父母将手电筒的灯光投射在一面墙上，并上下左右移动，让孩子在保持头不动时追视灯光。

3. 追视字和句子

老师在黑板上写出一行字或句子，用教鞭指着上面的字，一字一字地让孩子读。开始时可以从左到右，逐渐地变为打乱顺序让孩子追视。

（二）视觉辨别

视觉辨别是指把一个物体从另一个物体中区别出来的能力。包括求同能力和求异能力两个方面，求同能力就是指发现相同之处，求异能力就是指发现不同之处（见图 3-11）。

三、听觉能力的培养

（一）打电话

用一根长约 3 米的线穿过两个纸杯底部的中心，两个纸杯的口向外作为听筒，在线的两端系上一根小竹签，使线不会从纸杯小孔中滑走。每个孩子各拿一个纸杯，保持一定距

图 3-11 找出两幅图的不同之处

（资料来源：https://image.baidu.com/search/detail.）

离，模仿打电话，一个孩子对着纸杯轻轻讲话，另一个孩子罩在耳朵上仔细听。

（二）听一听，辨一辨

听到动物就拍手：狗、书、钱、兔子、香蕉、苹果、大象、老虎、水杯、鸡、手机……

听到交通工具就拍手：盆、飞机、桶、水杯、自行车、桌子、火车、铅笔、书、船……

本章小结

感觉是人脑对直接作用于感觉器官的客观事物的个别属性的反映，是人最早发生和成熟的心理过程。知觉是人脑对直接作用于感官的客观事物的整体属性的反映。根据刺激的来源不同，可以把感觉分为外部感觉和内部感觉两大类。根据知觉活动中占主导作用的感官的不同，可以把知觉分为视知觉、听知觉、味知觉、嗅知觉和肤知觉等。根据知觉的对象的不同特性，可以把知觉分为空间知觉、时间知觉和运动知觉。了解到学前儿童感知觉发展的特点以及几种感知觉的训练方法。

第三章 真题链接

思政小结

个体通过感知觉获取外界信息，有些孩子会出现感统失调的现象，学生要掌握科学的感统训练的方法，给予这些孩子更多的关爱，能够在训练活动中充满耐心和爱心，逐步建立感统失调幼儿的自尊心和自信心。

实习实训

时间知觉

一、实习实训目标

通过与幼儿进行时间的对话，了解不同阶段幼儿的时间知觉的发展。

二、理论知识回顾

时间知觉是对客观现象的延续性、顺序性和速度的反映。

学前儿童时间知觉的发展有如下特点。

(1) 在幼儿初期,幼儿逐渐能够以外界事物作为时间的标尺,主要通过一些具体事物和生活经验来了解时间。如日出就是早上,日落就是晚上,上午就是上幼儿园的时候,放学回家就是下午。

(2) 在幼儿中期,幼儿可以正确理解“昨天”“明天”,也能运用“早晨”和“晚上”等词,但是对较远的时间,如“前天”“后天”等,理解起来仍感到困难。

(3) 在幼儿晚期,在前面的基础上,已开始能辨别“前天”“大后天”,知道春、夏、秋、冬等。但还不能正确理解时间单位。

三、实训任务

通过与幼儿进行“今天”“明天”“后天”“今年”“明年”等时间概念对话,了解时间知觉的发展。

实验准备:观察记录表、谈话提纲。

观察记录表

幼儿班级	幼儿表现	分析评价
小班幼儿		
中班幼儿		
大班幼儿		

例:谈话提纲——年龄

教师:小朋友,你今年几岁了?

幼儿:……

教师:那你去年是几岁呀?

幼儿:……

教师:明年你几岁?

幼儿:……

第四章
学前儿童的记忆

章节导航

- 学前儿童的记忆
  - 记忆概述
    - 记忆的概念
    - 记忆的基本过程
    - 记忆的分类
    - 遗忘
  - 学前儿童记忆的发展
    - 学前儿童记忆的发生与发展
    - 学前儿童记忆发展的特点
    - 学前儿童记忆发展的趋势
  - 学前儿童记忆力的培养
    - 影响学前儿童记忆力的因素
    - 常见的记忆策略
    - 学前儿童记忆力的培养策略

学习目标

1. 理解记忆的基本概念及学前儿童记忆发展的基本理论。
2. 掌握培养学前儿童记忆的基本方法。
3. 能运用学前儿童记忆发展的基本理论知识分析幼儿园的教学活动。

案例放送

欣欣2岁半了，她虽然不懂儿歌具体的意思，可她跟着家长念几遍就记住了。但是，过几个小时再问她，她就记不太清楚了……

宁宁6岁了，有一次，他在1分钟之内正确记住了17位数字81726354453627189。原来他是经过思考抓住了这些数字之间的规律性联系进行记忆的。他发现，每两个数字之和都是9，去掉最后一个9字，其余的数字排列都是对称的……

为什么欣欣和宁宁会出现这样的行为呢？在进行学前教育时都应采取哪些对策、方法才能有效地培养学前儿童的记忆能力呢？

第一节 记忆概述

一、记忆的概念

你是否有同感？遇到十几年前的儿时朋友却立刻能认出他并叫出他的姓名，尽管好像早已把他忘得无影无踪了；过去学过的成语、外语单词，看过的电视，听过的歌曲，一旦到了一定场所，会很快在脑海中重现……这就是记忆。

记忆是人脑对过去经历过的事物的反映，是人脑对经历过的事物的识记、保持、再现或再认，是进行思维、想象等高级心理活动的基础。作为一种基本的心理过程，记忆联结着人的心理活动，它是人们学习、工作和生活的基本机能。记忆的关键是如何把抽象无序转变成形象有序的过程。抽象无序的信息未经过有效的加工处理，就很难形成有效的记忆，从而失去信息的价值和意义。如若没有记忆，我们将无法学习、工作和生活，甚至无法保留我们之前所习得的任何知识。正如达特茅斯大学著名的认知神经科学家迈克尔·加扎尼加所述："除了此时此刻，生活中的每一件事都是记忆。"没有记忆，我们不能进行对话，不能辨认出朋友的脸，不能学习和工作，甚至不能学会说话和走路。

记忆表象是指过去感知过的事物在头脑中再现出来的形象。记忆表象是感性认识过渡到理性认识的桥梁，它是记忆的主要内容，具有形象性、概括性及可操作性等特征。

二、记忆的基本过程

记忆，究其本意，包含"记"与"忆"。其始于"记"，终于"忆"，是由"记"到"忆"的一个基本过程。

"记"与"忆"包含了识记、保持、再认或再现。有效的记忆必然包括"记"与"忆"，二者必不可少。简单来说，"记"包含识记和保持两个基本过程，"忆"包含再认或再现这一基本过程。

（一）识记

记忆始于识记。识记是对经验或信息的识别和保持，是将抽象无序的经验或信息识别储存并形成有序印象的过程。这一过程需要人脑对经验和信息反复地认识以使其留下痕迹并将有效的信息传送至大脑，在此过程中通过有效组织和强化，使之能更好地成为个体的经验。

1. 无意识记与有意识记

无意识记（不随意识记）是指不需要付出任何意志努力，也没有自觉的识记目的的一种识记方法。无意识记具有一定的选择性，并不是所有接触过的事物都能被记住，而是只有那些在生活中具有重大意义的事件，引起人浓厚兴趣并能激发人的情感的事物，才容易被记住。人的日常生活经验和零碎的知识，就是通过无意识记获得的。

有意识记（随意识记）是指个体事先有预定识记意图或目的，并需要付出意志努力，运用一定的方法和策略所进行的识记。有意识记是一种个体主动而有自觉的识记活动，目的和任务不同，需要运用的识记方法以及所付出的意志努力也不尽相同。

2. 机械识记与意义识记

机械识记（死记硬背）是根据材料的外部联系或表现形式，采取简单重复的方式进行的识记。机械识记是指对识记的材料很少进行加工，基本上是按照材料呈现的时空顺序进行逐字逐句的识记。

意义识记是指通过对材料的理解和进行思维加工进行的记忆。这一过程需要理解材料的意义，把握材料的内容。如对科学概念、范畴、定理、法则和规律、历史事件、文艺作品等的记忆，意义识记是建立在更高智力水平上的记忆。

总的来说，意义识记的全面性、牢固性、精确性及迅速有效性，依赖于主体对材料理解的程度。机械识记的效果不如意义识记，但机械识记在人们的生活、工作和学习中又是不可缺少的。有时可将需要机械识记的内容，人为地赋予其“意义”，以提高识记的效果。教学中应以意义识记为基础，机械识记为补充，将两种识记方式结合使用。

（二）保持

保持是指人对事物识记后形成的知识经验在头脑中的存储过程。认知心理学认为，保持时间的长短主要取决于大脑对识记信息的加工程度。联想主义心理学认为，保持时间与大脑皮层形成的暂时神经联系的强度有关。生理心理学的研究表明，一些皮层外组织也与保持密切相关。通过保持，人对识记的信息进行主动加工，使自己的知识随时间和环境的变化而不断地更新和丰富。

1. 质的变化

对记忆内容的加工改造即保持在质上的变化。由于每一个人的经验不同，每个人对记忆内容的加工改造也不尽相同。因此，在记忆的过程中，个体会根据自身的知识、经验等对记忆的内容在一定程度上进行修饰、增加、重新排列、删减或赋予个体化的意义等，从而造成信息保持的变化。

2. 量的变化

保持在数量上的变化，一般表现为识记的内容随着时间的进程呈减少的趋势，甚至遗忘。例如，对于教师讲课的内容，当天回忆可能很清楚，可一周或一个月后再去回忆，效果就不一样了。我们可以用回忆、再认和重读时节省的学习时间这三种记忆指标来测量识记过的材料在我们头脑中保持的情况。如对识记过的材料能回忆,保持效果最好;如不能回忆或回忆中有错误,但能再认,保持效果次之;如果对材料既不能回忆,也不能再认,保持效果最差。我们则可通过在重新学习时节省的时间多少来测定识记材料在我们头脑中的保持量。重新学习时节省的时间越多,保持效果越好。

3. 记忆恢复现象

记忆恢复现象,也称"复记",是一种记忆心理现象,是指学习某种材料后间隔一段时间所测量到的保持量,是一种比学习后立即测量到的保持量要高的心理现象。

一般说来,记忆的内容随着时间的推移而减少,但有时刚学完后不能回忆的东西,经过一段时间之后又会在记忆中再现出来。这种现象在学习有意义的材料时表现得最为明显。它最早是美国心理学家 P. B. 巴拉德在 1913 年发现的。他让一些年龄在 12 岁左右的儿童识记一首诗,结果是识记后即刻回忆的成绩不如过一两天后的回忆成绩好,尽管在这期间并没有让儿童对记忆的内容进行复习。

(三) 再认或再现

再认是指过去经历过的事物再度出现时能够识别的过程,它是一种低水平的回忆过程,因为只有当经历过的事物在眼前时,才能再认。

再现是记忆系统的一个非常重要的环节,指经历过的事物不在眼前,但能在脑中出现,并加以确认的过程。从信息加工的观点来看就是信息的输出或提取过程。

在记忆的基本过程中,识记是指人们对事物反复感知从而对信息进行编码的过程;保持是指将已经进行编码的信息以一定的方式储存在头脑中的过程;再认是指过去的事物重新出现时,人们能识别它的过程;再现是指大脑过去感知过的事物没有出现,但能把它在头脑中重新呈现出来的过程。因此,记忆始于识记和保持,识记和保持是再认和回忆的前提,识记和保存的信息量决定了大脑是否能成功地再认或再现。

三、记忆的分类

根据不同的分类标准,记忆可以分为多种不同的类型。从记忆的内容来看,记忆可分为形象记忆、运动记忆、情绪记忆和逻辑记忆;从对记忆内容的保持时间来看,记忆可分为瞬时记忆、短时记忆和长时记忆;从记忆的时空关系来看,记忆可分为情景记忆和语义记忆;从记忆的目的来看,记忆可分为无意记忆和有意记忆。

(一) 按记忆内容分类

1. 形象记忆

形象记忆是指以感知过的事物的具体形象为内容的记忆。幼儿的形象记忆是依靠表象进行的,即依靠客观事物在头脑中保持的形象进行的,它以大脑感知过的事物为基础。根据产生的感觉器官的种类不同可以分为视觉表象、听觉表象和嗅觉表象等,其中视觉表象起主要作用。

2. 运动记忆

运动记忆是指以过去做过的运动或动作作为内容的记忆。一切生活习惯上的技能(如洗手)、体育运动或其他活动中的动作,都是依靠运动记忆来掌握的。对儿童而言,运动记忆出现最早,如对喂奶姿势的条件反射就是属于运动记忆。

3. 情绪记忆

情绪记忆是指以体验过的情绪或情感为内容的记忆。儿童的情绪记忆出现得比较早,如儿童喜爱什么,依恋什么,厌恶什么都是情绪记忆的表现。

4. 逻辑记忆

逻辑记忆是以词语、概念、原理为内容的记忆。如对科学概念、数学公式、物理定理、法律法规的记忆等。

从上述几种记忆的发展时间顺序来看,儿童最早出现的是运动记忆(出生后 2 周左右),然后是情绪记忆(6 个月左右),再后是形象记忆(6～12 个月左右),最晚出现的是语词记忆(1 岁左右)。需要注意的是对于儿童来说这几种记忆的发展,并不是用一种记忆简单代替另一种记忆,而是一个相当复杂的相互作用的过程。

(二)按记忆的时间分类

信息加工理论的观点认为记忆是信息输入、编码、贮存、提取的过程,这些记忆阶段组成了记忆系统(见图 4-1)。根据记忆过程中信息加工方式和贮存时间的不同,可将记忆分作若干阶段,在每个阶段信息加工水平和生理活动特点都有所不同。

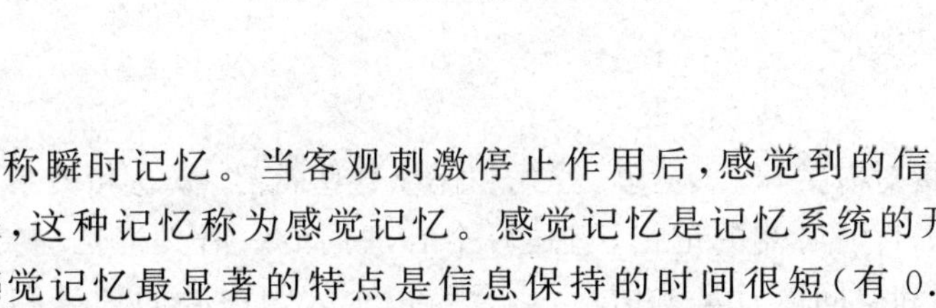

图 4-1 记忆信息加工系统

1. 感觉记忆

感觉记忆也称瞬时记忆。当客观刺激停止作用后,感觉到的信息在一个极短的时间内保存下来,这种记忆称为感觉记忆。感觉记忆是记忆系统的开始阶段,具有鲜明的形象性。感觉记忆最显著的特点是信息保持的时间很短(有 0.25～2 秒)、容量很大。

感觉记忆中保存的信息如果没有受到注意,就会很快消失;如果受到注意,它就进入了短时记忆系统进行保存。

2. 短时记忆

短时记忆是感觉记忆和长时记忆的中间阶段,也被称作工作记忆。短时记忆信息保持时间为 5 秒至 2 分钟。另外,短时记忆的容量有限,一般约为 7±2 个组块(组块是一个重新组织项目的过程，基于相似性或其他组织原则将若干单个刺激联合成有意义的较大信息单位，是对刺激信息的再编码），因此，在选择短时记忆数量时，一般以 7±2 个组块为最佳。例如，将无意义的数字序列 18511921183919371935 编码为“1851，1921，1839，1937，1935”这样的年份组块，就会容易记忆。短时记忆具有明确的意识性，在此过程中的信息经过复述，就进入了长时记忆。

3. 长时记忆

长时记忆是指信息经过充分的或一定的深度加工后，在头脑中长时间保留下来的记忆。短时记忆中贮存的信息经过复述、编码，与个体经验建立了丰富而牢固的意义联系，就可能转入长时记忆系统中。长时记忆的时间为 1 分钟以上乃至终生。长时记忆的容量极大，包括所记住的一切经验。在长时记忆中，信息大多数以自然语言为中介进行编码，视觉表象也可以作为编码的中介。

现代认知心理学研究表明，长时记忆中的信息，是以命题网络的方式被保存。当需要再现时，网络的某一个有关部分被激活，有关信息被提取则转入短时记忆，随之得到再现。

上述几种记忆之间存在一定的关系。外界刺激引起感觉，它所留下的痕迹为感觉记忆，如没注意便消失；如加以注意，就转入短时记忆，进入短时记忆的信息，不及时复述则遗忘；如加以复述，并对其进行编码归类就转入长时记忆，在长时记忆内储存；长时记忆中的信息，在一定条件下又可提取出来，提取时，信息从长时记忆被回收到短时记忆中，从而被意识到；如受干扰或其他因素的影响，也会产生遗忘。

（三）按记忆的时空关系分类

从记忆的时空关系来看，记忆分为情景记忆和语义记忆。

1. 情景记忆

情景记忆是指根据时空关系对某个事件的记忆，即对个人亲身经历的、发生在一定时间和地点的事件（情景）的记忆。情景记忆以时间和空间为坐标，涉及个人生活中的特定事件，它所接收和保持的信息总是与某个特定的时间和地点有关，并以个人的经历为参照。比如，对上周在某论坛会场会见一位专家的记忆，以及昨天在幼儿园见到的某位老师的记忆等都是情景记忆。

2. 语义记忆

语义记忆是指对有关概念、定理、公式和操纵这些符号、概念和关系的算法等的记忆。语义记忆是运用语言所必需的记忆，它是一个心理词汇。语义记忆与特定的时空没有关系，它脱离了时间和空间以及具体情境，它是不以个人为中心的理论和知识的记忆，而是以意义为参照，如北京是中华人民共和国的首都，电压与电阻成正比等。

有研究认为，对情景记忆和语义记忆的研究应该把二者结合为一个单一的系统来展开，单纯将情景记忆和语义记忆看作两种不同的记忆存储是不确切的。它们可能代表一个连续体的两端，在语义记忆和情景记忆之间很难划分出严格的界限。对特定时间和地点的情景的记忆，如果在不同背景上多次恢复，就会逐渐概括而形成语义记忆。

（四）按记忆目的分类

从记忆的目的来看，按心理活动是否带有意志性和目的性来划分，记忆可分为无意记忆和有意记忆。

1. 无意记忆

无意记忆，也称不随意记忆，是指事先没有明确的目的，也无须付出一定意志努力的记忆。在无意记忆过程中无须采取任何的记忆方法，是一种片面的、自发的记忆。如在日常生活中，人们在参加集会、看电影、聊天、看报、听故事等活动时，并没有给自己提出明确的识记任务和目的，也没有付出特殊的意志努力或采取专门的措施来记忆这些事物，但是它们却自然而然地被记在脑子里，成为个人知识经验的组成部分，这就是无意记忆。

2. 有意记忆

有意记忆是指有明确的目的，需要付出一定的意志努力且采用了一定方法的记忆。相对于无意记忆来说，有意记忆需要预定的记忆目的和要求，需要付出记忆的意志努力，也需要运用一定的记忆方法。

无意记忆和有意记忆相辅相成，并在一定的条件下可以相互转化，这些条件包括以下几点。

（1）实践或认识任务的需要是两者相互转化的根本条件。

（2）信息强度的变化是转化的重要条件。

（3）人的主观处于何种状态是转化的重要条件。

（4）所掌握的记忆技能的熟练程度是转化的必要条件。

（5）起初精神高度集中，然后思想会逐渐放松，常常是有意记忆向无意记忆转化的有利时机。

四、遗忘

案例放送

妈妈的责备

佩奇妈妈经常会教佩奇一些有趣的成语或诗歌，可是令妈妈烦心的是，刚刚教完的成语或诗歌，让佩奇背诵时都背不出来。这样重复多次以后，妈妈就会责怪佩奇："刚刚才教的，你怎么就记不住呢，怎么这么笨？"

你怎么看待佩奇妈妈的做法？如果你是佩奇妈妈，你会怎么做？

遗忘是指对识记的材料难以再认或回忆，或错误的再认和回忆。遗忘也分为积极的遗忘和消极的遗忘。

德国心理学家艾宾浩斯研究发现，遗忘在学习之后立即开始，而且遗忘的进程并不是均匀的。在遗忘的进程中，时间因素是影响学前儿童遗忘的重要因素。从遗忘的进程来看，最初遗忘速度很快，以后逐渐变得缓慢。艾宾浩斯以自己为唯一的研究被试，以无意义音节作为识记材料，用重学时所节省的时间或次数与初学时所用的时间或次数的百分比来代表识记材料的保持率，测量遗忘的进程并将其结果绘出，最后得出描述遗忘进程的曲线，即著名的艾宾浩斯遗忘曲线，如图 4-2 所示。

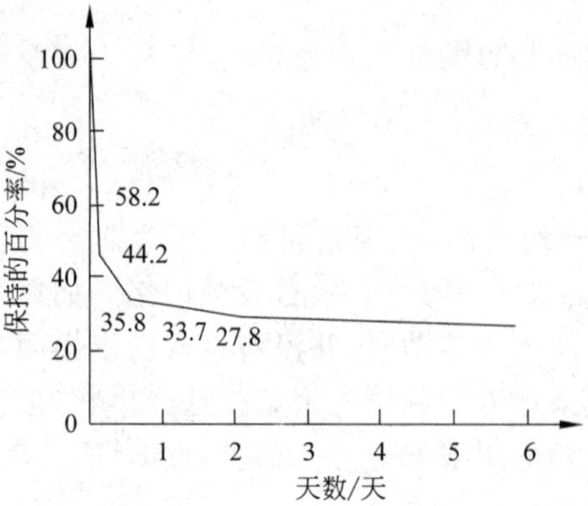

图 4-2　艾宾浩斯遗忘曲线

艾宾浩斯遗忘曲线告诉人们在学习中的遗忘是有规律的，遗忘的进程不是均衡的，在记忆的最初阶段遗忘的速度很快，后来会逐渐减慢，经过了相当长的时间后，几乎就不再遗忘了，这就是遗忘的发展规律，即“先快后慢”。

记忆的遗忘是由多方面原因导致的，常见的遗忘原因有以下几点。

（一）编码失败

编码失败是指无法对信息进行编码致使信息无法进入记忆。面对不计其数的信息，我们不可能注意到所有的信息，且学前儿童由于选择性注意能力较差，只能选择刺激明显、感兴趣的信息加以关注，所以很多信息由于无法进行编码而流失了。

加工水平理论认为，信息加工水平越深，它存入记忆的可能性就越大。年龄因素是影响信息编码的重要因素，学前儿童分析处理加工信息的能力较弱，因此不能对信息进行深度编码，导致编码失败，无法存储信息。令人难以捉摸的记忆痕迹分布于很多神经系统，不同类型的知识是被分开加工的且分别定位于大脑的限定区域。在对新信息进行编码时，年轻人的各脑区就会马上开始活动；老年人同一脑区的活动则相对较弱；而学前儿童由于大脑发育未成熟，大脑分区未定型，所以学前儿童大脑也会马上活动，但由于分工不明确则会导致编码效率较低。

（二）贮存衰退

贮存衰退是指信息由于未被使用而遗失的现象。尽管信息编码十分完善，经过深度加工的信息进入长时记忆，但仍会发生遗忘，即发生了信息贮存衰退。衰退理论认为在学习新材料时，新材料会在大脑中出现记忆痕迹，但随着时间的推移痕迹则会越来越浅，直至最终消失。艾宾浩斯的遗忘曲线表明，随着时间的推移，学习过的大部分内容会出现遗忘，但遗忘的速度是不均衡的，最初很快，之后随着时间的推移会减慢下来，即遗忘的规律是先快后慢。例如，学前儿童已经记忆过的一首儿歌，如果没有经常反复地复习，在儿童的头脑中保留的痕迹会随着时间的推移而自动消失。

（三）信息干扰

干扰是遗忘发生的重要原因。干扰包括前摄干扰和倒摄干扰。前摄干扰是指先学习的材料对后学习的材料的干扰。如先学习了儿歌后又接着背古诗，则让儿童复述古诗的效果不如单纯只识记古诗的效果好。倒摄干扰是指后学习的材料对先学习的材料的干扰。例如，先学了英文字母然后再学习拼音，则学习英文字母的效果会受所学拼音的影响。在一项实验中，目的是让儿童识记无意义音节，最后达到能正确背诵的标准。安排一组儿童在识记后马上入睡，安排另一组在识记后继续日常活动。然后分别在1、2、4、8小时后，让儿童回忆学习过的材料，识记后马上入睡的回忆效果要优于识记后继续日常活动的一组，这说明前者没有受到倒摄干扰的影响。在早晨起来和晚上睡觉记忆的效果要比其他时间段记忆的效果要好，就是因为早晨起来没有前摄干扰的影响，晚上睡觉前没有受倒摄干扰的影响。因此为了提高学习儿童的记忆效果，防止信息干扰，应积极利用儿童早晨和晚上睡觉前的记忆关键期。

（四）提取失败

所谓遗忘就好像是你在计算机中寻找某个文件，可能你不经意删除了这个文件，也可能是你根本没有存入这个文件，但还有一种可能就是这个文件就在你的计算机中，但你不知存放在哪里，以至于你不能找到它。记忆的信息也是如此，有些是由于编码失败，有些是受到干扰，有些是由于线索不明晰等原因造成的无法提取。有时我们明明知道某人的姓名或认识某个字，但当时就是想不起来，事后却又有可能回忆起来。这种明明知道某事但就是不能回忆出来的现象，在心理学上称为“舌尖现象”，即我们平时所说的话到嘴边就是想不起来。比如教儿童识记猫的英语单词cat时，在看见猫时提问儿童，儿童就是想不起来，自己还在嘴上说着“什么来着，我想起来了”“唉！又忘了”等，但过一会儿自己又可能说出猫的英语单词，这就是由于提取失败而导致的暂时性遗忘。

（五）动机性遗忘

动机性遗忘是指由于个体不想记住而将记忆推出意识之外并压抑在无意识中的现象。弗洛伊德认为，个体的记忆系统实际上会对那些令人不愉快的信息进行自我检查，为了保护自我并减少痛苦体验，个体可能会压抑痛苦回忆，对于不愉快的事件个体更容易遗忘。对于学前儿童更是如此，当有人问孩子，你父母是否打过你？很多孩子可能挨过打但也回答没有，这并不是说孩子撒谎，而是因为孩子不喜欢挨打的痛苦经历，而将其压抑在无意识之中，产生了动机性遗忘。

总之，学前儿童遗忘的原因是多样的，每种理论只能解释部分遗忘现象但不能解释所有遗忘，因此对于遗忘的原因，应把各种理论结合起来，根据学前儿童发展的实际，更有针对性地加以解释可能更为合理。

第二节 学前儿童记忆的发展

一、学前儿童记忆的发生与发展

记忆是什么时候开始发生的？新生儿是否有记忆？哪些指标标志着记忆的发生以及这些指标在具体的记忆中是如何呈现的？了解这些问题对于我们了解记忆的发生与发展有十分重要的帮助。

从认知心理学和发展心理学的观点来看，记忆包括了信息的输入、储存和提取的过程。在通常情况下如何判断个体何时输入信息、储存和提取信息与所采用的指标有关。

新生儿期是记忆发生的时期。新生儿的记忆主要是短时记忆，表现为对刺激的习惯化和最初的条件反射以及重学记忆。有研究表明，在教婴儿踢脚或通过绑在脚上的长绳移动一个玩具时，结果发现，两三个月的孩子在一周以后仍然记得怎么移动这一玩具，到6个月时这些记忆的保持时间会增加到两周，如果婴儿忘记了怎么移动这一玩具，实验者摇一摇玩具但是不碰绳子，婴儿就会记起来原来的条件作用。这说明两三个月的婴儿是有记忆的，一是记住了过去的一件事；二是随着时间的推移，这一事件不再被回忆起来；三是一个线索可以激活看似已经忘记的事情。

随着研究不断取得进展，在研究记忆的指标方面可能会采用一些不同的新的指标，从而导致判断记忆发生的时间也会稍有不同。但是总的来说，在研究时不管采用哪一种指标，可以断定的是，新生儿时期已经出现了记忆。一般来说，记忆的发生可以通过如下指标来判断。

（一）“习惯化”现象

习惯化是指个体对刺激物的注意的减退现象。这种随着刺激物出现频率的增加而对它的注意时间逐渐减少甚至消失的现象，心理学家称为“习惯化”。具体来说，一个新异刺激出现时，人（包括新生儿）都会产生定向反射，把注意力集中在新的刺激上，且至少会持续注意它一段时间。但是，如果同样的刺激反复出现，对它注意的时间就会逐渐减少甚至完全消失。

习惯化是不学而能，因为这是原始的记忆因素，新生儿出生不久后就会出现对刺激物的习惯化。对新生儿和幼小的婴儿而言，习惯化是他们对事物是否熟悉的一个重要指标，也可以被看作是否可以再认的一个重要指标。习惯化和操作条件作用可以帮助我们对早期的记忆有所认识，同时也对幼儿期记忆的研究提供了更大的发展可能。

（二）条件反射

条件反射的建立是研究记忆的另外一个重要的指标，当婴幼儿对条件刺激物做出条件反射时，即表明婴幼儿可以对事物出现再认。条件反射分为自然条件反射和人工条件反射，自然条件反射发生于出生后的10天左右，人工条件反射发生于婴儿出生的1～3天时间里，也就是说，婴儿出生的1～3天就可以通过人工的形式建立条件反射。

对新生儿而言，其记忆的主要表现之一是对条件刺激物形成某种稳定的行为反应（即建立条件反射），比如，对婴儿的喂奶姿势与婴儿的吸吮现象以及睡觉前关灯的刺激与婴儿的睡意等。

（三）重学记忆

当儿童学习了一种知识和技能后，经过一段时间，大部分记忆会消失，如果再次让儿童重新用同样的方式方法学习同样的内容，第二次学习和第一次学习相比，第二次学习的时间和次数，比第一次要少一些，这就是重学记忆。

二、学前儿童记忆发展的特点

儿童从出生开始，他的记忆在每一阶段都表现出不同的特点，在对儿童进行培养的过程中，需要根据不同阶段儿童记忆的特点，采用适宜于幼儿发展的方式进行教育。

（一）1岁前学前儿童记忆发展的特点

关于记忆的发生时间，大量研究已经表明，新生儿时期是记忆发生的时期，在这一时期，其记忆主要表现为短时记忆，具体来说就是新生儿对刺激的习惯化和最初的条件反射。

新生儿从出生开始到1岁之前，他的记忆不断得以发展，在1～3个月时，新生儿的长时记忆开始发生，随着大脑和机体的发展发育，新生儿出生3～6个月时，长时记忆已经有了很大的发展。21～25周的婴儿在14天的潜伏期之后对大多数刺激物能够再认。5个月婴儿有24小时的记忆。新生儿生长到6～12个月，再现的潜伏期明显延长，婴儿期的记忆仍主要是再认形式，明显的再认出现在6个月左右，这时，儿童开始"认生"，即只愿意亲近妈妈及经常接触的人，陌生人走近会使孩子感到不安，这一时期，婴儿开始出现大量的模仿动作，模仿在大脑里面留下的记忆动作，到第8个月时，新生儿开始出现了工作记忆，开始能够把新信息和过去的知识经验进行联系和比较。直到婴儿末期，"再现"的形式开始萌芽，1～2岁时才逐渐出现。

（二）1～3岁学前儿童记忆发展的特点

1. 再认的内容和性质发生变化

再认形式的记忆发展较早，1～2岁儿童记忆的发展主要表现在回忆（再现）的发展。在幼儿一岁半至两岁语言真正发生后，再认的内容和性质也迅速发生变化。另外，延迟模仿也是回忆的一种明显表现，1.5～2岁儿童常常出现模仿行为，但这种模仿不是现时的模仿，而是过了一段时间以后，突然出现模仿行动。这种延迟模仿和表象的发生发展有关，它是由回忆支持的。

2. 符号表象记忆产生

表象是指过去感知而当前没有作用于感觉器官的事物在头脑中出现的形象，可以分为具体表象和符号表象两种。1岁后，由于语言的发展，儿童可以用符号进行表征，从而产生了符号表象记忆。

3. 回忆能力初步出现

1岁左右，幼儿能够回忆几天或十几天前的事情；2岁左右，可以保持几个星期；3岁以后，能够达到几个月甚至更长的时间。

（三）3～6岁学前儿童记忆的特点

1. 无意记忆为主，有意记忆逐渐发展

根据儿童活动有无目的，可以把记忆分为无意记忆和有意记忆。没有目的和意图自然而然发生的记忆，称作无意记忆。有明确目的和意图的记忆，是有意记忆。学前儿童记忆的基本特点是无意记忆为主，有意记忆逐渐发展。

1）无意记忆的特点

（1）无意记忆的效果优于有意记忆。3 岁以前的儿童基本上只有无意记忆，他们不会进行有意记忆，而在整个幼儿期，无意记忆的效果都优于有意记忆。在一项实验里，实验桌上画了一些假设的东西，如厨房、花园、睡眠室等，要求幼儿用图片在桌上做游戏，把图上画的东西放到实验桌上相应的位置。另外，准备图片共 15 张，在图片上画的都是儿童熟悉的东西，如水壶、苹果、狗等，游戏结束后，要求幼儿回忆所玩过的东西，即对其无意记忆进行检查。另外，在同样的实验条件下，要求幼儿进行有意记忆，即要求记住这 15 张图片的内容。实验结果表明，幼儿中期和晚期记忆的效果都是无意记忆优于有意记忆，而到了小学阶段，有意记忆才赶上无意记忆。

知识之窗

刻意还是无意哪种记忆更有效——儿童无意记忆和有意记忆实验

（1）实验目的：探讨幼儿无意记忆和有意记忆的发展变化。

（2）实验过程：苏联心理学家陈千科（Zinchenko，1945）给儿童在实验桌上画了一些假设的厨房、花园、睡眠室等，要求幼儿用图片在桌上做游戏，把图片放在实验桌相应的位置上。准备图片共 15 张，其内容都是儿童熟悉的东西，如水壶、苹果、狗等。游戏结束后，要求幼儿回忆所玩过的东西，测查其无意识记的效果。另外，在同样实验条件下，要求儿童进行有意识记，记住这 15 张图片的内容。

（3）实验结果：结果表明，在幼儿中期和晚期阶段无意识记忆的效果优于有意识记。3 岁的幼儿并未真正接受识记任务，基本只有无意识记。到了小学阶段，有意识记才赶上无意识记，并逐渐超过无意识记。

（资料来源：边玉芳.刻意还是无意记忆更有效——儿童无意记忆和有意记忆实验[J].中小学心理健康教育，2013(20)：34-35.）

（2）无意记忆效果随着年龄增长而提高。随着幼儿的成长，由于记忆加工能力的提高，幼儿无意记忆继续有所发展。例如，给小、中、大三个班的幼儿讲同一个故事，事先不要求记忆，过了一段时间以后进行检查，结果发现，年龄越大的幼儿无意记忆的效果越好。

（3）无意记忆是积极认知活动的副产物。幼儿的无意记忆，不是由于幼儿直接接受记忆任务和完成记忆任务而产生的，而是幼儿在完成感知和思维任务过程中附带产生的结果，是一种副产物。事实证明，幼儿的认知活动越是积极，其无意记忆效果越好。

幼儿无意记忆的效果往往依赖以下因素。

① 客观事物的性质。直观、形象、具体、鲜明的事物，以其突出的物理特点，容易引起幼儿的集中注意，也容易被幼儿在无意中记住。

② 客观事物与幼儿主体的关系。对幼儿生活具有重要意义的事物，符合幼儿兴趣的事物，能激起幼儿愉快、不愉快或惊奇等强烈情绪体验的事物，都比较容易成为幼儿注意和感知的对象，也容易成为无意记忆的内容。比如，感人的道德故事比空洞的道德说教更

容易使幼儿记住。

③ 幼儿认识活动的主要对象或活动所追求的事物。如果使记忆对象成为儿童活动任务中的注意对象，幼儿在活动过程中始终不能离开对该对象的认知，那么，对这种对象进行无意记忆的效果也较好。比如，发给幼儿多张图片，每张图片中央画有幼儿熟悉的物体，图片的右上角画有同样醒目的符号，如"△""＋""○"等。把幼儿分为两组，一组的任务是按物体的特点分类，如把猫和狗放在一起；另一组的任务是按符号分类，如把有"△"符号的放在一起。分类完毕后，要求幼儿回忆各图片上的物体。结果表明，按图片所示物体分类的幼儿平均记住的物体个数明显多于按符号分类的幼儿，说明由于活动中辨别的主要对象不同，对图形的无意记忆效果也不同。

④ 活动中感官参加的数量。多种感官参加的无意记忆效果较好。比如，同一年龄班的幼儿分为两组进行实验，学习同一首歌。第一次，甲组边看图片边听歌词，而乙组不用图片，只听歌词。第二次，两组交换记忆方法，学习另一首儿歌。结果，通过视听两个通道识记时，儿童平均成绩明显高于单纯通过听觉记忆的平均成绩。说明多种感官参与有助于提高无意记忆的效果。

⑤ 活动动机。活动动机不同，无意记忆的效果也不同。有研究表明，儿童在竞赛性游戏中积极性较高，无意记忆的效果也较好。

2）有意记忆的特点

有意记忆的发展是幼儿记忆发展中最重要的质的飞跃，幼儿有意记忆的发展有以下特点。

（1）儿童的有意记忆是在成人的教育下逐渐产生的。成人在日常生活中或组织幼儿进行各种活动时，会经常向他们提出记忆的任务。如在讲故事前，预先向幼儿提出复述故事的要求；背诵儿歌时，要求他们尽快记住等，这都是促使有意记忆发展的手段。

（2）有意记忆的效果依赖于对记忆任务的意识和活动动机。幼儿意识到记忆的具体任务，会影响幼儿有意记忆的效果。比如，幼儿在玩"开商店"游戏时，担任"顾客"的角色，"顾客"必须记住应购物品的各种名称，角色本身使幼儿意识到这种记忆任务，因而也就努力去记忆，记忆效果也有所提高。

活动的动机对幼儿有意记忆的积极性和效果都有很大影响。一些专门的实验或测验，如把幼儿带到实验室里，简单地要求他们完成记忆任务，幼儿对这种活动缺乏积极性，记忆效果往往比较差。而在玩游戏时，有意记忆的效果比较好。

在实际生活中，如果成人能够提出恰当的要求，使幼儿能明确记忆的目的和任务，那么，在完成任务过程中，有意记忆的效果甚至超过游戏的效果。这种情况发生的原因在于在完成生活中的实际任务时，幼儿的记忆效果能够得到成人或小朋友集体的评价，或者受到赞许，或者得到奖励。这种赞许或奖励对幼儿的有意记忆是实际的强化。

（3）幼儿有意再现的发展先于有意记忆。研究表明，儿童达到有意再现或追忆较高行为类型的年龄略早于有意记忆。在不同的活动条件下，儿童有意记忆和有意再现的水平有所不同。在实验室条件下，水平最低，在游戏和完成实际任务的条件下，水平较高。

2. 记忆的理解和组织程度逐渐提高

根据对记忆材料是否理解来划分，记忆可分为机械记忆和意义记忆。机械记忆指对所记材料的意义和逻辑关系不理解，采用简单的、机械重复的方法进行记忆。意义记忆是指在对所记材料的内容、意义及其逻辑关系的理解基础上进行的记忆，也称为理解记忆或逻辑记忆。

第四章 无意记忆和有意记忆

(1) 机械记忆占优势，意义记忆效果好

① 机械记忆占优势。与成人相比较，儿童常常运用机械记忆，他们反复背诵一些自己并不了解的材料，显得不是那么困难。幼儿相对较多运用机械记忆，可能出于两个原因：一是幼儿大脑皮质的反应性较强，感知一些不理解的事物也能够留下痕迹；二是幼儿对事物理解能力较差，对许多识记材料难以理解，不会进行加工，只能死记硬背，进行机械记忆。

② 意义记忆的效果优于机械记忆。许多材料证明，幼儿对理解了的材料记忆效果较好。在日常生活中，幼儿在儿歌的识记过程中理解了的诗歌记忆效果更好。曾有研究者对幼儿识记常见物体和不熟悉的无意义图形的效果进行比较，结果发现幼儿识记常见物体的效果明显优于不熟悉的无意义的图形。另外，幼儿对理解了的内容其记忆保持的时间也较长。

为什么意义记忆比机械记忆效果好？其主要原因如下。

① 意义记忆是在对材料理解的基础上进行的。理解使记忆的材料和过去头脑中已有的知识经验联系起来，把新材料纳入已有的知识经验系统中。

② 机械记忆只能把事物作为单个的孤立的小单位来记忆，意义记忆使记忆材料互相联系，从而把孤立的小单位联系起来，形成较大的单位或系统。

(2) 学前儿童的机械记忆和意义记忆都在不断发展

幼儿给人的印象是其会大量利用机械记忆，实际上，幼儿期也是意义记忆迅速发展的时期。幼儿会在记忆过程中越来越多地依赖于理解，并把记忆材料加以系统化。在整个幼儿期，无论是机械记忆还是意义记忆，其识记效果都会随着年龄的增长而有所提高。而且随着年龄增长，两种记忆效果的差距逐渐缩小，机械记忆中加入了越来越多的理解成分。因此，教师应注意引导幼儿进行意义识记，同时也要帮助儿童在理解的基础上进行机械记忆，例如，教幼儿认识“1、2、3”等数字时，可以教他们将字形分别同“小棍、鸭子、耳朵”等形象联系起来。传授新知识的过程中应当加强讲解，帮助幼儿将新旧知识联系起来，在理解的基础上进行识记。

3. 形象记忆占优势，语词记忆逐渐发展

(1) 学前儿童形象记忆的效果优于语词记忆

所谓形象记忆是指根据具体的形象来记忆各种材料。在儿童语言发展之前，其记忆内容只有事物的形象，即只有形象记忆。当幼儿成长到 2 周岁后，儿童的语词记忆开始发生。在整个幼儿期，形象记忆都占有主要地位，比如幼儿在记忆诗歌、快板和散文时，记忆诗歌、快板明显比记忆散文容易，儿童对诗表演的记忆明显比单纯记忆歌词内容更为容易。

(2) 形象记忆和语词记忆能力都随着年龄的增长而发展

幼儿期形象记忆和语词记忆能力都在不断发展。3～4 岁幼儿无论是形象记忆或者是语词记忆，其水平都相对较低，而之后，其两种记忆的能力都随年龄的增长而不断增长。

(3) 形象记忆和语词记忆的差别逐渐缩小

随着幼儿的成长,两种记忆效果之所以会逐渐缩小,是因为随着年龄的增长,形象和语词都不是单独在儿童的头脑中起作用,而是两者会有越来越密切的联系。一方面,幼儿对熟悉的物体能够叫出其名称,那么物体的形象和相应的语词就紧密地联系在了一起;另一方面,幼儿所熟悉的语词,也会必然建立在具体形象的基础上,语词和物体的形象会慢慢变得不可分割。

形象记忆和语词记忆的区别是相对的。在形象记忆中,物体或图形起主要作用,语词在其中也起着标志和组织记忆形象的作用。在语词记忆中,主要记忆内容是语言材料,但是记忆过程要求以语词所代表的事物的形象作为支柱。随着儿童语言的发展,形象和语词的相互联系越来越密切,两种记忆的差别也会相对减少。

4. 幼儿记忆的意识性和记忆方法逐渐发展

前面所说到的幼儿有意记忆和意义记忆的发展,意义记忆对机械记忆的渗透,语词记忆对形象记忆的渗透,以及它们记忆效果的日趋接近,都反映了幼儿记忆过程的自觉意识性和记忆策略、方法的发展。

三、学前儿童记忆发展的趋势

(一) 记忆保持时间的延长

在儿童的成长过程中,短时记忆、长时记忆会依次出现,记忆的潜伏期延长,即长时记忆保持的时间延长,并且由“婴儿期遗忘”发展到出现可保持终身的记忆。

“婴儿期遗忘”一直是学前儿童记忆研究的经典困惑问题,它指的是婴儿有记忆表现,但在以后的发展时期内却不能回忆起婴儿期经历的现象。人们无法可靠地回忆起他们3岁以前所发生的任何事情,即人们的记忆中缺少3岁以前的记忆。例如,你在3岁前去过游乐园,但你可能根本不记得当时坐旋转木马的场景,直到3～4岁后才出现可以保持终生的记忆。

(二) 记忆提取方式的发展

从记忆提取的方式看,记忆可以分为再认和再现。儿童最初出现的记忆全部都是再认性质的记忆。整个学前期,再现都落后于再认,再现会在两岁左右出现,再认和再现的差距也随年龄增长而缩小。再认之所以先于再现发生,是由于两者的活动机制不同,再认依赖感知,而再现依赖表象。

(三) 记忆容量的增加

在记忆广度方面,即单位时间内能够记忆的材料的数量方面,人类的短时记忆广度为7±2个信息单位(组块),儿童不是一开始就具有人类记忆广度的。记忆范围扩大,指记忆材料种类增多,内容变得更丰富,信息加工能力增强,工作记忆能力增强。

（四）记忆内容的变化

在儿童的成长过程中，首先出现的是运动记忆，又称动作记忆，是指所识记的内容是人的运动或动作，在儿童两周左右开始出现；其次是情绪记忆，即对体验过的情绪或情感的记忆，儿童喜爱什么、依恋什么、厌恶什么、害怕什么都是情绪记忆的表现；再次是形象记忆，即以感知过的事物的具体形象为内容的记忆，比如，婴儿认识自己的奶瓶、认识妈妈都是形象记忆的表现，学前期，形象记忆处于优势地位；最后是语词记忆，即以语言材料作为内容的记忆，这种记忆是在儿童掌握语言的过程中逐渐发展的。

（五）学前儿童元记忆的发展

元记忆的发展是指儿童对自己的记忆过程的认识或意识的发展，包括明确记忆任务，即认识到记忆的必要性和了解需要记忆的内容；估计到完成任务过程中的困难，努力去完成任务，并且选择记忆方法；能够检查自己的记忆过程，评价自己的记忆水平等。

元记忆的发展表明了记忆过程有意性的发展。儿童最初的记忆是无意记忆，直到2～3岁儿童才出现有意记忆的萌芽，但是有意记忆是在学前末期才真正发展起来的。

第三节　学前儿童记忆力的培养

一、影响学前儿童记忆力的因素

记忆是一个复杂的活动，在每一个环节都受到很多因素的影响。在影响学前儿童记忆力的因素当中，最为关键的几个因素有主体的年龄及知识经验、记忆的目的与任务、识记材料的性质与数量、记忆的感官通道、记忆主体的情绪状态以及记忆的位置效应等。

（一）识记主体的年龄与知识经验

在众多影响学前儿童记忆的因素中，主体的年龄是最为关键的因素。一般来说，生理的成熟比练习和高级策略对儿童的记忆影响更多，主体只有达到一定的年龄，练习和高级策略的作用才会有效发挥。另外，主体已有的知识经验也对记忆起着重要的作用，已有的知识经验不仅会对记忆的内容产生影响，而且会影响主体记忆的过程和对记忆策略的运用，知识经验越丰富，越有助于儿童对事物的理解，而理解越深的事物记的时间就越长。

（二）识记的目的与任务

有意识记的形成和发展是幼儿记忆中最重要的质变，识记的目的直接影响到记忆的效果。因此，要提高记忆效果，首先需要让幼儿明确意识到识记任务。幼儿没有记住某件事情，常常是因为她不了解为什么要记，也不了解需要记住什么，因此没有认真去记。记忆分为有意记忆和无意记忆，有意记忆是带有一定的目的和任务的；而无意记忆是没有任何目的和任务的，从有意记忆和无意记忆的效果来看，有意记忆的直观效果明显优于无意记忆。因此，记忆的目的和任务也会对记忆效果产生影响。

（三）记忆材料的性质和数量

一般来讲，在记忆不同性质的材料和不同数量的材料时会有不同的遗忘曲线，记忆材料的性质和数量多少在一定程度上会影响记忆的效果。通常，对于记忆效果而言，形象的材料优于抽象的材料，直接操作的材料优于间接了解的材料，短小精简的材料优于冗长复杂的材料，换句话说，形象的材料相较于抽象的材料更容易被记住，直接操作的材料相较于间接了解的材料更容易被记住，数量少的材料相较于数量多的材料更容易被记住。

（四）记忆的感觉通道

要记忆外部信息，必须先接受这些信息，而接受信息的“通道”不止一条，有视觉、听觉、动觉、触觉等。有多种感知觉参与的记忆，称作“多通道”记忆。这种记忆方法效果比单通道记忆强得多。心理学研究发现，单靠视觉只能记住学习内容的 25%，单靠听觉只能记住 15%。协同记忆法应用于学习实践，主要应体现在把听、说、读、写、思和实际操作结合起来。多通道协同记忆是利用多种感觉器官协同记忆繁、难、重要信息的有效手段。

（五）记忆主体的情绪状态

情绪在我们的生活与学习中扮演着十分重要的角色，各种认知活动都或多或少受到情绪的影响。有研究表明，在记忆过程中，记忆主体的情绪状态会对记忆效果产生明显的影响，通常，我们对有情绪色彩的事比枯燥的事记忆得更加深刻；而对感觉愉快的事会比不愉快的事记得更好。我们选择了正向的情绪，记忆就是快乐的；而假如我们选择了负面的情绪，记忆就是不快乐的。愉快的、重复的、可预测的活动和游戏是儿童学习和记忆的最佳载体，良好的情绪状态对幼儿的记忆有十分明显的促进作用。幼儿对积极的情绪状态或引起幼儿积极情绪体验的事物记的时间较长。

（六）记忆的位置效应

记忆的位置效应是指记忆材料在系列位置中所处的位置对记忆效果发生的影响，包括首因效应和近因效应。首位效应是一种开头刺激或信息的记忆过于引人注目的认知偏差，比如，一个人如果读一份足够长的名单，他更可能只记得开头，而忘记中部的大部分。近因效应是指末端刺激或信息记忆过于引人注目的认知偏差，比如让大家读一串比较长的数字，然后立刻复述，大部分人都只能记得前几个和最后几个数字，中间的大部分往往记不清楚。

在具体的教学活动中，教师应该合理利用记忆的位置效应来增强幼儿对重要信息的记忆效果。对课程时间和内容的分配要合理，建议把重点放在开头和结尾，切忌整个活动前面大部分时间在讲一些不重要的信息，而在后面部分放置大量重点内容，幼儿的注意力集中时间都是有限的，即使有近因效应，因为前面消耗了太多注意时间也会导致幼儿学习效率不高。

知识之窗

记忆大师王峰的故事

看过《最强大脑》后，大多数观众可能会惭愧于自己的"庸常"和羡慕选手们的"超人"表现，"这就是传说中的过目不忘的本领？这得多高的智商才能做到啊！简直就是非人类！"参加了两季《最强大脑》并且担任第二季中国队队长的王峰，见到记者这样一副"羡慕忌妒恨"的表情后，嘴角不禁轻轻上扬，他微笑着不紧不慢地说："这其实和智商无关，只要掌握方法和勤奋训练，人人都能是'最强大脑'。"

2009 年年底，王峰以 31.02 秒的成绩获得快速记忆扑克牌项目的世界冠军，以 1 小时正确记忆 1984 个无规律数字的好成绩获得记忆马拉松项目的亚军，成为综合实力排名世界第五、中国第一的"世界记忆大师"。2010 年，第 19 届世界脑力锦标赛上，王峰凭借 1 小时正确记忆 2280 个无规律数字，19.50 秒记住一副扑克牌的顺序，获得了 5 金 1 银的佳绩，打破四项世界记忆纪录。2011 年，王峰在第 20 届"世界脑力锦标赛"上蝉联总冠军，成为三项世界纪录保持者，获得六金一银。

取得如此骄人的战绩，王峰却不认为自己是天赋异禀、智商超群，"我没有测过智商，应该就是普通人，我和 DR・魏也讨论过这个问题，他也不太接受目前测智商的这套系统，认为并不完全能体现出人的大脑潜力"。若非要说自己有什么优点，王峰认为那就是专注，他可以一次专注五六个小时的训练，几乎达到"入定"的状态，在他看来，如果能做到专注，加上有恒心和毅力，多大岁数的人都可以练出"最强大脑"。

（资料来源：最强大脑记忆大师王峰的故事，https://www.xuexila.com/jiyi/jiyidashi/c188584.html.）

二、常见的记忆策略

（一）复述策略

复述是指主体在进行记忆的过程中，对目标信息不断进行重复以便能更准确、更牢固地记住这些信息。复述策略是指在工作记忆中为了保持信息，运用内部语言在大脑中重现学习材料或刺激，以便将注意力维持在学习材料之上的学习策略。视觉复述策略是幼儿在记忆过程中使用的一个最为重要的记忆策略，在学习中，幼儿需要将自己的注意力有选择地集中在所要记住的事物上，经过多次复述后，才能在短时间内记住内容并能长期保持记忆，如记住人名、新词汇等。

（二）组织性策略

组织性策略是指主体在识记的过程中，根据不同的意义，将记忆材料分组成各种类别，编入各种主题或改组成其他形式，以便于记忆的方法。常见的组织策略有如下几种。

(1) 归类编码，即把没有规律的材料按照实物的类别加以整理以达到便于记忆的效果。如按照动物习性、植物种类、水果品种、季节等进行分类记忆。

(2) 意义编码，即将那些看似毫无意义的材料与原有的知识经验结合起来，形成相应的关联，以达到便于记忆的效果。如记忆无意义的数字、单词时，如果把他们与自己原有经验结合起来，或者把这些数字、单词与原有的知识经验关联起来并赋予一定的意义，就更利于记忆。

(3) 词形结合，即在记忆过程中有效利用词语和形状相互增强记忆的效果。如幼儿在观看图片时，往往会自动说出图片的名称，而儿童在游戏时往往会自言自语等，都是利用词形结合的形式帮助记忆。

一般认为，儿童的组织性策略是在 9～10 岁以后才慢慢发展起来的，9～10 岁儿童使用组织性策略的频率和质量方面都明显高于 5～6 岁的儿童。

（三）提取策略

提取策略是指个体在回忆过程中将存储于长期记忆中的特定信息回收到意识水平上的方法和手段，再认和再现都需要运用提取策略。提取策略的核心是对线索的利用，主要表现为：①依赖相似情景触景生情以达到触景助忆的效果；②依赖成人的提醒来提取线索。如星期二、上午、美术课、第三节、是 10 点钟左右发生的事，再如高高的、苗条的、长头发的、昨天在幼儿园门口遇到的、穿红色衣服的那个人等。

三、学前儿童记忆力的培养策略

（一）明确识记的目的和任务

识记的任务、目的明确，可以提高大脑皮层有关区域的兴奋性，形成优势兴奋中心，因而记得牢。比如家长给孩子讲睡前故事时，先跟他说："爸爸讲个故事，回头你再讲给妈妈听。"这也能促使孩子更好地记忆。另外，明确、长久的识记目的优于笼统、短暂的识记目的。在记忆力的培养过程中，尤其要注重培养幼儿对识记的兴趣和信心，加强有意识记的培养。

（二）恰当选择识记材料，正确把握识记材料的性质与数量

一般认为，个体对熟练的动作和形象材料遗忘得慢，对有意义材料比对无意义材料要忘得慢；在学习程度相等的情况下，识记材料越多忘得越快，而识记材料越少则遗忘越慢。学习时要根据材料的性质来确定学习的数量，一般不要贪多求快。因此，在记忆力的培养过程中，需要关注识记材料的性质与数量。通常来讲，形象的材料优于抽象的材料，直接操作的材料优于间接操作的材料，短小精简的材料优于冗长复杂的材料。

（三）有效利用多种感觉通道

从记忆中参与的感官的角度来讲，视觉优于听觉。因此，在记忆力的培养过程中，尽量为幼儿提供色彩鲜艳、形象生动、新颖有趣的材料和采用活泼多变的方式。曾经有人做过一个实验，以 10 张图画为材料，单凭听觉可以记住 6 张，单凭视觉可以记住 7 张，而视、听觉和语言活动协同进行，最多可以记住 9 张，这是因为多种感官参与识记活动，可以在大脑皮层建立多通道的神经联系。

（四）培养积极的记忆情绪

记忆不是一个孤立的过程，常常包含着复杂的活动。儿童记忆的积极性直接影响到识记的效果，如果实际对象与儿童的活动动机有直接的联系，儿童则更容易进行识记。在情绪对儿童记忆的作用中，积极的情绪优于消极的情绪，因此，在记忆力的培养过程中，要关注记忆主体的情绪状态，培养积极的记忆情绪。

（五）关注记忆材料的位置效应

在记忆过程中，个体对一系列处于不同位置的记忆材料的回忆效果不同。记忆材料的位置效应就是这种对接近开头和末尾的记忆材料的记忆效果好于对中间部分的记忆效果的现象。对系列材料的开头和结尾记忆效果较好，分别叫首位效应和近因效应。在记忆力的培养过程中，重要识记材料应该安排在“首”或者“尾”的位置。

本章小结

记忆力是儿童智力结构中最基础的能力之一，是其他诸多能力和素质发展、成熟的先决条件。通过本章的学习，我们了解了与记忆相关的基本概念，以及记忆各环节之间的关系。理解了什么是表象以及表象的重要作用，学前儿童记忆的发生与发展，以及学前儿童记忆的基本特点，还有记忆的保持和遗忘规律在幼儿教育中的基本运用等，初步懂得了如何根据幼儿记忆的特点即记忆规律培养幼儿的记忆。通过本章的学习，希望大家在训练幼儿记忆时结合幼儿园一日活动，同时要注意培养幼儿良好的记忆心态，也希望大家能够灵活运用这些科学的记忆方法，提高幼儿的记忆效果。

第四章　真题链接

思政小结

幼儿记忆的特点是无意记忆和形象记忆占优势，意义记忆效果好。学生通过学习能够获得科学的幼儿记忆知识，不再过于强调幼儿进行大量的机械记忆，而是能注重教育中的体验性、形象性、情感性和意义性。

实习实训

儿童的无意记忆与有意记忆

一、实习实训目标

通过实验了解不同年龄幼儿在不同情境下（游戏或在一般情况下）无意记忆和有意记忆的发展情况，并了解幼儿无意记忆和有意记忆发展变化的特点。

二、理论知识回顾

学前幼儿无意记忆和有意记忆发展变化有如下特点。

(1) 无意记忆的特点

① 无意记忆的效果优于有意记忆。

② 无意识记效果随着年龄的增长而提高。

(2) 有意记忆的特点

① 儿童的有意识记是在成人的教育下逐渐产生的。

② 有意识记的效果依赖于对记忆任务的意识和活动动机。

三、实训任务

(1) 实验名称：探究儿童无意记忆和有意记忆发展的规律。

儿童的无意记忆与有意记忆记录表

编号	姓名	记忆情景	幼儿班级	实物 1	实物 2	实物 3	实物 4	实物 5	实物 6	实物 7
		一般情境下的无意记忆	小班幼儿							
			中班幼儿							
			大班幼儿							
		游戏情境下的无意记忆	小班幼儿							
			中班幼儿							
			大班幼儿							
		有意记忆	小班幼儿							
			中班幼儿							
			大班幼儿							

（2）实验对象：幼儿园小、中、大班幼儿。

（3）实验准备：准备7种儿童常见实物。

（4）实验过程：将小、中、大班幼儿均按相同发展水平分为三个小组，各小组均在一般情境（一般无意记忆）下与游戏情境（游戏情景下的无意记忆）下以及有意记忆情境下完成相应任务。

一般无意记忆情景：随机向幼儿呈现7种实物，将最后一件实物呈现结束后立即拿走并问儿童看到了哪些物品？如实记录儿童的回答。

游戏情境下的无意记忆：儿童玩到商店买东西的游戏，售货员随机取出上述7种物品给幼儿看，当幼儿看完后售货员将最后一件拿走，问幼儿要买哪样东西？待儿童回答后再问幼儿刚才售货员阿姨给你看了哪些东西？记录幼儿的回答。

有意记忆：刚开始就告知儿童具体目的，“小朋友现在请你看几样东西，你要想法记住它，看完后告诉我你都看到了什么？”然后问儿童，“你看到了哪些物品？”如实记录儿童的回答。

第五章
学前儿童的想象

章节导航

- 学前儿童的想象
  - 想象概述
    - 想象的概述
    - 想象的分类
    - 想象的构成方式
  - 学前儿童想象的发展
    - 学前儿童想象的发生
    - 学前儿童想象萌芽的特点
    - 学前儿童想象发展的特点
  - 学前儿童想象的培养
    - 学前儿童想象的作用
    - 学前儿童想象力的培养措施

学习目标

1. 理解和掌握学前儿童想象的概念、种类和特点。
2. 初步学会解释和分析有关学前儿童想象发展的表现及活动。
3. 能够运用相关策略促进学前儿童想象的发展。

案例放送

菲菲四岁了,今天上绘画课,菲菲从小书包里取出了画纸和笔,伏在桌子上认真地画起来。实习老师走了过来,问菲菲画的是什么,菲菲手舞足蹈地说:“这是我爸爸的大手,可有劲了,一下子就能把大灰狼打死,老师,你想见识一下吗?他今天晚上就过来接我。”说完,菲菲把画好的画举了起来,嘟着嘴一下一下亲起来。下午四点半,小朋友先后被接走了,菲菲还坐在那里,手里一直拿着刚才的画。一会儿妈妈来了,实习老师就问妈妈:“咦?不对呀,菲菲说今天爸爸来接她呀!”妈妈说:“菲菲爸爸最近一直在外地出差呢,这孩子怎么说谎呢?”实习老师这才知道,原来这都是菲菲想象出来的。

什么是想象,想象是如何产生的,学前儿童的想象有什么特点,本章我们将要学习这些内容。

想象是人脑对已有表象进行加工改造而创造新形象的过程,是创造性思维的核心,对学前儿童的发展具有重要意义,本章重点讲述想象的概念、类型,学前儿童想象的发生以及发展特点,还有有效培养学前儿童想象的措施等。

第一节 想象概述

一、想象的概述

(一)想象的概念

想象是人脑对已有的表象进行加工改造而形成新形象的过程。表象是指感知过的事物不在眼前时在头脑中再现出来的形象。表象可以分为记忆表象和想象表象两种,记忆表象是对过去感知过的事物形象的再现,想象表象是通过对过去感知过的事物形象的加工改造而创造的新形象,这种新形象可能是现实中已经存在但是我们从未接触过的事物形象,也可能是现实中尚未有过或根本不可能有的纯属创造的事物形象。

想象是在表象基础上形成的。在人头脑中,不仅可以回忆过去感知过的事物的形象,而且能创造出新形象,这种新形象可以是没有直接感知过的事物的形象,也可以是根本不存在的事物的形象。例如,在头脑中可以出现南极的形象,或牛头马面、妖魔鬼怪等的形象。这种新形象的出现是在外在刺激的影响下,人脑对已有表象重新组合而创造出来的。

(二)想象的意义

想象在人们的日常生活、工作和学习中具有重要的意义,科学发明创造更离不开人的想象力。爱因斯坦曾经说过:“想象力比知识更重要,因为知识是有限的,而想象力概括着世界上的一切,推动着进步,并且是知识的源泉。严格地说,想象力是科学研究中的实在因素。”日常我们在欣赏文艺小说、音乐、绘画等艺术作品时,都需要想象的参与。想象在幼儿心理发展中具有重要的意义。

二、想象的分类

根据产生想象时有无目的、意图，可以把想象分为无意想象和有意想象。

（一）无意想象

无意想象是没有预定目的且不自觉的想象。如学生上课时“走神儿”就是一种无意想象，无意想象是最简单、最初级的想象。梦是无意想象的极端情况，做梦是一种无目的、不由自主的奇异想象，梦的内容具有生动形象性。这些现象，往往不是以前感知过的事物的再现，而是一种在人脑中对已有的表象进行加工改造而创造新形象的想象活动。梦是人们在睡眠状态下无意识进行的，做梦是人脑的正常功能。生理学家认为，一定数量的梦是必需的，它可以使人的高级神经活动得到松弛，对维持大脑的功能，保证人正常的心理活动是有益的。甚至有不少人在梦中解决了在清醒状态下解决不了的问题。例如，德国化学家凯库就是在做梦中解决了苯分子结构形成的问题。实验证明，缩短做梦的时间会使人产生急躁和焦虑情绪。

（二）有意想象

有意想象是有一定的目的且自觉地进行的想象。人们在多数情况下进行的想象活动，都是有意想象，如《西游记》的作者吴承恩出于创作的目的，有意想象出形形色色的人物角色以及精彩动人的故事情节，使得像孙悟空、猪八戒这样的艺术形象家喻户晓，千古流传。根据内容的新颖性、创造性的不同，可以将有意想象划分为再造想象和创造想象。幻想是创造想象的一种特殊的形式。

1. 再造想象

再造想象是指根据词语描述或图形描绘，在头脑中形成新形象的过程。例如，学习时，通过剖面挂图想象实体的情况；工人根据建筑蓝图或者机械制图，想象并制造某一建筑物或机器形象；军事指挥员看军用地图，根据地图的标志想象地形地貌的形象等都是再造想象。再造想象是我们学习中不可缺少的过程。我们接受知识、理解教材内容都离不开再造想象。因为有许多科学知识，不是我们都能直接接触到或经过实验结果得出的，而是前人经验的总结。要掌握前人积累的间接知识就要借助再造想象，在头脑中再造出没有直接感知过的且与新概念相对应的具体鲜明的新形象。

2. 创造想象

不依据现成的描述而在头脑中独立地创造出新形象的过程。创造想象是一个人创造性地对平常性的材料进行不平常的综合，具有首创性、独立性和新颖性的特点。例如，作家与艺术家的构思与创作，工程师的蓝图设计，科学家的发现、发明等活动，都包含有创造想象的成分。创造想象对人类生活实践具有极其重要的意义，它是创造活动的一个因素。一切科学发现、技术革新、文艺创作，都离不开创造想象。即使是在儿童画画、小学生解答数学应用题时，没有创造想象的参与都是难以完成的。

3. 幻想

幻想是创造想象的一种特殊形式，它是与人的生活愿望相联系并指向未来的想象。幻想可分为积极幻想和消极幻想两种，如果是以现实为依据，并指导行动，经过努力最终可以实现的，那么幻想就变成理想，理想是在正确的世界观指导下产生的符合客观规律并可能实现的一种积极的幻想，它能激励人的斗志，鼓舞人的信心，推动人们努力工作；如果某种幻想完全脱离现实，毫无实现的可能，就会陷入空想，这是一种消极的幻想，它会使人丧失斗志，缺乏信心，那种脱离实际虚无缥缈的空想往往会把人引向歧途。

知识之窗

幻想的好处

美国教育界权威认为，幻想，甚至带有荒唐色彩的幻想，一般集中发生在孩子的幼期，即2～4岁，是孩子成长过程中的一种自然表现，而且对孩子的人格成长起着积极、重要的作用。而在孩子长到四五岁之后，单纯的幻想便很少光顾孩子的精神世界，取而代之的往往是更为理性的想象，所以家长不仅不应将孩子的幻想视作“洪水猛兽”加以指责，反而应该理智地鼓励孩子张开幻想的翅膀。美国的一些幼儿心理学家认为，幻想对幼儿的人格成长有如下好处。

(1) 帮助培养想象力。幻想是想象的基础，善于幻想的幼儿长大后往往会拥有较丰富的想象力。而众所周知，想象力对培养一个人的形象思维能力和艺术、科学才能是至关重要的。

(2) 丰富情感体验。在幻想世界中，孩子可通过扮演各种各样的角色，来体验喜怒哀乐以及遗憾、嫉妒、惊恐等种种在现实生活中难以体验到的情感。

(3) 增强交际能力。幼儿在幻想世界里，可以有机会充当形形色色的人物，同时也可与形形色色的角色相遇、相处，由此孩子便可能在一种虚拟世界里学到如何与形形色色的不同人物交际或交流的本领。

(4) 提高分析、解决问题的能力。不要以为幼儿的幻想荒诞不经，其实这是帮助孩子提高分析问题和解决问题能力的大课堂。要知道，正因为孩子的幻想可能无所不包，他们才可能遇到比现实生活更难以碰到的问题或难题，而通过对假设问题或难题的解决，他们分析和解决问题的能力也可获得相应的提高。

(5) 保持心理平衡。2～4岁的幼儿，已开始了解世上有不少东西是自己永远无法拥有的，有不少事情也是自己无能为力的——面对这种无望、无助的消极感觉，幻想可能成为绝好的避风港和发泄消极情绪的出气口，由此心理便可获得新的平衡。

(6) 增添亲情和友情。在幼儿幻想中“粉墨登场”的大多是双亲、爷爷奶奶和最要好的小伙伴，当然更少不了孩子自己，而正是在一幕接一幕的“激情演出”中，亲情和友情在无意识中得到了培养。

（资料来源：程素云，王贵平.幼儿心理学[M].北京：中国传媒大学出版社，2014：44.）

三、想象的构成方式

我们的大脑是如何对已有的表象进行加工改造的呢？这主要是借助黏合、夸张、拟人化和典型化等方式进行。

1. 黏合

黏合是在头脑中把客观事物从未结合在一起的属性、特征部分结合起来，从而构成新的形象的方式，如孙悟空、猪八戒等。

2. 夸张

夸张又称强调，是在头脑中通过改变客观事物的正常特点形成新形象，即突出某些特点，忽略另一些特点，如千手观音。

3. 拟人化

拟人化是把人类的形象和特征加在外界客观对象上，使之人格化的过程，如熊大、喜羊羊等各种卡通形象。

4. 典型化

典型化是根据一类事物的共同特征创造新形象的方式。很多小说中的主人公都是典型化的体现，如童话故事中白雪公主是善良、美丽的女性形象典型化的展现。

第二节　学前儿童想象的发展

一、学前儿童想象的发生

想象是比较复杂的高级认知活动，与感知觉不同，它不是与生俱来的，而是身心发展到一定阶段的产物。想象的发生，至少必须具备三个基本的条件：①儿童大脑皮质的成熟程度。2岁左右，儿童大脑神经系统的发育趋于成熟，头脑中有可能储存较多的信息材料，其排列组合的可能性也就更多。②头脑中要有相当数量的具有稳定表象的储存作为想象的对象，即加工原材料，这样可以为丰富的想象活动提供基本素材。1.5～2岁的儿童，才可能形成具有一定稳定性的记忆表象。③语言的发生，这是儿童想象发生的重要因素。综上所述，儿童到1.5～2岁时，基本具备了想象发生的条件。

二、学前儿童想象萌芽的特点

儿童最初的想象，可以说是记忆材料的简单迁移。王连洲(2005)对5名幼儿想象的发展进行了长期的追踪研究，将幼儿想象萌芽阶段称为“表象迁移阶段”。在这一阶段想象主要表现为简单的表象迁移，即幼儿只是把大脑中的表象迁移到新的情景中去，并没有进行非常显著的加工改造。这时的想象和记忆非常接近,二者之间没有明显的区别。儿童最初的想象具体表现为下列特点。

(一)想象只是记忆表象在新情境下的复活

2岁儿童的想象,几乎会完全重复曾经感知过的情景,只不过是在新的情景下的表现。比如,儿童看见大人抱小娃娃,他也抱玩具娃娃。在皮亚杰的另一个典型事例里,小女孩在厨房桌上看见一只拔了毛的死鸭子,深受触动。当天晚上她沉默不语的躺在沙发上,别人以为她得了病,她也不回答任何问题,但过了一会儿,她大声回答说:“我就是那只死了的鸭子。”这个女孩儿把记忆中的死鸭子躺着不动的表现迁移到了自己躺着不动的情景中。因此学前儿童最初的想象只是原有的记忆表象在新情境下的复活。

(二)想象只是简单相似的联想

儿童最初的想象缺乏新意,只是依靠事物外表的相似性而把事物的形象联系在一起。例如,一个孩子在纸上乱涂乱画,突然停下来大喊道:“妈妈,大鸡蛋!”这是因为他画的一个椭圆图形和鸡蛋很相似。一个2岁左右的孩子正在吃饼干,忽然,他停止咀嚼,对着手中被他咬了一口的饼干看了片刻,然后把它举起来,兴奋地喊着:“妈妈!看!月亮!月亮!”同样是因为咬了一口的饼干形状与月亮相似。

(三)想象是没有情节的组合

最初的想象只是一种简单的代替,以一物代替另一物,比如,从生活中掌握了把小女孩称为“小妹妹”的经验,在想象中就用玩具娃娃代替小妹妹,但是没有更多的想象情节,没有或很少把已有经验的情节成分重新组合。

三、学前儿童想象发展的特点

进入幼儿期,孩子的知识经验积累的更多,言语能力也随之提高,分析综合能力也有所加强,于是在他们的学习、生活、劳动、游戏等活动中,想象活动踊跃地表现出来。概括起来,幼儿的想象发展的特点有以下几个方面。

(一)无意想象为主,有意想象开始发展

1. 想象无预定目的,由外界刺激直接引起

幼儿的想象常常没有自己预定的目的,在游戏中,想象往往随玩具的出现而产生。例如,看见小碗小勺,就想象喂娃娃吃饭;看见小汽车,就要玩开汽车;看见书包,又想象去当小学生。如果没有玩具,幼儿可能呆呆地坐着或站着,难以进行想象活动。在绘画活动中,幼儿想象的主题往往是从看到别人所画的或听到别人所说的而产生,正因为如此,在同一个桌上绘画的幼儿,其想象的主题常常雷同。如果要求幼儿在活动开始前想象活动进行的目标,幼儿园小班儿童往往不能完成任务,他们不知道自己将创造什么形象。幼儿

往往是在行动中看到了由自己的动作无意造成的物体形态，才能想象出自己所做产品的意义（见图 5-1）。例如，一位 4 岁的幼儿绘画时，无意中画了一个圆圈，一看很像面包，便高兴地说："啊呀，我画了个大面包，真香真好吃！"

2. 想象的主题不稳定，易受外界的干扰而变化

在正确的教育下，幼儿初期的孩子已经能够提出自己的目的，但不能为达到预期的目的而坚持行动，想象进行的过程往往受外界事物的刺激所影响，因此，想象的方向常常随外界刺激的变化而变化，想象的主题容易从一个主题转换到另一个主题，这主要是由于幼儿初期孩子的直觉行动性思维决定的。

图 5-1 看我画的章鱼

案例放送

终于到了区角活动时间，今天开放的是图书角、建构区和益智区，辛玲第一个跑进了建构角，拿起挂在建构角旁边的入门卡，开心地搭起大桥，边搭积木边跟旁边的小朋友说起这座大桥如何高。突然，他看见对面的小朋友手里拿了一些塑料小动物，他便想象起动物园，于是立即推倒正在搭建的大桥，开始搭起"动物园"来。

不仅在建构活动中，在绘画、娃娃家等活动中，幼儿也经常改变主题。比如在游戏中，自己正在玩着小皮球，看见别的小朋友在玩水，他马上又跑去和他们一起玩水。在画画时，开始想画苹果，在画的过程中有可能产生新的想法，又改画别的东西，所以，一会儿画大树，一会儿画小草，一会儿又画小鸟在天上飞。由此可见，幼儿的想象主题不稳定，容易受到外界因素的干扰。

3. 想象的内容零散不系统

由于学前儿童的想象无预定的目的，想象的主题不稳定，所以学前儿童想象的内容是零散不系统的，所想象的内容之间没有什么有机的联系，例如在幼儿的绘画作品中，有房子、小草、花儿、雪花、圆圈、小鸟、飞机猫和变形金刚等，这些内容之间并没有什么关联，显然是幼儿对自己比较感兴趣的事物的一系列不系统的自由联想，他甚至还可以把这一连串毫无联系的事物"创编"成故事讲出来。

4. 只满足于想象的过程

学前儿童的想象，不追求一定的目的，仅仅满足于想象的过程本身，这一特点在小班幼儿身上表现得最明显。例如，小班幼儿画画时，画了一样又一样，直到把整个画面都填满为止，画的形象非常零散，内容之间没有什么关联，在成人看来无任何实际意义，但他们却乐此不疲，因为它们往往只满足于绘画过程本身，而不追求什么外在的目的；另外，在讲故事时，小班幼儿讲得有声有色，既有动作又有表情，实际所讲内容可能前后之间没有衔接，毫无中心，但是讲故事的幼儿还是津津乐道，他们不追求故事新颖，不追求故事的结果，只满足于自己讲故事时想象的过程。

5. 想象具有主观性，易受情绪和兴趣的影响

幼儿在想象过程中常表现出很强的兴趣和情绪性，幼儿感兴趣的事情，熟悉的事情往往能引起他们的想象。例如，对喜欢的故事百听不厌，在讲自己喜欢或熟悉的故事时，能加上自己所编的情节，原因是幼儿的生活经验和知识储备相对成人而言比较匮乏，抽象思维的能力也比较弱。幼儿对不感兴趣的活动缺乏想象，往往是消极的应付或远离这项活动，表现在活动时间中，保持时间很短。幼儿在情绪高涨时，想象显得更加活跃，不断产生新的想象。例如，孩子们一起玩"老鹰捉小鸡"的游戏，本应以小鸡被老鹰抓走而告终，可孩子们同情小鸡，又产生这样的想象，鸡妈妈和鸡爸爸赶来，把老鹰啄死，救回了小鸡。

案例放送

学完了"小白船"，老师要求孩子们画一画自己心目中的小船，一个小朋友画好了，把手举得高高的，兴奋地喊道："老师，你看我画的船，带翅膀的，能飞！"此时老师正在指导别的小朋友作画，说道："老师一会儿去看，宝贝你先等等！"顿时，这个小朋友洋洋得意的情绪受到了影响，表现得很不高兴，过了一会儿，等老师走到他跟前时，只见画纸上的小船已被粗黑线条涂没了，当老师询问小船在哪里时，他说："小船已经走了，去大海了。"

由此可见，幼儿的想象有明显的主观情绪性，对感兴趣符合自己情绪的主题常常表现得百听不厌，百玩不厌；对不感兴趣和不符合自己情绪的主题，即使成人提出要求，幼儿也常常予以拒绝。

6. 在教育的影响下，幼儿的有意想象开始发展

中班以后，幼儿的想象已具有一定的有意性和目的性。例如，通过老师对故事前半部分的描述，幼儿会有意想象，续编故事的结尾。续编故事体现出孩子有明确的想象目的，想象的有意性开始发展了，而且想象的内容也日益丰富。

大班孩子的想象力更加体现了独立性。例如，对神话故事的看法，有的孩子在听了神话故事后，会为主人公的命运担心，而有的小朋友会说："不用怕，这故事是假的。"对想象内容有了一定的评价，从中不难看出，随着年龄的增长，以及教育的影响，幼儿想象的有意性开始发展，并逐渐丰富。

（二）再造想象为主，创造想象开始发展

有意想象，在幼儿期开始萌芽，幼儿晚期有比较明显的表现：一是活动中出现有目的、有主题的想象；二是想象主题逐渐稳定；三是为了实现主题能克服一定的困难。

第五章　有意想象——拼磁力片：船

1. 学前儿童再造想象的特点

（1）幼儿的想象常常依赖于成人的语言描述

幼儿在听故事时，他的想象随着成人的讲述而展开，在讲故事时如果采取讲述加图像的方式，幼儿的想象会进行的更好。但是，如果单纯看图像，缺乏语言描述或提示，幼儿的

再造想象则难以充分展开。在游戏中，幼儿的想象往往也是根据成人的言语描述来进行的，这一点在幼儿初期更显得突出，如较小的幼儿抱着一个娃娃，可能完全不进行想象，只是静静地坐着，当老师走过来说："娃娃要睡觉了，咱们抱娃娃睡觉吧！"这时幼儿的想象才活跃起来，起身后抱着"娃娃"并把它放在床上，还拍了拍。稍大的儿童其想象的内容虽然比较复杂，但仍常常是根据老师的言语描述来进行。

案例放送

在折纸游戏中，欢欢把折好的小兔子贴在了纸上，这时老师问："小兔子生活在哪里啊?"欢欢将小兔子贴完后，在纸上给小兔子画了一个漂亮的房子，还有绿草地和美丽的小花。接着老师又问："小兔子爱吃什么呢?""它最喜欢吃萝卜，我得给它画些萝卜!"孩子边回答边高兴地继续画着。"你觉得小兔子还需要什么呢?""还需要朋友、妈妈、爸爸、玩……"

(2) 想象在很大程度上具有复制性和模仿性

学前儿童想象的内容一般都是对原有生活经验的复制和模仿。例如，在角色扮演的游戏中，幼儿模仿的对象一般都是生活中自己比较熟悉的人，如幼儿园教师、父母等。例如，当孩子看到布娃娃时，会随手抓起布娃娃并做出喂其吃东西和哄其睡觉的动作，这实际上就是模仿妈妈的动作，是离不开生活经验的。因此可以说小班幼儿的再造想象是以复制再造想象为主的，这是较低发展水平的想象，要求的独立性和创造性较少。

(3) 实际行动是学前儿童再造想象的必要条件

此特点在幼儿初期表现得尤为明显。当幼儿在摆弄物体的时候，偶然改变了物体的形状，而该形状的物体和幼儿头脑中原有的表象正好相类似，于是便激发了幼儿的想象。由于这种想象的形象与幼儿头脑中原有的形象差不多，所以其新颖性、独特性和创造性的成分比较小。在游戏活动中，幼儿要不断地对玩具进行操作和摆弄，其想象活动才得以引起和保持。我们经常看到幼儿不厌其烦地摆弄一根小棍子，就是因为在摆弄的过程中可以激起幼儿头脑中各种原有的不同表象，进而能够进行想象活动。

学前儿童的想象主要是再造想象，主要体现在以下三个方面：①与创造想象相比，再造想象是较低发展水平的想象。再造想象要求想象的独立性和创造性很少，比较容易进行。②再造想象是学前儿童生活所大量需要的。幼儿期是大量汲取知识的时期，幼儿可以凭借再造想象来理解间接性知识。他们在看图画、听故事、理解文艺作品和音乐作品时都需要再造想象的参与。例如，教师讲故事时说到"下雨了"，幼儿复述时则说"'哗啦啦'下雨了。"可见，他在听到教师说"下雨了"时，头脑中就出现了下雨时的生动的想象表象。再如，幼儿看着书上所画的模型，用积木搭建起一幢楼房，此时就运用了空间想象。③幼儿的再造想象为创造想象的发展奠定了基础。二者的关系是十分密切的，再造想象的发展使幼儿积累了大量的想象形象，在此基础上，逐渐出现了一些创造想象的因素，在教育的影响下幼儿在到了中班以后，再造想象中开始出现创造性的成分。例如，在画了大轮船以后，会在旁边画上几条小鱼；在画了节日的大灯笼以后，会在旁边添几个气球。有时，幼儿也会有一些富有创造性的作品，对此，老师要给予保护、鼓励，并创造条件促使幼儿创造性想象的发展。就创造想象而言，幼儿最初的创造想象只是无意的自由联想，可以称为表露式创造；另外，创造想象的形象和原形只是略有不同，或者在常见模式上略有改造；而且，创造想象发展的表现在于情节逐渐丰富，从原形发散出来的种类和数量会逐渐增加，从不同中找出非常规性相似。

2. 再造想象在幼儿生活中占主要地位

依据想象的内容可以将幼儿的再造想象分为五种类型。

(1) 经验性想象：幼儿凭借个人生活经验的想象。例如，一个上中班的男孩对“夏景”的想象可能是：“小姐姐坐在河边，天热，她想洗澡，她还想洗脸，因为脸上流汗。”

(2) 情境性想象：幼儿的想象活动是由画面的整个情景引起的。比如，有一个小女孩在河边玩水，手里拿着手帕当小船玩，又不敢放手，怕被水冲走。

(3) 愿望性想象：在想象活动中表露出个人的愿望。例如，上大班的幼儿在老师组织的“我的愿望”活动中，有的说自己将来要做老师，有的说要当舞蹈家，有的说要做飞行员等。

(4) 拟人化想象：把客观物体想象成人，用人的生活、思想、情感、语言等去描述。例如，一个上中班的幼儿在去了动物园之后说：“那只孔雀真漂亮呀，他还跟我说要跟我做好朋友呢！”

(5) 夸张性想象：幼儿想象极具夸张性。比如，绘画时幼儿常把自己认为是重要的人物、物体或部位等，画得特别大特别突出，带有明显的夸张性，这些夸大的部分常是幼儿印象特别深刻的部分。如在画一只小鸟时，将鸟的翅膀画得特别大，整体比例失衡，这是因为儿童想象中的展翅高飞的鸟应该是具有强壮翅膀的。

总的来说，幼儿想象中创造性的成分还是比较少的，主要是处于创造想象的初级阶段。并且，儿童创造想象还存在明显的个体差异，这主要受教育环境的影响。所以，教师和家长要采用一些有效的方法来激发孩子的创造想象，鼓励儿童的自由联想和发散思维。

（三）从想象的夸张性发展到符合现实的逻辑性

学前儿童想象常常脱离现实，主要表现为想象具有夸张性的特点，或者常常与现实相混淆。例如，将游戏的情景与真实的情景混淆，误以为向往的事情是现实，把想要做的说成已经做了，这是学前儿童想象的一个特点。随着生活经验的积累和认知水平的不断提高，幼儿的想象逐渐倾向混合现实的逻辑性，能够把想象与现实分开，并很好地结合在一起。幼儿时期，想象的夸张性具体表现在以下三个方面。

1. 夸大事物的某个部分或特征

幼儿常常想象出一些生活中不可能发生的事情，有点“说大话”。如有的幼儿看到别人家养小狗时，他会说：“我们家也有，我们家养的狗比房子还要大。”他们会在讲述的时候带有夸张性。在幼儿的绘画作品中，可以看到脖子特别长的长颈鹿，鼻子特别长的大象，嘴很大、牙齿很突出的人，这些夸大的部分，往往是幼儿在感知过程中给他们留下深刻印象的事物。深受幼儿喜欢的童话故事中便有许多夸张的成分，如拇指姑娘、巨人国、小人国等，都是把人的形象过度放大或缩小了。

2. 将想象与现实相混淆，幼儿常把想象出来的东西当成是真实的

在某些情况下，儿童因为受到情绪的影响，或是某种愿望过于强烈，经常混淆了想象与现实，把希望发生的事情想象成已经发生的事情，有时会“说谎话”。比如，小明说：“我爸很厉害，会开车。”小刚则说：“这有什么？我爸爸不仅会开车，还会开飞机……”事实上小刚爸爸并不会开飞机，他把希望发生的事情当作已发生的事情来描述。再比如说，幼儿告诉老师说：“我爸爸是警察，他去抓贼了。”事实上，该幼儿的爸爸并不是警察，之所以这样说，可能是因为仰慕警察，继而把自己的爸爸想象成警察，即把想象当成了现实。

幼儿“说大话”和“说谎话”都反映了他们正在通过想象去脱离现实的枷锁，表达自己的内心想法、观点与愿望，从而让自己的情感得到交流与宣泄。因此，成人要正确地看待孩子这些现象，不能一味地指责孩子，而应理解儿童的心理需求，即给予理解和正确的指导，让孩子的想象更符合现实的基本规律。随着年龄的增长，孩子把想象转化为现实的能力会更强，“说大话”和“说谎话”的现象也会随之减少。

3. 在参加游戏或欣赏文艺作品时，往往身临其境，与角色产生同样的情绪反应

例如，幼儿园里小班幼儿正在玩“老鹰捉小鸡”的游戏。当老师扮演的老鹰逮着他扮演的小鸡，并装作要吃他的时候，这个孩子拼命挣扎，大声喊叫：“不能吃！不能吃！”中大班幼儿已积累了一定的经验，意识到想象的东西与真实情况是有区别的，在听到一些事情后会问：“这是真的吗？”，甚至有些幼儿不喜欢听童话故事，希望大人“讲个真的”。

整个幼儿时期，幼儿的想象特点一般是以无意想象为主，有意想象开始发展；再造想象为主，创造性想象开始发展；想象有时会和现实混淆。

第三节　学前儿童想象的培养

一、学前儿童想象的作用

2 岁以后，儿童的想象迅速发展。幼儿期是想象最为活跃的时期，想象几乎贯穿于幼儿的各种活动中，对儿童的认知、游戏、学习、活动和心理健康都起着十分重要的作用。

（一）想象的发生是学前儿童认知发展的一个重要标志

想象与记忆、思维等认知活动有着密切的联系，想象与思维同属于人类的高级认知活动。想象与思维同源，都起源于 1.5～2 岁出现的表征功能，所谓表征功能（也叫象征或符号功能）是指运用信号（实际事物、形象、语言、数学符号等）来象征或代替其他事物。儿童 1.5～2 岁开始出现表征功能，早期的表征功能基本上是一种想象。比如，当孩子用缺口饼干表征月亮、用小玻璃管象征听诊器……实际上也是在进行想象活动。早期表征功能的出现也就是早期想象的发生，标志着学前儿童的认知由只能对具体事物进行直接反映进入以反映事物的关系和联系(如某种相似性)为特征的高级认知阶段。

(二) 想象是学前儿童游戏的首要心理成分

幼儿的主要活动是游戏,特别是象征性游戏。象征性游戏的心理成分,首先是想象活动。在游戏中,幼儿不断地依靠想象而变换物体的功能,如果没有想象也就不可能进行任何游戏活动,在游戏中,幼儿正是不断依靠想象而变化着物体的功能,才使游戏得以顺利进行下去。比如,一根木棍,先当枪使,后又当马骑;小椅子,一会儿是小汽车,一会儿又变成拖拉机;游戏中的人物也可以变化,一会儿是老师,一会儿是医生,一会儿又可能是售货员;游戏的情节更是经常根据幼儿的需要和兴趣而发生千变万化,一个小角落,几样简单的玩具,幼儿就可以借此进入广阔的幻想世界,所有这些变化都离不开想象,可以说没有想象也就没有游戏。

(三) 想象是学前儿童理解乃至学习的基础

儿童对事物的理解离不开联想,即把当前感知的事物与已有的经验联系起来,利用旧经验来同化新事物,而联想是想象的一种重要形式。

想象是学前儿童学习活动所必不可少的。没有想象,就没有理解,而没有理解,就无法学习掌握新知识。例如,在教幼儿学习《悯农》这首古诗时,如果幼儿想象不出“锄禾日当午,汗滴禾下土”的艰苦劳动情景,就不可能真正理解“谁知盘中餐,粒粒皆辛苦”的含义,也就不能从中受到教育。

幼儿听故事时,想象会随着故事的进程而开展。一幕幕的表象如同电影在头脑中活跃起来。正是想象活动,使幼儿理解了故事内容,沉迷于故事情节。例如,听老师讲《卖火柴的小女孩》这个故事时,幼儿虽然从来没有看见过那位西方的小女孩,但是他们依靠过去的经验,不但能够想象小女孩的形象,而且能够产生对小女孩的同情心。在幼儿听音乐时,也要依靠积极的想象活动。听到《运动员进行曲》时,幼儿头脑中出现了运动员英姿飒爽地进入运动场的情形,不由自主地做出挺胸走步的动作。听到歌曲中小猫轻轻走路的声音时,想象到小猫蜷缩着爪子走路的样子。此外,幼儿的绘画、搭积木和各种造型活动也都离不开想象。

(四) 想象能使儿童预见活动的结果并指导儿童活动的进行

想象与思维一样,都产生于问题的情境,由个体的需要所推动,并能预见未来。想象的预见是以具体形象的形式出现的,正因为人类的想象具有预见作用,所以,人类在从事某种活动或劳动之前,就能预先想象到活动或活动的结果。正如马克思所指出的:“蜜蜂在蜂房的建筑方面使建筑师感到惭愧,可是最笨拙的建筑师比最灵巧的蜜蜂优越的地方就在于建筑师用蜂蜡来建筑蜂房以前,已经在自己的头脑中把这个蜂房构造完成了。在劳动过程终结时所获得的结果,是在劳动过程的开始时就已经存在于劳动者的表象之中了。”当 1.5～2 岁的儿童想象萌芽后,随着年龄的增长,儿童的想象逐渐发展,尤其是幼儿期,想象贯穿于幼儿的各种活动,使幼儿不仅能预见活动结果,而且指导或调节着活动进行的方向。比如，幼儿园大班的孩子在绘画或搭积木之前，一般能在头脑中想象即将要画的“小树”或要搭成的“小房子”的形象，并据此构思计划自己的动作或活动，其目标就是朝着想象中的“小树”或“小房子”的方向不断取得进展。

（五）想象是幼儿行动的推动力，是维持心理健康的重要手段

按其功能划分想象可分为认知性想象和情感性想象。前面所说的想象的作用多属于认知性想象的功能，情感性想象是指那些与认知没有直接关系或关系不太密切但与情感关系十分密切的想象，它经常表现在幼儿的“自居”和“假想的角色游戏”中。在日常生活中，幼儿常常以自己崇拜的人物或胜利者自居，即把自己想象成心目中的强者或勇敢的人，以激励自己。比如，打针时，有的孩子一边卷衣袖一边大声说：“我是解放军，我不怕打针！”当幼儿渴望得到某种东西时，他又会想象自己是与满足其需要有关的人。比如，一个幼儿很想多喝牛奶，他就宣布：“我长大了要当送牛奶的叔叔。”从心理卫生学的角度看，这种自居作用实际上是儿童的一种自我保护机制，即“精神胜利法”，儿童的内心深处十分害怕打针，但真到打针时害怕不仅没用，反而会增加痛苦和焦虑，还不如把自己想象成勇敢精神的化身——解放军，以减轻恐惧和焦虑情绪。

在日常生活中，我们还时常可以看到这样一幅画面，一个幼儿明明是自己在玩，却自言自语地说：“宝宝别藏了，我已经看见你了，快出来跟我一起玩儿。”这种假想的伙伴以及由此展开的角色游戏，同样执行着满足儿童情感需要的功能，补偿着幼儿缺少游戏的状况，使自己暂时忘却孤独及现实生活中的其他烦恼，自得其乐。盛行于西方而目前在我国的心理咨询、心理治疗中也采用的“游戏疗法”，以大量的案例证实，想象游戏的核心设计及想象放松技术，有宣泄不良情绪、减轻压抑或焦虑、维持心理平衡和促进心理健康的作用。

二、学前儿童想象力的培养措施

爱因斯坦曾说过：“想象力比知识更重要。”想象力是智力的构成要素之一，对于幼儿来说尤其重要，幼儿可以通过想象来发展自己的创新能力，因此，教师和家长要注意在活动中，或者通过一些方式来激发幼儿的想象力。

（一）丰富幼儿的感性经验，扩充幼儿的记忆表象

想象虽然是新形象的形成过程，但是这种新形象也是在过去已有记忆表象的基础上加工而成的。幼儿对世界的认识需要借助感知觉，感知觉是一切心理活动的基础，幼儿的想象同样离不开感知觉，要以感性知识经验为基础，以表象为条件。幼儿头脑里拥有的表象越多，感性知识经验越丰富，对表象进行选择、加工、改造的范围越大，他的想象也就越丰富、越深刻、越活越；反之，如果幼儿原有的记忆表象贫乏，那么想象就会贫乏、狭窄、肤浅。原有表象丰富与否又取决于感性知识和生活经验的多少，因而幼儿的知识经验也就成了培养幼儿的创造想象的先决条件。因此，成人要创造条件，让孩子多接触一些名山大川、文化古迹、动植物等大自然的景象，多参观各种博览会、展览馆，多看看各种图片、模型等，以拓展孩子的想象。

案例放送

海洋运动会

在一片美丽的大海里，住着各种各样的海洋动物。一天，海洋里的动物们准备举办一场游泳比赛，所有的动物们都会来参加。它们都在紧张地做着赛前的热身运动，比赛马上开始了，随着裁判的一声枪响，动物们飞快地向前游去，如图 5-2 所示。

图 5-2 海洋运动会

首先，我们看到的是 1 号选手螃蟹，螃蟹横着走；2 号选手长尾鱼用闪电一样的速度向前冲；3 号选手鳄鱼划动它的四条腿，向前拼命游去；4 号选手黄尾鱼飞快地向前游；5 号选手绿色短尾鱼，拼命地摇摆着身体向前游去；6 号选手水母，它顶着大头，蠕动着触须一伸一缩地向前冲去。最后，经过激烈的比赛，黄尾鱼获得了冠军，其他动物虽然没有获得冠军，但并没有因为这样而讨厌黄尾鱼，反而为它感到高兴，它们还是像以前一样友好地相处。

（二）激发幼儿的好奇心，使幼儿的想象始终处于活跃状态

幼儿对世上的一切感到好奇，总是怀着一种要发现世界奥秘的热切的愿望进行各种探索。心理学研究表明，幼儿的好奇心和创造力的发展是成正比的，好奇心强的儿童，一般创造性也较强。历史上凡是有成就的科学家、发明家，大多在孩提时代都有极强的好奇心。牛顿对苹果落地现象的好奇，引导他发现万有引力定律；瓦特对水蒸气推动壶盖跳动现象的好奇，促使他发明蒸汽机；帕斯卡对盘子叮当声响现象的好奇，激发他发现声音振动原理；爱因斯坦则更是以从小就有研究问题的好奇心而闻名。正像一位科学家所说："好奇心是创造精神的源泉，是想象和智慧的推动力。"因而，为使幼儿想象更富有创造性，教师必须特别珍视幼儿的好奇心，并进一步激发他们的好奇心，使幼儿的想象始终处于活跃状态。

（三）给幼儿充分的想象自由，培养他们多想敢想的创新精神

教师在各领域教学和各项活动中都必须注意给幼儿充分的想象自由，鼓励幼儿积极思考，当幼儿的想象一旦表现出新颖性和独创性时，就要给予鼓励和表扬。如果教师能随时给幼儿以充分的想象自由，鼓励他们想象得不同寻常，别出心裁，那么就能逐渐培养起幼儿多想敢想的创新精神，对于发展幼儿想象的创造性极有好处。

（四）创设合适的问题情景，训练幼儿的发散思维

教师要为幼儿创造宽松友好的讨论气氛，特别是要包容幼儿在小组讨论过程中的不当之处乃至错误，从而形成一个让幼儿愿意思考问题、敢于表达自己想法的氛围。

例如，中班幼儿进行科学活动《有趣的不倒娃娃》时，幼儿们对不倒娃娃反复地推、拿、摆弄，结果发现不管用多大力不倒娃娃始终保持站立姿态，教师于是提问题，引导幼儿去寻找娃娃不倒的秘密。孩子们经过仔细观察独立思考后，大胆地表述自己的看法，由此，孩子的学习兴趣、心智能力都得到了发展，整个活动中虽然没有提到“重心”这一科学概念，但幼儿在整个活动中的所看、所感都为后续的学习奠定了良好的基础。

（五）在活动中训练幼儿的想象力

要多为幼儿提供机会进行想象。比如在上图画课时，老师可以提示物体（如猫、小鸡）的基本外形和基本画法，至于物体（猫、小鸡）的外形变化和各种活动姿态就留给幼儿自己去思考。在上语言活动课讲故事时，讲到关键之处可以戛然而止，给幼儿一个机会，让他们去想象故事将如何发展。在游戏时，可以让幼儿自己想象主题，选择角色以及确定使用的玩具等。通过这些做法，提高幼儿的想象能力，进而幼儿想象的创造性得到了发展。

有目的、有计划的训练是提高幼儿想象力的重要措施，成人可以从以下几个方面来培养幼儿的想象力。

1. 根据生活实物进行想象

成人可以画出一个图形，问幼儿：“你看看，这像你见过的什么东西啊？”成人可以先进行示范，举例说出一个实物，让幼儿继续想象，也可以让幼儿听几种声音的录音，让幼儿想象从这几种声音里听出了什么。

2. 根据已有经验进行想象

当幼儿积累了一定的知识经验，家长可以鼓励幼儿根据已有的经验进行想象，加强知识的迁移，学习新知识。

3. 观察自然现象进行想象

成人引导幼儿观察自然现象，发现各种事物之间的联系，进行想象。如活动课上，老师提出寻找“秋姑娘”的建议，引导幼儿仔细观察身边万物的变化。

4. 通过同伴讨论进行想象

成人可以创造条件，鼓励幼儿聚会玩耍，抛出问题，激发幼儿们思索。通过同伴们讨论交流，各抒己见，激发思维的火花，幼儿想象力必然会得到促进和发展。

总之，3～6 岁是幼儿想象力培养的关键期，想象力是灵活思维的一个重要指标，是创造力的基础与来源，所以必须高度重视幼儿想象力的开发。

本章小结

想象是人脑对已有表象进行加工改造形成新形象的过程。根据有无目的性，可将想象分为无意想象和有意想象。幼儿想象的发展特点是：①以无意想象为主，有意想象初

步发展；②以再造想象为主，创造想象开始发展；③想象易脱离实际，与现实混淆。其中，无意想象是幼儿想象的典型形式，无意想象表现出以下五个特点：①想象没有明确目的；②想象的主题不稳定；③想象的内容零散无系统；④以想象过程为满足；⑤容易受个体兴趣和情绪的影响。此外，幼儿想象具有夸张性特点，常常将想象的东西和现实混淆。成人要善于使用各种策略培养幼儿的想象力。

第五章　真题链接

思政小结

想象是创造力的重要组成部分，创造力是民族之魂。幼儿的想象天马行空，学生要掌握幼儿想象发展的特点，能够保护儿童的好奇心，尊重他们的想象力，提供更多的时间、空间供其发挥想象力，提高民族的整体创造力。

实习实训

幼儿想象的特点

一、实习实训目标

通过对幼儿游戏、绘画、语言、音乐和一日生活等多种活动的观察，分析幼儿无意想象发展的特点。

二、理论知识回顾

无意想象表现出以下五个特点。

(1) 想象无预定目的，由外界刺激直接引起。

(2) 想象的主题不稳定，易受外界的干扰而变化。

(3) 想象的内容零散不系统。

(4) 以想象的过程为满足。

(5) 想象易受兴趣和情绪的影响。

三、实训任务

通过对游戏、绘画、语言、音乐、一日生活等多种活动的观察和记录，分析幼儿无意想象发展的特点。

观察记录表

幼儿班级	幼 儿 表 现	分 析 评 价
小班幼儿		
中班幼儿		
大班幼儿		

第六章
学前儿童的思维

章节导航

- 学前儿童的思维
  - 思维概述
    - 思维的概念
    - 思维的种类
    - 思维的生理机制
    - 思维的基本形式
    - 思维在学前儿童心理发展中的意义
  - 学前儿童思维的发展
    - 学前儿童思维发展的一般趋势
    - 学前儿童掌握概念的一般特点
    - 学前儿童判断的发展
    - 学前儿童推理的发展
  - 学前儿童思维能力的培养
    - 学前儿童思维能力培养的原则
    - 促进学前儿童思维能力发展的措施
    - 学前儿童创造力的培养

学习目标

1. 了解思维的概念和种类。
2. 理解和掌握学前儿童思维发展的一般趋势和特点。
3. 学会运用具体的措施促进学前儿童思维尤其是创造性思维的发展。
4. 在实践教学中能够结合学前儿童思维的特点开展相关的教育工作。

案例放送

某年冬天的一个傍晚，我回家时带回了一小箱鸡蛋，当我走进厨房打开箱子时，2岁的儿子就急不可耐地跟了过来，看到我拿起一枚鸡蛋正往冰箱里放，小家伙按捺不住地叫道："爸爸一起，爸爸一起。"原来，他也想参与。这是小家伙第一次接触生鸡蛋，也是我和儿子第一次合作放鸡蛋。我们面对面蹲着，鸡蛋放在中间，我拿起一枚，让他放在保鲜盒里，可这时，意料不到的事情发生了——儿子拿着那枚鸡蛋，歪着头好奇地左看右看，刚刚站起来的身子又蹲了下来，然后他几乎是双手抓住鸡蛋，以迅雷不及掩耳的速度，在地砖上用力一磕，只听见"啪"的一生脆响，蛋壳破裂，蛋清蛋黄一股脑儿地流淌出来，此时小家伙愣了一下，还没容我反应过来，他胖乎乎的小手又伸进了那一堆黏糊糊的液体里面。不仅如此，估计是这种状况跟他之前接触的鸡蛋完全不同吧，接下来，第二枚生鸡蛋转眼工夫就重蹈覆辙。然后，是第三枚、第四枚、第五枚……

案例分析：案例中的小家伙不断磕破生鸡蛋，并用手去体验黏糊糊的蛋清和蛋黄，在成人看来这可是一种破坏行为，孩子为什么要这么做？他是不是非常好奇为什么这种鸡蛋跟平常吃的不一样呢？他不停地磕破鸡蛋去尝试，去思考。你在幼年时是否发生过这样有趣的事情呢？赶快来分享一下吧！

（资料来源：徐晨.磕破的鸡蛋[J].父母孩子，2014(6)：14-15.）

第一节 思维概述

一、思维的概念

思维是人脑对客观事物间接的和概括的反映。思维是认识的高级形式，它能够借助外在的语言、表象或动作，揭示事物的本质特征和内部规律。儿童天生具有强烈的好奇心，他们在看到各种现象时喜欢问"为什么"并且思考其中的原因，这就是思维的最初表现。思维具有间接性和概括性两个特点。间接性是指人们利用已有的知识经验来理解和认识那些没有被直接感知的事物及其关系的过程。比如，儿童会察言观色，根据大人的表情和语气来分析大人的情绪，继而调整自己的行为。概括性是指个体将同一类事物之间的共同特征和事物之间的普遍联系抽取出来得出结论的过程。比如，儿童将不同形状、颜色和尺寸的能用来书写和绘画的工具称为"笔"，这种行为体现了思维的概括性。思维的两种特性是相互联系的，它们的发展水平会随着儿童年龄的增加而提高。

二、思维的种类

从不同的角度，我们可以将思维分为不同的种类。

（一）直观动作思维、具体形象思维和语词逻辑思维

根据思维任务的性质、内容和解决问题的方式不同，可将思维分为直观动作思维、具体形象思维和语词逻辑思维。

（1）直观动作思维，又称操作思维或实践思维，是通过实际操作来解决直观的具体问题的思维活动。它解决问题的方式往往是一边动手操作一边思考。例如，汽车突然发动不起来了，修理人员需要动手检查油箱、电瓶和发动机等部件来发现故障并解决问题。儿童更是需要通过实际操作来思考问题，3 岁之前儿童的思维基本上属于直观动作思维，他们在活动或游戏的过程中思考，其动作停止了，思考也就停止了。

（2）具体形象思维，是指人们利用头脑中的具体形象和表象来解决问题的思维活动。它解决问题的方式是想象。作家、艺术家、工程师和导演等会更多地运用具体形象思维。例如，艺术家在创作时，大脑中会呈现丰富的表象，这成为他们艺术创作的源泉；幼儿教师在进行环境创设时，首先需要考虑墙面如何装饰和区角材料如何摆放等问题，这个过程就需要具体形象思维的参与。

（3）语词逻辑思维，也称抽象思维，指人们运用抽象的概念和理论知识来解决问题的思维活动，它解决问题的方式是运用概念进行判断和推理。例如，在教师讲授理论知识和学生学习理论知识时，都需要抽象思维的参与；而当人们思考一年为什么有春夏秋冬，以及夏天从冰箱里拿出的雪糕为什么会冒出白气时也都需要用到抽象思维。

（二）聚合思维和发散思维

根据思维探索答案的方向不同，可将思维划分为聚合思维和发散思维。

（1）聚合思维，是指综合考虑已有的各种信息，并得出一个正确的或最佳的解决方法的思维过程。它是一种有方向、有范围、有条理的思维方法。例如，甲比乙高，乙比丙高，必定能得出甲比丙高的结论。

（2）发散思维，是指人们沿着不同的途径思考，并产生出大量的独特的新思想的思维活动。例如，给学生提供一种物品，比如铅笔，让他们尽可能多地说出铅笔的用途，这种活动鼓励学生在思考时能够突破铅笔传统的功能，沿着不同的方向思考，能够锻炼他们的发散思维能力。

（三）常规思维和创造性思维

根据思维的创造性程度，可将思维分为常规思维和创造性思维。

（1）常规思维，又称再造性思维，指人们根据已有的知识经验，利用现有的、常用的方式解决问题的思维活动。这种思维的创造性水平偏低，没有改造原有的知识经验，也没有创造出新的成果。例如，学生使用已学会的公式解答同类型的数学问题。

（2）创造性思维，是指人们重新组织已有的知识经验，用新颖、独特的方式来解决问题并创造出新成果的思维活动。创造性思维的核心是发散思维。它是人类思维的高级形式，是多种思维综合作用的结果。例如，科学家提出一种新的理论，艺术家创造出一件新颖而独特的作品。

知识之窗

旱冰鞋的诞生

英国有个叫吉姆的小职员，成天坐在办公室里抄写东西，常常累得腰酸背痛，而他消除疲劳的最好办法，就是在工作之余去滑冰。冬季很容易就能在室外找个滑冰的地方，而在其他季节，吉姆就没有机会滑冰了。怎样才能在其他季节也能像冬季那样滑冰呢？对滑冰情有独钟的吉姆一直在思考这个问题，想来想去，他想到了脚上穿的鞋和能滑行的轮子，吉姆在脑海里把这两样东西的形象组合在一起，想象出了一种"能滑行的鞋"，经过反复设计和试验，他终于制成了四季都能用的"旱冰鞋"。

（资料来源：创造性思维的例子 15 个. 百度文库，https://wenku.baidu.com/view/aef3ad62591b6bd97f19227916888486 8762b8d4.html.）

（四）直觉思维和分析思维

根据思维过程是否遵循一定的逻辑规则，可将思维分为直觉思维和分析思维。

直觉思维指人们在解决问题时能直接快速地领悟并迅速作出判断的思维活动。例如，科学家在思考问题时头脑中突然闪现的灵感，以及有多年办案经验的警察能在人群中快速辨认出犯罪嫌疑人，靠的都是敏锐的直觉思维。

分析思维指人们遵循严密的逻辑程序，逐步推导，并作出判断和得出结论的思维活动。例如，学生通过一步一步的推论解决数学问题的过程。

三、思维的生理机制

思维是整个大脑的功能，特别是大脑皮层的功能，大脑皮层的觉醒状态是思维进行的前提条件。与学习、思维有关的脑电波主要是 β 波，其频率为 14～30 次/秒，是努力工作时的脑电波。在人们进行心算时，大脑皮层的前额区与运动区的血液流量显著增多。大脑的左右两半球具有功能的不对称性，大脑左半球主要处理言语信息，是进行抽象思维、聚合思维和分析思维的中枢，它主管人的说话、阅读、书写、计算和排列等；大脑右半球其功能主要是处理表象信息，是进行具体形象思维、发散思维和直觉思维的中枢，它主管人的视知觉、复杂知觉和形象记忆等。在创造性思维的脑机制上，研究者的分歧比较大，有研究者认为右半球在创造性思维中占有更重要的地位；也有研究者（如恩田彰和萨根）认为，创造性思维需要左右两半球的联合，而且只有通过大脑左右半球的合作，人类才能实现最有意义的创造活动。

如果大脑的不同部位受到损伤，对思维将产生不同的影响。大脑皮层的额叶对思维活动具有重要的作用，如果一个人额叶受到损伤，他只能根据直接感知到的事物的某些特征做出简单的推论，而不能发现事物之间的联系。例如，额叶受伤的病人很难概括一幅画面的主题，他只会抓住某一细节进行猜测。大脑半球左侧颞叶与顶-枕叶也和思维有密切的联系，如果个体左侧颞叶受损，他的言语听觉记忆会出现障碍，在进行口头作业时就会比较困难;若顶-枕叶受到损伤,则表现为综合信息的能力,特别是空间综合能力会遭到破坏(见图 6-1)。

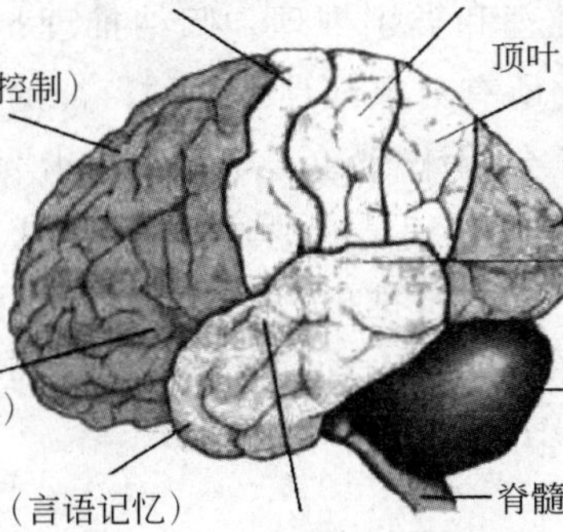

图 6-1 思维的生理结构图

四、思维的基本形式

思维形式是指思维的逻辑形式,即概念、判断和推理,这几种思维形式是互相联系的,概念的形成往往需要通过一定的判断和推理,获得判断主要通过推理,而逻辑思维主要运用判断和推理来进行。

(一)概念

概念是人脑对客观事物本质属性的反映。概念是思维的基本单位,掌握以词为标志的概念,是逻辑思维发展的表现。例如,"宠物"这个概念,它反映了小猫、小狗、鹦鹉等人们在家里豢养并供其消遣娱乐的动植物的本质属性,而不涉及它们各不相同的具体特性。每个概念都有其内涵和外延,内涵是指概念所反映的事物的本质属性,而外延则是指这个概念所包含的一切事物。比如,"玩具"这个概念的内涵是可用来玩的一切物品,其外延非常广泛,包括布娃娃、玩具车和弹弓等。概念是人类社会的产物,它会随着时代的发展而变化。

(二)判断

判断是概念与概念之间的联系,是事物之间或事物与它们的特征之间的联系的反映。人们可以通过判断来确认某一事物是否具有某种特征,或者某一事物是否属于另一事物。例如"狮子具有锋利的牙齿""企鹅是一种鸟"等。判断可分为直接判断和间接判断,直接判断主要在感知觉层面上进行,不需要复杂的思维活动;而间接判断一般需要推理,能反映事物之间的因果、时空和条件等关系。思维的过程离不开判断,思维的结果也以判断的形式来体现。

（三）推理

推理是指在已有判断的基础上推出新判断的思维形式，是事物的联系在头脑中的反映。推理可分为归纳推理、演绎推理和类别推理。归纳推理是指根据一类事物的部分对象具有某种特征，推出这类事物的所有对象都具有这种特征的推论，它是从个别到一般的过程。比如，由“鲨鱼会游泳、鲸鱼会游泳、草鱼会游泳”推出“鱼会游泳”。演绎推理是指从一般性的前提出发，通过推导得出个别结论的过程，它是从一般到个别的推理。例如，从“男孩子不可以穿裙子，小强是男孩子”推出“小强不可以穿裙子”。类别推理是根据两个或两类对象有部分属性相同，推出它们的其他属性也相同的推理，它是对事物之间关系的反映。

五、思维在学前儿童心理发展中的意义

（一）思维的发生标志着儿童的各种认识过程已经齐全

众所周知，儿童的各种认识过程并不都是天生就有的，而是在出生之后逐渐产生的。思维作为人类高级的复杂的认识活动，是在个体感知觉和记忆等心理过程的基础上形成的，它在个体心理发展中出现得较晚。因此，思维的发生，可以说明儿童的各种认识过程已经齐全。

（二）思维的发生标志着意识和自我意识的出现

思维的发生保证了个体具备对事物进行间接和概括反映的能力。意识是人类特有的，其基本特征是抽象概括性和自觉能动性。自我意识是意识的一个方面，它是个体对自己各方面的觉察和认识，包括自我认知、自我体验和自我调控。个体的自我意识不是与生俱来的，而是在与人交往的过程中，随着思维和言语的发展逐渐形成的。由此可见，意识和自我意识的出现与思维的发生存在着非常密切的联系。

（三）思维的发生发展使其他认识过程产生质变

思维是人类高级的认识活动，它是在感觉、知觉和记忆等认识过程的基础上产生的，同时也参与到这些等级较低的认识过程中，而且使这些认识过程发生质变。例如，当思维参与到知觉过程中时，知觉成为思维指导下的理解的知觉，不再是单单反映事物的表面特征（见图 6-2）。思维对于记忆的作用更加显著，个体的记忆可分为机械记忆和意义记忆两种，低龄儿童主要以机械记忆为主，思维的产生使得儿童的意义记忆得以产生和发展，从而记忆效果变得更加高效和牢固。

图 6-2　你看到了什么

（四）思维的发生发展使情绪情感、意志和社会性行为得到发展

思维的发生发展使儿童的情绪情感越来越复杂化和深刻化，出现了高级的情感，如道德感和美感。例如，《小人国的秘密》中的柔柔是一个喜欢体味诗意的美丽女孩，她在眺望远方时喃喃自语："风景风景，新的风景！嗯——我要呼吸一下风景！"这种美感和柔柔对周围风景的理解有密切的联系。思维的发生发展也使儿童开始萌发意志行动，儿童开始学会确立行动目的，理解行动的意义，并按照已确立的目的行动。此外，思维的发生发展还促进了儿童社会性行为的发展，儿童出现思维之后，开始理解人与人之间的关系，理解自己的行为所产生的社会性后果，逐渐学会与他人建立适当的关系。

（五）思维的发生发展促进了儿童个性的形成

思维的参与改变了儿童的认知、情感和意志三大过程，同时也促进了儿童的能力、气质、性格和兴趣等个性心理特征的发展和完善。儿童通过思维活动，参与到实践活动中去，不断地更新知识和提高能力，认识自己和他人，形成自己独特的个性特点。

第二节　学前儿童思维的发展

一、学前儿童思维发展的一般趋势

学前儿童的思维发展遵循着从直观行动思维、具体形象思维到抽象逻辑思维的发展趋势。

（一）直观行动思维

直观行动思维，又被称为直觉行动思维、感知运动思维和实践思维，它是主要借助于实际动作来进行的思维方式。这种思维方式在2～3岁学前儿童身上表现得最为明显，在3～4岁儿童身上也常有表现。直观行动思维是最低水平的思维，它主要有如下特点。

思维在直接的感知中进行，它离不开直观的事物和情境，要紧紧依赖于对事物的直接感知。比如，儿童只有抱着玩具娃娃时才会玩"娃娃家"，玩具娃娃不见了，游戏也随之停止（见图6-3）。

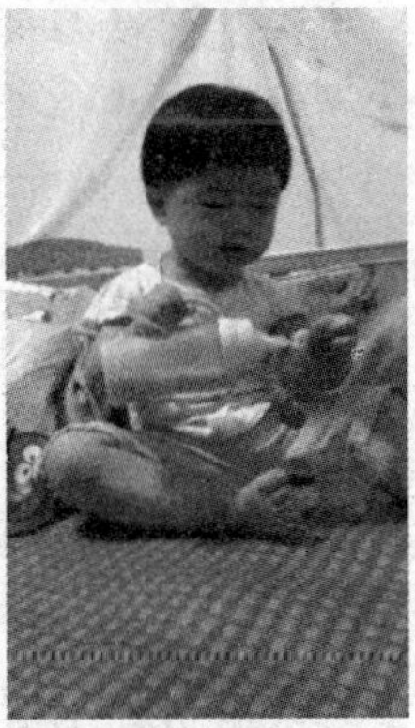

图6-3　假装喂奶

思维是在实际行动中产生的，它不能离开儿童自己的动作。换句话讲，此年龄阶段的儿童只能在动作中思考，边做边想，离开了动作儿童的思考也会立即停止。儿童还不能计划自己的动作，预见动作的效果。比如，儿童画画时并没有确定的目的，只有在画出来之后才知道画的是什么。例如，一个儿童说："我要画一个梨"（她用黄色画了一个小圈……画了一条线代表梨柄，看了看，又在圈的外面多加了几条线），"这是一只小蜜蜂"，于是她画的梨就变成了小蜜蜂，而整幅画则变成了蜜蜂的故事。

出现了初步的间接性和概括性。直观行动思维的概括性表现在动作之中，也表现在感知的概括上。儿童常常以事物的外部相似点为依据进行知觉判断。例如，要求2～3岁的儿童对香蕉、苹果、皮球、口琴等进行分类，他们常把苹果与皮球归为一类，把香蕉与口琴归为一类。

一些年龄更大的儿童，在遇到障碍或困难时，也经常依靠直观行动思维来排除障碍。例如，儿童的玩具车不能跑了，他可能会翻来覆去地检查车身，甚至动手去拆卸玩具车来检查故障，这个过程就是直观行动思维的体现。

（二）具体形象思维

直观行动思维：在行动中思考

具体形象思维是指依靠事物的表象即事物在头脑中的具体形象进行的思维方式。具体形象思维是3～7岁儿童最典型的思维方式，这个年龄阶段的儿童主要依靠具体事物的表象以及对具体形象的联想进行思维。例如，幼儿在医院区角进行游戏，会根据头脑中关于医生、护士、病人和药房等不同的形象进行联想和思考，从而进行角色扮演与情景模拟（见图6-4）。具体形象思维是一种过渡性思维方式，它介于直观行动思维和抽象逻辑思维之间。一般认为，2.5～3岁是儿童从直观行动思维到具体形象思维转化的关键时期。具体形象思维具有以下特点。

图6-4　小朋友们正在“医院”看病

1. 具体形象性

儿童思维的具体性表现在儿童思维的内容是具体的，他们能够掌握具体物体的概念，但不易掌握抽象概念。例如，幼儿容易掌握“小鸡”“小鸭”和“小鸟”等概念，但却难以掌握比较抽象的“动物”的概念。儿童思维的形象性表现在儿童依靠头脑中的形象来思维。例如，在幼儿教师给孩子进行数学领域教学时，经常借助具体的形象来进行加减运算等，用3只兔子代表3，用4只兔子代表4，幼儿依靠具体的兔子表象才能得出3+4=7。

2. 自我中心化

儿童完全以自己的身体和角度为中心，从自己的立场和观点来看问题，同时认为其他人会与自己用相同的方式方法去观察、思考和感觉。此年龄阶段的儿童还不会站在他人的角度来思考问题，也没有意识到别人和自己的观点有所不同。皮亚杰的三山实验有力地说明了儿童的自我中心化思维特点。

知识之窗

皮亚杰的三山实验

皮亚杰的三山实验是儿童思维自我中心化最有力的证明。他先在桌子上呈现一个不对称的山地模型，这个模型包括三座山，然后让幼儿坐在桌子的一边，同时在对面的凳子上放一个洋娃娃（见图6-5），皮亚杰让儿童从备选图片中选出一张洋娃娃所看到的风景。实验结果表明，3～4岁的幼儿往往存在自我中性化倾向，他们认为对面的洋娃娃跟自己看到的风景是一样的，即他们是按照自己的视角所看到的风景来选择图片，而不能从洋娃娃的视角来观察事物。

图6-5 皮亚杰的三山模型

3. 泛灵性

儿童往往把动物或一些物体当作人来对待，他们常常把自己的思想感情和生活经验加到小动物或一些物品身上，和它们交谈，把它们当作好朋友。例如，一个4岁的幼儿在入睡前问妈妈一个问题："是不是你把开关按掉，电灯就死了呢？"还有，一个幼儿在和妈妈分享过儿童情绪管理丛书中小兔子的故事后，开心地对妈妈说："我也要做人见人爱的小兔子！"

4. 表面性

幼儿只会根据具体接触到的表面现象思考问题，且幼儿的思维常常只能反映事物的表面联系，而不能反映事物的本质联系。例如，一个5岁的男孩看到一只长着黑白花色的小狗，便指着小狗叫"奶牛狗"，因为他看到过奶牛是黑白花色的。再比如，幼儿听到妈妈说："看那个女孩子长得多甜！"他便问妈妈："妈妈，你舔过她吗？"针对孩子思维表面性的特点，成人在回答他的问题时，首先应明白他到底想了解什么，而不必将问题复杂化。

5. 缺乏可逆性

缺乏可逆性是指幼儿不能从事物发展的历程再返回原点进行逆向思考，即幼儿的思维只能沿着单一的方向进行。例如，问一个4岁儿童："你有妹妹吗？"他回答："有。"但反过来问他"你妹妹有哥哥吗？"他回答："没有。"皮亚杰认为，由于缺乏可逆性，这一阶段的幼儿很难获得物质守恒的概念。例如，给儿童呈现两排数目相同的珠子，每排放置的距离也一样，他会认为两排珠子数量一样，然后当着儿童的面将其中一排珠子摆放得更长一些，他会认为距离长的这排珠子数量更多，这说明儿童还未形成数量守恒的概念。

除了上述五个特点，具体形象思维还有经验性、片面性、绝对性和近视性等特点。经验性是指幼儿的思维常常根据自己的生活经验来进行；片面性是指幼儿的思维常常是片面的，不善于全面地看问题；绝对性是指幼儿对世界和事物的认识缺乏相对性和灵活性，在日常生活中，幼儿常常认死理；近视性则是指幼儿只能考虑到事物眼前的关系，却不会考虑到事情的后果。

（三）抽象逻辑思维

抽象逻辑思维是指儿童利用抽象的概念或词汇，根据事物本身的逻辑关系解决问题的思维，它反映事物的本质属性和规律性联系，是高级的思维方式。从严格意义上讲，学前儿童还没有出现抽象逻辑思维，只是在 4～5 岁，尤其是 5 岁之后的幼儿明显出现抽象逻辑思维的萌芽。例如，幼儿遇到自己不懂的事情总喜欢问“为什么”，这表明他们正在努力探索事物之间的因果关系和内在规律。随着抽象逻辑思维的萌芽，儿童开始学会从他人的角度考虑问题，并脱离自我中性化的思维倾向，开始理解事物的相对性，进而获得守恒的概念。

二、学前儿童掌握概念的一般特点

概念是人脑对客观事物本质属性的反映。儿童掌握概念的主要方式，是向成人学习社会上已经形成的概念，这个学习过程不是简单机械的过程，而是主动建构的过程。儿童还会在自己的生活实践中掌握概念，例如，儿童一到周末就不用去幼儿园上学，他们会自发地形成“周末就是不上幼儿园的日子”这样的概念。学前儿童对概念的掌握一般具有以下特点。

（一）儿童掌握概念的内涵和外延都是不准确的

这主要源于幼儿的概括能力有限，主要以形象概括为特征。幼儿往往存在概括的内容比较贫乏，概括的特征很多是非本质的、外部的且不能把握事物的本质特征等现象。他们有时会出现过度扩充或过度缩小的现象，过度扩充是指儿童会超越或扩充概念的范围，比如，幼儿认为“阿姨”的特征就是“长着长头发的人”，于是当他看到一个扎着长辫子的男人时也会称其为“阿姨”；而过度缩小则是指将概念的意义范围缩小化，如认为“妈妈”这个概念只限于指自己的妈妈。随着年龄的增长，幼儿掌握概念的准确性和深入性会逐渐提高。

（二）从掌握具体实物概念为主，向掌握抽象概念发展

具体形象思维是幼儿的典型思维方式，因此，他们掌握的各种概念以具体实物概念为主，但并非概念越具体，或者说概括的水平越低，幼儿就越容易掌握。根据概括水平，可将幼儿获得的概念分为上级概念、基本概念和下级概念三个层次。幼儿往往先掌握处于中等概括水平的基本概念，再由此出发掌握更具体的下级概念和更抽象的上级概念。例如，在“动物”“鱼”“鲸鱼”这三个概念中，幼儿一般先要掌握“鱼”这个基本概念，然后才能掌握“鲸鱼”和“动物”这两个概念。随着儿童年龄的增加，到幼儿晚期，才有可能掌握一些比较抽象的概念，如动物、善良和友谊等。

（三）儿童掌握数概念比掌握实物概念更困难一点，时间上也会更晚一点

掌握数概念是逻辑思维发展的一个重要方面。幼儿掌握数概念主要包括以下几个方

面：①掌握数的顺序。如儿童知道 4 在 5 之前，5 在 4 之后，4 比 5 小，5 比 4 大。一般 3 岁儿童已经学会口头数 10 以内的数，记住了数的顺序。②理解数的实际意义。如 6 指 6 个物体。当幼儿学会按物点数，即口手一致地数物体，而且能够说出物体的总数，这说明他已经理解了数的实际意义，具备了初步的计数能力。③掌握数的组成。如 5 是由 1+1+1+1+1，1+4 或 2+3 等方式组成。幼儿学会按物点数后，逐渐学会借助实物进行 10 以内的加减法。掌握数的组成是幼儿形成数概念的关键。儿童数概念的形成经历了口头数数、给物说数、按数取物和掌握数概念四个阶段。

第六章 数概念——幼儿数数

案例放送

银行社区中的存取款游戏

大班幼儿学会认识人民币后，孩子们提议创设“中国银行”游戏区。“中国银行”游戏区创设之后，每个孩子会拥有一个“存折”，并存入本金 10 元。有钱了，孩子们就出去消费，先在银行取钱，然后去买蛋糕、美发等。

“我要取 3 元钱。”“你卡上有 10 元，取出 3 元，还剩 7 元。”银行工作人员认真计算着存折剩余钱数，并在存折上做好记录，而户主自然要监督银行工作人员计算是否正确。有些孩子在游戏区内从事面点师、售货员和设计师等工作，通过劳动获取收入，把挣到的钱存入银行，银行工作人员就用加减的方法进行记录，“加号”表示存钱，“减号”表示取钱。孩子们在办理存取款业务的快乐游戏中了解数与数的关系，熟练掌握 10 以内的加减运算。

随着孩子们挣的钱越来越多，存折上的数字逐渐上升，10 以上的加减运算对孩子来说颇有难度。扮演银行职员的小朋友向我求助：“老师，23 元取走 7 元，还剩多少元？”我鼓励孩子们一起想办法。“用计算器计算。”“找 23 个豆子，拿走 7 个，看看还剩多少个。”孩子们七嘴八舌地议论着，最后，他们觉得数豆子的方法不错，于是，我们在银行里放一些小豆子，让他们借助实物操作拿取的方法，理解“加”和“减”的实际意义。

幼儿不喜欢也不易理解抽象的数学概念，而银行游戏大幅提高了孩子们的计算能力和解决问题的能力，同时也激发了他们对数学的兴趣。

（资料来源：李岩.游戏里的数学欢乐多[N].中国教育报(学前教育·保教)，2015-06-21(3).）

三、学前儿童判断的发展

判断是指概念与概念之间的联系，是事物之间或事物与它们的特征之间的联系的反映。学前儿童判断的发展变化主要有以下特点。

（一）从以直接判断为主开始向间接判断发展

以直接判断向间接判断发展简称判断形式的间接化。幼儿会大量依靠直接判断，且他们常常受到知觉线索的影响，从而把直接观察到的表面现象当作事物的本质特征。例如，有个幼儿认为飞机没有汽车快，因为他坐在汽车里时，看到车外的景物被飞速地甩到后面，风呼呼地在耳边吹过，感觉汽车飞快地行驶，而天上的飞机看起来飞得很慢，这就是幼儿的直接判断，他能够感觉到汽车的速度，但不能直接感觉到飞机的速度。成人对“飞机比汽车快”的结论一般是间接判断的结果。随着儿童年龄的增长，儿童间接判断能力开始形成并有所发展(见表 6-1)。

表 6-1　儿童直接判断与间接判断的发展　　单位：%

年龄/岁	5	6	7	8	9	10
直接判断	74	63	27	28	23.1	4.2
间接判断	11.2	22.8	71	70	76.2	95
其他判断	14.7	14.2	2	2	0.7	0.8

资料来源：陈水平，郑洁.学前儿童发展心理学[M].北京：北京师范大学出版社，2013.

(二) 从反映事物的表面联系开始向反映事物的本质联系发展

这种发展简称为判断内容的深入化。判断内容和判断形式的发展是同时进行的。幼儿初期常常根据直接观察到的物体表面现象进行因果归因。比如，对于只有一条腿的桌子是否倒下了的现象，3～4 岁儿童认为“要倒，是烂的”，5～6 岁的儿童会说“桌子断了三条腿，它站不稳”。对于斜面上皮球滚落下来的原因，3～4 岁儿童认为“球站不稳，没有脚”，5～6 岁的儿童则认为“球在斜面上滚下来，因为这有小山，球是圆的”。可见，在判断发展的过程中，幼儿会逐渐脱离事物的表面现象，找出比较准确而具体的原因，能够按照事物本质的联系做出一定的判断。

(三) 从以对待生活的态度为依据开始向以客观逻辑为依据发展

这种发展简称为判断根据的客观化。幼儿初期往往不能按照事物的客观逻辑进行判断，而是按照生活的逻辑进行，这种判断不符合客观规律，而是幼儿从自己对待生活的态度出发的。例如，3～4 岁幼儿认为，“球会滚下来”是因为“它不愿意待在桌子上”或者“猫会吃掉它”。“秤杆为什么要一头翘起”，是因为“它不乖”“它不听话”。在浙江卫视播出的一期《爸爸回来了》节目中，小甜馨和家人一起去吃烤鸭，师傅在旁边切烤鸭，她不好好吃饭，爸爸眼睛瞄向烤鸭，吓唬她说：“你看，不听话就变这样了，你不好好吃就对不起这鸭子。”甜馨怔怔地看了一会儿，对爸爸说：“它不听话就被卸成那样！”可见，幼儿的生活态度很大程度上来源于父母言语行为的影响。幼儿逐渐从以生活为根据的判断，向以客观逻辑为根据的判断发展。

(四) 从没有意识到自己判断的根据开始向明确意识到自己判断的根据发展

这种发展简称为判断根据的明确化。幼儿初期虽然能够做出判断，但他们没有或者说不出判断的根据，或者以别人的观点为依据。比如，儿童经常说“我妈妈说的”或者“我老师说的”。他们甚至意识不到判断应该有一定的依据。随着年龄的增长，幼儿开始设法寻找论据，但最初使用的论据往往是游戏性或猜测性的。幼儿晚期，儿童不断修改自己的论据，努力使自己的判断具有合理的根据。判断根据的明确化，标志着儿童思维的自觉性、意识性和逻辑性开始发展。

四、学前儿童推理的发展

推理是在已有判断的基础上作出新判断的思维形式。幼儿在其已有生活经验的基础上，能够进行一些符合事物客观逻辑的推理，但水平较低，表现出抽象概括性差、逻辑性差和自觉性差三个特点。实验表明，幼儿在进行推理的过程中，也表现出了如下共同的发展趋势。

（一）推理过程随年龄增长而发展

通过实验，可以发现，3 岁组儿童基本上不能进行推理活动，4 岁组儿童推理能力开始发展，5 岁组儿童大部分可以进行推理活动，6 岁组和 7 岁组儿童全部可以进行推理活动。

（二）推理过程可划分为四级水平，且随年龄逐级发展

(1) 0 级水平。不能进行推理。

(2) Ⅰ级水平。只能根据较熟悉的事物的非本质特征进行简单的推理活动。

(3) Ⅱ级水平。可以在进行提示的情况下，运用展开的方式逐步发现事物的本质联系，最后做出正确的结论。

(4) Ⅲ级水平。可以独立且较迅速地运用简约的方式进行正确的推理活动。

推理水平的提高表现在推理内容的正确性、推理的独立性、推理过程的概括性及推理方式的简约性等方面。

（三）推理方式的发展由展开式向简约式转化

展开式是指儿童的推理是一步一步进行的，推理过程进行缓慢，主要通过外部语言和动作表现出来；简约式则是指儿童的推理活动是独立且迅速地在头脑中进行的。展开式的推理活动在 5 岁之前迅速发展，简约式推理则从 4 岁或 5 岁开始发展，5～6 岁是儿童迅速从展开式推理转化为简约式推理的年龄阶段。5 岁以前儿童的推理以展开式为主，而从 6 岁起简约式推理开始占优势。

第三节 学前儿童思维能力的培养

美国心理学家捷明·罗姆的一项研究结果表明，若将 17 岁个体的思维水平作为标准且定义为 100 分时，那么，从胚胎到 4 岁思维水平发展 50%，从 4～8 岁思维水平发展 30%，剩余的 20%是在 8～17 岁完成的。由此可见，学前期是个体思维发展最迅速、最快

捷的时期，因此，成人应该抓住这一关键时期，培养儿童良好的思维能力，促使其思维更加活跃且更富想象力和创造力。

一、学前儿童思维能力培养的原则

幼儿教师在日常教育活动中对儿童的思维能力进行培养时，应坚持下面几点原则。

（一）创造性原则

创造力是一种极其重要的思维能力，能创造出新颖且有价值的成果。陶行知先生曾说："时时是创造之时，处处是创造之地，人人是创造之人。"在幼儿园一日生活的所有教育活动中，如集体教学、区域活动和户外活动等，都可以培养儿童的创造力。教师应坚持创造性原则，具备发展幼儿创造力的意识，运用各种方法和手段培养儿童的创造力。例如，在体育活动中，让儿童一物多玩，思考跳绳、篮球等体育器材多种有趣的玩法，培养他们的发散思维能力。

（二）主体性原则

陈鹤琴先生说过："儿童的世界是儿童自己去探索去发现，他们自己所求来的知识才是真知识，自己所发现的世界才是真世界。"主体性原则要求教师尊重儿童在活动中的主体地位，给孩子选择的权利，让孩子自己思考并选择感兴趣的主题。教师应充分尊重孩子的意愿，将教育活动建立在孩子的兴趣之上，只有儿童乐于探究，才能善于思考。

（三）探究性原则

探究性原则要求教师允许孩子自己去探究去发现。传统的教育方式过度重视知识的灌输，形成了幼儿园教学小学化倾向的局面，极大地扼杀了孩子的思考能力。教师应给予孩子去探索发现的时间和空间，在幼儿园中尽量创设自然的生态环境，陪伴孩子一起探索新鲜的事物。在陪伴孩子的整个过程中，教师不要干涉孩子探索和发现的过程，只需在适当的时候给予提醒和指点即可。

（四）互动性原则

互动性原则要求教师在教育活动中应注重师幼之间以及同伴之间的讨论和交流，良好的互动不仅能够促使儿童萌发新的思考，同时也能促进幼儿言语表达能力的发展。教师可以通过提问的方式激发儿童的好奇心，鼓励幼儿之间的小组讨论，促使他们进行新的思考；另外，在面对儿童的疑问时，应首先鼓励其大胆质疑的精神，帮助其在活动中自己探索出问题的答案。例如，一位教师在美术课上涂色时，虽然没有绿色和紫色的油画棒，却涂出了这两种颜色，细心的小朋友发现后好奇地问教师："老师，你的绿色是怎么变出来的呢？"这位教师抓住这个教育契机，通过"会变的颜色"活动，带领孩子们多次操作和尝试，在师幼互动的过程中让孩子明白了颜料的混合定律。

（五）因人施教原则

《幼儿园教育指导纲要（试行）》（简称《纲要》）指出，尊重幼儿在发展水平、能力、经验、学习方式等方面的个体差异，因材施教，努力使每一个幼儿都能获得满足和成功。教师应尊重每个儿童发展水平的差异，并根据儿童的原有水平进行因人施教，使儿童在活动中都能收获体验，获得发展。例如，在折纸游戏中，教师提供给孩子彩色纸条，让孩子自由发挥，折出他们想到的各种形状。教师在指导的过程中，可根据每个儿童不同的折纸水平，提供相应的鼓励和指导，让每个儿童都能获得满足和成功的体验。

二、促进学前儿童思维能力发展的措施

（一）为学前儿童提供丰富的感性材料，并引导其不断观察和探索

人类的思维活动不是凭空产生的，而是在实践的过程中，通过积累并加工大量的感性知识和材料而生成的，因此，感性知识越丰富，思维就会越深刻。教师应为幼儿提供大量可以感知的活动材料，引导幼儿在活动过程中边操作边思考，发展其思维能力。针对儿童思维的具体形象性特点，教师提供的材料应具备直观、形象和生动等特点，吸引孩子们的兴趣。成人还可以带领儿童去参观、游览和直接观察各种实物，促使儿童能够亲身感受和体验，以获得鲜明生动的感性经验，在观察和探索的过程中学会思考。

（二）给学前儿童提问和思考的空间，发挥其主体性作用

儿童的世界有别于成人的世界，他们观察事物的角度非常独特，同时也会提出各种稀奇古怪的问题。爱因斯坦说过："提出一个问题比解决一个问题更重要"。当儿童提出"为什么"或"是什么"的问题时，这说明他们正在积极地思考，成人应当鼓励孩子的好奇心，以欣赏和鼓励的态度对待他们的发问，更重要的是，成人不要代替孩子去解决他们的问题，而是要留给孩子思考的空间，让他们自己去解决问题。当儿童解决问题出现困难时，成人也不要急于给出答案，不妨给孩子提供思考的角度，引导其找到问题的解决方法。只有在思维活动中发挥孩子的主体性，才能真正提高他们的思维能力。

（三）为学前儿童尽量提供口语交流的机会，以言语的发展带动思维的发展

语言和思维的发展有着紧密的关系。语言是个体思维活动的工具，也是人们相互交流思想的工具，还是记录思维活动成果的工具，因此，无论是在集体教学、区域活动还是日常生活中，应提倡师幼之间和幼儿之间经常用言语进行交流讨论，这样，幼儿的词汇水平会更加丰富，同时在语言交流的过程中幼儿的思维也变得更加活跃，这有利于他们掌握相应的概念和进行判断推理的过程，促使其思维从具体形象思维逐渐发展为抽象逻辑思维。

三、学前儿童创造力的培养

创造力是指人们根据一定的目的，运用已有的经验，产生出某种新颖、独特且具有社

会或个人价值的产品的能力。梅斯基(Mey-sky)和纽曼(Newman)认为，当幼儿创造出一种表达自己思维的新方式和发现新问题时，就代表他们具有了创造力。例如，儿童能够根据故事的开头编出符合逻辑的结尾，也能在游戏中产生新的主题或情节等都是他们创造力的体现。

(一) 学前儿童创造力发展的特征

加登纳说过："差不多每一个孩子到了3～6岁时，在有合适环境的鼓励下，都是极富于创造性的，对于所有的孩子来说，这个阶段正是最自由的阶段。"可见，3～6岁是孩子最具有想象力与创造力的时期，在此时期成人需要呵护孩子的好奇心和想象力，创造合适的环境培养孩子的创造力。首先，成人需要了解儿童创造力发展的特征，在此基础上有效地发展儿童的创造力。

1. 好奇心是儿童创造力发展的起点

儿童天生具有探索周围世界的好奇心，这种好奇心会体现在他们的行为和语言上。例如，儿童拿到新玩具后不久，就喜欢把它拆得七零八落，这种在成人看来极具破坏性的行为反而是儿童好奇心的体现，因为他们想了解玩具的内部构造，想明白它为什么会发光、发声等。在语言上，儿童最喜欢问"为什么"，他们的小脑瓜里充满了对世间万物的疑问，这种"打破砂锅问到底"的现象正是幼儿好奇心的体现。儿童以好奇心为起点，开启了探索世界的大门，走上了漫长的创造之路。

2. 创造想象是儿童创造力发展的特点

想象是人们对头脑中已有的表象进行思维加工，创造出新形象的过程。根据想象内容的新颖程度不同，可将有意想象分为再造想象、创造想象和幻想，再造想象是人们根据语言的描述或某事物的图样，在头脑中形成相应的新形象的过程；创造想象是人们根据一定的目的在头脑中独立地创造出新表象的过程；而幻想是指向未来，与个人愿望相联系的想象，是创造想象的特殊形式。一般而言，儿童3岁时的有意想象以再造想象为主，4岁时则开始向创造想象转化，而到了5岁时会以创造想象为主。

3. 探索活动是儿童发展创造力的主要手段

苏霍姆林斯基说过："在人的心灵深处，都有一种根深蒂固的需要，就是希望自己是发现者、研究者、探索者，而在儿童的精神世界中，这种需要特别强烈。"儿童的探索活动越丰富多样，越灵活新奇，儿童的创造力越能得到体现和发挥。例如，在幼儿园的建构区，这些小小建筑师们利用现有的游戏材料(烟盒或饮料罐)搭建成形状各异的建筑物(见图6-6)，充分发挥了自己的想象力和创造力，而且能在搭建的过程中学习到几何图形的相关知识。

图6-6 快乐施工队正在搭建房子

4. 积极情绪是儿童创造力发展的动力

我国著名心理学家孟昭兰认为，积极情

绪伴随着愉悦的主观感受，能够提高个体的认知能力，有利于其创造力的发挥。国外学者(Paul&Nathan，2010)研究也发现，积极情绪的激活能够提高认知的灵活性，从而提高创造力的流畅性和原创性。可见，愉快、喜悦等积极情绪能够促进个体创造力的发展。幼儿期是最富有创造力的时期，成人应当给孩子创造轻松、舒适和支持的环境氛围，增强孩子积极的情绪体验，让孩子享受创造的每一刻。

（二）培养学前儿童创造力的措施

1. 培养创造力，从家庭开始

家庭作为学前儿童最初的生活环境，将对他们创造力的发展产生最为直接而深远的影响。其中，父母的教养方式对儿童的创造力发展有着显著的影响。有研究者将父母的教养方式分为三种，即民主型、专制型和溺爱型。

采取民主型教养方式的父母会以宽容和民主的态度对待自己的孩子，给予孩子信任和尊重，站在儿童的角度来看待孩子的行为，并给予孩子探索事物的自由，甚至和孩子一起参与到探索中来。而专制型的父母则往往不能从儿童的角度看问题，会强迫孩子服从成人的规则和命令，甚至不允许孩子有不同的想法，处于这种教养方式下的儿童经常会因为自己的探索行为得不到父母的鼓励，从而很难发挥自己的创造力。溺爱型的父母是孩子忠实的公仆，生怕孩子受到挫折和伤害，愿意为孩子包办一切，处于这种教养方式下的儿童因为父母的过度保护，往往抗挫折能力和坚持性差，同时缺乏创造的动力和乐趣。

因此，家长应当做民主型的父母，了解孩子的年龄发展特点，尽量创造一个宽松自由的家庭氛围，提供丰富有益的刺激材料，并鼓励孩子的探索和发现，为培养其创造力打下坚实的基础。

2. 幼儿园是培养幼儿创造力的主阵地

学前儿童入园之后，教师对他们创造力的发展会产生越来越重要的作用。3～6岁的幼儿正是想象力和创造力发展的黄金时期，他们思维活跃，想象力大胆丰富，经常出现让成人惊叹不已的言语和行为，在这个培养创造力的黄金时期，幼儿教育工作者应该从多方面努力，激发和培养孩子的创造性。

(1) 尊重儿童的游戏权利，发挥游戏对创造力提升的重要作用

陈鹤琴先生曾说过："孩子是以游戏为生命的，玩是孩子的天性。"游戏是孩子在幼儿园最主要的学习方式，是表现幼儿创造力的最重要、最根本的方式。游戏为幼儿提供了自由探索和大胆想象的机会，有助于幼儿养成乐于探索和勇于创造的态度和精神。教师应当为幼儿提供一个自由游戏的空间，提供可供他们探索和操作的材料，激发其好奇心和探索欲，而不是强迫儿童去玩他们不愿意玩的游戏。而且，在游戏过程中，教师应当允许幼儿犯错误，在保证幼儿安全的前提下允许甚至鼓励各种荒诞离奇的做法，保护幼儿的想象力。

(2) 在各领域的教学活动中激发幼儿的创造力

幼儿的创造力体现在各种各样的活动中，比如艺术活动(包括舞蹈、音乐和绘画等)、体育活动、科学发明和语言活动等。

在主题教学的过程中，教师首先应当具备识别富有创造力儿童的眼光，为了能够发现

具有创造力的儿童，教师可以为幼儿提供自由活动和自由表达的机会，比如让幼儿编一个故事或画一张画，通过观察幼儿的故事或绘画是否新颖，以及想象力是否丰富等来发现幼儿的创造水平。其次，教师在各领域教学活动中，还应当为幼儿提供轻松自由的教学氛围，赏识和鼓励幼儿的每一次创造，让幼儿体会创造的快乐。人本主义心理学家罗杰斯认为："心理的安全和心理的自由是促进创造性的两个重要条件。"

最后，教师需要采用多样化的教学方法，这些教学方法要符合幼儿具体形象性的思维特点，比如教师采用生动活泼的直观言语以及与教学主题相关的游戏、图片和视频等。教师只有将培养幼儿的创造力融入各种教学活动中，才能全方位、多维度地激发幼儿的创造行为，促使其创造力持续发展。

知识之窗

多彩绘画，培养幼儿的想象力

绘画是儿童心灵的图像符号，是美术表现的重要形式。孩子们会将他们思想中感知到的色彩以及形状运用一定的图形表现出来，幼儿教师要多措并举，激发幼儿的想象力。首先，教师要削弱自身的示范力度，激发幼儿的探索欲望。如教学人物头像的绘画时，教师可以从人物头像的某一部位入手，向孩子们展示眼睛、鼻子、嘴唇及头发的简单画法，然后引导孩子们尝试着画一画他们的父母，每一个孩子心中，都会对父母形象有着不同的理解，他们有可能画出生气的父母、高兴的父母、伤心的父母，或者是严肃的父母等。其次，教师要多鼓励幼儿，增强幼儿的自信心。如一个孩子在用彩笔画苹果时一直嘀咕："为什么画不圆呢？"于是教师就鼓励说："苹果本身就有很多不同的形状，你回忆一下你自己吃过的苹果，再看看我们课件中的苹果，是不是呢？如果把颜色再涂抹均匀一些就更好了。"然后，这个孩子的表情就会由阴转晴，并积极投入涂色中。

（资料来源：刘岩.启迪思想 拓展思维——浅议幼儿美术教学[J].现代教育科学，2019(S1)：142-143.）

（3）开展多种形式的训练活动，锻炼幼儿的发散思维

除了在主题教学活动中对幼儿注重创造力的培养之外，教师还可以有意识地开展训练活动，锻炼幼儿的发散思维能力。个体的创造力主要体现在其发散思维的能力上，发散思维是能产生出大量的独特的新思想的思维活动，发散思维具有三个品质，即流畅性、变通性和独特性，流畅性是指在较短的时间内、较快地找出新的解决方法；变通性是指可以从不同的角度和方向思考问题；而独特性则是指可以找到独特的新颖的解决方法。具体的训练方法有很多，比如拼图比赛，给幼儿提供各种颜色的几何图形，让其尽可能多地拼出不同的图案，教师可以观察在这个过程中哪个幼儿拼出的图案数量最多，代表流畅性好；哪个幼儿拼出的图案类别最多，代表变通性好；哪个幼儿拼出的图案最独特，则代表独特性好。教师还可在教学活动中通过提出问题、看图讲述、续编故事和仿编诗歌等形式引导幼儿进行发散思维训练，从而培养其创造力。

3. 社会环境从宏观方面影响幼儿创造力的发展

个体创造力的发展会受到社会文化环境的制约，这也得到大量跨文化研究的证实。托兰斯等人采用《托兰斯创造性思维测验》研究中美儿童的创造力，结果发现，美国儿童在

发散思维的三个品质上的得分都要高于中国儿童，西莫顿(D. Kismonton)对数千名取得突出创造性成就的历史人物进行调查研究，得出以下结论，即社会因素对人的创造力发展具有重要影响，其中，榜样的作用以及文化的多样性是很重要的影响因素，而且，与对成人的影响相比，这些社会因素对幼儿创造潜能的影响更为重要。

祖国的未来寄托于下一代，准确地说，寄托于具有想象力、创造力的下一代，因此，为了培养具有创造力的人，整个社会应该营造一种欣赏创造、鼓励创造和推动创造的社会氛围。政府可以发挥其行政职能，鼓励文化及价值的多样性，举办更多的创造力竞赛，让更多具有创造力的人才脱颖而出，主导全民创造的风向标。

本章小结

思维是人脑对客观事物的间接的和概括的反映，是认识的高级形式。思维可分为很多种类，根据思维任务的性质、内容和解决问题的方式不同，可将思维分为直观行动思维、具体形象思维和抽象思维。学前儿童的思维发展遵循着从直观行动思维、具体形象思维到抽象逻辑思维的发展趋势，具体形象思维是3～7岁儿童最典型的思维方式，具体有以下特点：①具体形象性；②自我中心化；③泛灵性；④表面性；⑤缺乏可逆性。掌握数概念是儿童逻辑思维发展的一个重要方面。儿童数概念的形成经历了口头数数、给物说数、按数取物和掌握数概念四个阶段。

第六章　真题链接

思政小结

具体形象思维是幼儿最典型的思维方式，学生要提升自身专业素养和教学水平，课程设计应符合幼儿思维的特点和方式，不急功近利，避免幼儿教育小学化倾向，为祖国培养善思考、会创新的未来人才。

实习实训

物体守恒

一、实习实训目标

通过液体守恒实验，了解幼儿思维中守恒性的发展特点。

二、理论知识回顾

物体守恒指物体的质量和数量不随着物体形状的改变而改变的性质。皮亚杰通过一系列实验得出，3～6岁幼儿的思维往往还不具有守恒性，例如，在液体守恒实验中，实验者首先给儿童呈现大小相同的玻璃杯，并且盛放等量的水，然后当着儿童的面，实验者将其中一个玻璃杯的水全部倒入另一个口径不同的玻璃杯中，询问儿童哪个杯子中的水多(或者两杯水是不是一样多)，6岁以下的儿童思维缺乏守恒性，仅仅根据水的高度来判断多少，而忽略了杯子的口径大小，而六七岁以上的儿童多半能做出正确的回答（见图 6-7）。

图 6-7　液体守恒实验

三、实训任务

（1）实验名称：液体守恒实验。

（2）实验准备：玻璃杯、水或牛奶等液体。

（3）实验过程：分别在小班、中班和大班中选取儿童，个别施测。给儿童呈现装有等量液体的相同的玻璃杯，询问其“两杯水是不是一样多”，然后将其中一杯水倒入另外一个更高口径更小的杯子里，再询问儿童同样的问题，记录其回答，最后统计大中小班儿童回答的情况，分析其守恒性发展的年龄特点。

观察记录表

幼儿班级	幼儿表现	分析评价
小班幼儿		
中班幼儿		
大班幼儿		

第七章
学前儿童的言语

章节导航

- 学前儿童的言语
  - 言语概述
    - 语言和言语
    - 言语的种类
    - 言语的功能
    - 语言获得理论
  - 学前儿童言语的发展
    - 言语发展的阶段和特征
    - 早期阅读能力的发展
  - 学前儿童言语能力的培养
    - 学前儿童言语培养的原则
    - 学前儿童口语表达能力的培养
    - 学前儿童早期阅读能力的培养

学习目标

1. 了解言语的概念和种类。
2. 理解言语的功能和语言获得理论。
3. 理解并掌握学前儿童言语发展的阶段和特征。
4. 掌握并能运用具体策略促进学前儿童言语尤其是口语表达和早期阅读能力的

发展。

案例放送

我的家庭

教师: 爸爸妈妈怎么做？你才感觉到他们是爱你的？

幼儿 1: 我不想起床,妈妈会陪我一会儿,然后我们一起起床。

幼儿 2: 以前爸爸特别忙,从没时间陪我,现在每周能有一天陪我了。

幼儿 3: 爸爸妈妈亲我的时候。

教师: 爸爸妈妈做什么,会让你觉得他们不爱你？

幼儿 4: 爸爸妈妈拿“家法”出来的时候。

幼儿 5: 我难过得哭的时候,他们不安慰我,还留我一个人在屋子里。

幼儿 6: 我睡觉时把手放在爸爸身上,爸爸把我推到妈妈那边。

……

（资料来源：胡华.父母——影响儿童学习与发展的重要他人[J].幼儿教育,2015(6)：10-13.）

第一节 言语概述

一、语言和言语

语言是一种社会现象,是音义统一的全民性交流工具。人们借助语言这个特有的工具进行相互交流和了解。斯大林说过：“语言是工具、武器,人们利用它来互相交际,交流思想,达到相互了解。”语言是社会历史的产物,随着人类社会的产生而产生,也随着人类社会的发展而发展。每个民族都有自己通用的语言,如汉语、英语和俄语等。

言语指人们用语言进行交际的活动和过程,包括言语的表达和言语的感知与理解两方面,言语的表达是指个体用口头或书面的方式运用语言的过程;而言语的感知与理解则是指个体通过感觉器官接受和理解别人运用语言的过程。言语不同于语言,它是个体自身进行的活动,人们平常说的“讲话”“讨论”“演讲”和“写作”等都属于言语活动,可见,语言是一种交际的手段,而言语则是交际过程本身。

语言和言语虽然是两个不同的概念,但两者有着密不可分的联系。首先,语言是在人们的言语交流活动中形成和发展的,任何语言都必须通过人们的言语活动,才能发挥其交流工具的作用,如果一种语言不再被人们使用,它就会在社会中消失;其次,言语活动是借助语言这个工具来进行的,人们只有借助语言中的词汇和语法知识,才能很好地与他人进行言语沟通,进而互相传递思想。儿童言语的发展,首先表现在他们掌握语言(包括语音、词汇和语法等知识)能力的不断提高上,然后才能够越来越完善地使用语言与人交流。

二、言语的种类

言语活动通常分为外部言语和内部言语,外部言语进一步分为口头言语和书面语言,在日常生活中，有的人擅长口头表达，有的人擅长书面写作。

（一）外部言语

外部言语是指人们进行交际的言语活动，又分为口头言语和书面言语。

1. 口头言语

（1）对话言语

对话言语是指两个或两个以上的人直接进行交际时的言语活动，如聊天、座谈和辩论等，它是一种最基本的言语形式，其他形式的言语活动都是在其基础上发展起来的，它也是一种最古老、最简单的言语形式，只要是健康正常的人，一般都具有与他人对话的能力。对话言语具有情境性、简略性、互动性和灵活性的特点。

（2）独白言语

独白言语是指个人独自进行的，与叙述情感和思想相联系的且较长而连贯的言语活动，例如，讲课、演说和做报告都属于独白言语。独白言语比对话言语更为复杂，使用之前需要人们做好充足准备，个体可以通过正确使用独白言语来系统地表达自己的思想和感情。独白言语具有单向性、开展性和计划性的特点。

2. 书面言语

书面言语是指个体借助文字来表达自己的思想或借助阅读来接受他人言语影响的言语活动，它的出现要比口头言语晚得多。文字是书面言语的载体，只有当文字出现之后书面言语才被人们掌握和运用。儿童书面言语的发展，与其对文字的识别和书写能力是分不开的，因此，幼儿阶段书面言语发展的重点是识字。书面言语具有随意性、开展性和计划性的特点。

（二）内部言语

内部言语是一种自问自答的言语活动，或者一种不出声的言语活动，它是在外部言语的基础上产生和发展的，一般认为 6 岁左右是内部言语的形成时期。成人应该帮助幼儿从会出声的自言自语发展为真正的内部言语。人们平常所说的“打腹稿”（指在内心酝酿即将表达的思想）就是内部言语的典型表现。内部言语虽然不直接被用来与人交际，但它的参与是人们顺利进行言语交流的保障。内部言语具有隐蔽性和简略性的特点。

三、言语的功能

语言具有两种功能，即交际功能和思维功能。

（一）交际功能

言语是人们使用语言进行具体交际的行为，人们通过具体的言语活动可以传达自己的思想和情感，同时也能够理解他人的思想和情感，从而达到交际的目的。人们几乎每天都在运用语言与人交谈，互相表达各自的意愿和主张，在不同的场合，面对不同的交际对象，人们会选择不同的言语活动，例如，一个大学生希望向一位知名教授请教学术问题，他可以选择书面言语的形式，给这位教授写一封充满敬意和真诚的邮件，这样也许会达到良好的交际效果；而人们在日常生活中与熟悉的人打交道，往往会不拘小节，会比较随意地使用口头言语。

（二）思维功能

人类的思维过程主要依靠言语活动来进行，换句话讲，人们在思考时会以言语活动作为工具，帮助其完成思考的过程并表达出思考的结果。成人更多地使用内部言语进行思考，而幼儿主要借助外部言语来思考。例如，幼儿在画画的时候，通常会一边说一边画，如会说："我要先画一个房子，再画上一棵小树，树上还有一只小鸟……"。人们思考的过程，就像是一个自己与自己对话的过程。

四、语言获得理论

儿童的语言是与生俱来的还是后天习得的？心理学家和语言学家一直致力于这个问题的研究，并且从各自不同的角度来解释个体语言的获得，从而形成了不同的理论，一般而言，有关语言习得的理论主要包括三种取向，即先天论、学习论和相互作用论。

（一）先天论

先天论认为儿童的语言能力是与生俱来的，人类获得语言是生理发展的必然结果，其中较有影响力的学说有先天语言能力说和自然成熟说。

1. 先天语言能力说

先天语言能力说又称转化生成说，是由美国语言学家艾弗拉姆·诺姆·乔姆斯基提出来的。该学说认为，人类具有先天遗传的语言能力，儿童习得语言是一种本能的自然过程。例如，一个小孩和一条小狗一起生活在人类的语言环境里，小孩可以习得语言，而小狗却无论如何也学不会语言；再如，与人类更为接近的类人猿尽管接受了多年的训练，也只能掌握简单的手语和其他符号代码，最佳的水平只是相当于两岁半儿童的水平(Savage-Rumbaugh 等，1993)。因此，在所有物种中，只有人类天生能够运用语言。

乔姆斯基认为，人类所有语言中包含普遍的语法规则，儿童能够在出生的头几年迅速且准确地掌握自己的母语，是因为儿童大脑中存在一个语言获得的神经系统，即语言获得装置(language acquisition device，LAD)。环境输入给儿童原始的语言材料，通过语言获得装置的复杂加工，儿童能够根据有限的规则创造出无穷的新句子，表现出极大的创造性。个体的语言活动装置作用的发挥会受到机体成熟水平的影响，即儿童语言的发展存在一个敏感时期，在此时期语言获得装置会更有效地发挥作用，但如果错过了敏感期，语言获得装置就会退化，儿童就很难正常使用语言。

乔姆斯基理论最大的贡献在于它掀起了儿童语言获得研究的热潮，他抛开儿童被动模仿语言的观点，开始吸引人们注意儿童本身的特点。但是他的语言获得装置仅属于一种假设，无法得到证实，而且他过分强调先天因素对儿童语言获得的影响，低估了后天环境和学习的重要性。

2. 自然成熟说

美国心理学家勒纳伯格提出了语言获得的自然成熟说。这个学说主要包括如下观点：①语言是个体的先天行为；②遗传素质是人类获得语言的决定因素，人类大脑有专管语言的中枢区域，如布洛卡区和维尔尼克区（见图 7-1），当大脑的语言中枢发育成熟，再加上适当的外界环境的刺激，个体就会表现出相应的语言能力；③语言发展具有关键期，从 2 岁左右到 11 或 12 岁为止，当个体错过语言发展的关键期，今后即使加以训练，仍然难以获得语言。该学说关于大脑的语言中枢和关键期的观点具有一定的科学性，得到相关研究的佐证，但它关于语言的先天性以及遗传素质的决定性的论点是有失偏颇的。

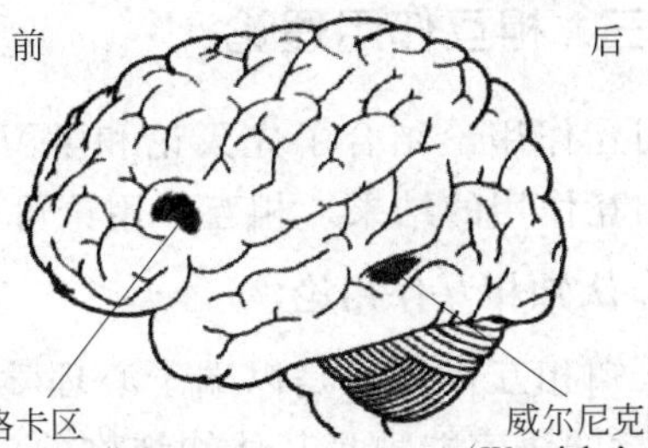

图 7-1 大脑的语言中枢

（二）学习论

学习论盛行于 20 世纪 20—50 年代，以美国心理学家华生为代表的行为主义理论为依据。它认为儿童的语言能力是后天学习的结果，主要受到后天环境和学习因素的影响。语言的获得是一系列“刺激—反应”的结果。学习论可分为两派，即强化理论和模仿理论。

1. 强化理论

强化理论是由美国心理学家斯金纳提出的，他认为儿童语言的获得如同其他行为一样，都是刺激—反应—强化的过程，也可以通过强化、塑造或训练逐渐形成。例如，当婴儿最初发出声音的时候，养育者会选择性地强化那些像语言的声音，如用微笑、拥抱和温柔的声音回应婴儿，婴儿会有意地重复类似的声音，逐渐在成人的强化过程中获得语言。通过成人的选择性强化，儿童的语言越来越合乎规范，直到掌握和成人一样的语言能力。虽然强化在儿童语言发展中起着十分重要的作用，但强化理论忽视了环境因素和心理因素对儿童语言获得的影响，比如在现实环境中，成人不可能对儿童的每一个语言行为都给予强化，而且，该理论也不能解释儿童语言的创造性，忽视了儿童自身因素在语言活动中的主观能动性。

2. 模仿理论

模仿理论最早由美国心理学家奥尔波特提出，他认为儿童语言的习得是对成人语言的观察和模仿，是对成人语言的简单复制，儿童在这个过程中完全是机械被动的接受者。虽然承认模仿在儿童语言习得的过程中发挥着重要作用，但奥尔波特的模仿理论忽视了儿童在语言学习过程中的主动性和创造性，无法解释为什么儿童在没有模仿范型的情况下能够创造出新颖奇特的句子。后来，怀特赫斯特提出了“选择性模仿”的概念，即儿童的模仿是对语言结构和规则的模仿，而不是对具体内容的模仿，他认为儿童学习语言并不是对成人语言机械的模仿，而是在理解基础上的选择性模仿。例如，从“吃水果”“吃米饭”和“吃点心”这类短语中，儿童通过选择性模仿获得了“吃××”的语法结构，并能够创造出新的句子。虽然选择性模仿理论更加符合儿童获得语言的真实情况，但它也无法充分解释儿童获得语言的过程。

（三）相互作用理论

相互作用论结合了先天论和学习论的观点，认为儿童语言的获得是先天能力和后天环境相互作用的结果。相互作用论可进一步划分为认知相互作用论和社会相互作用论。

1. 认知相互作用论

认知相互作用论是以瑞士心理学家皮亚杰为代表的日内瓦学派提出来的，该理论认为，儿童的语言能力是其认知结构的一部分，语言的发展必须以最初的认知发展为基础，儿童的语言能力是其运用自身的认知能力与语言环境和非语言环境互动产生的结果，而且儿童语言的发展水平会受到其认知水平的影响和制约。认知相互作用论吸收了先天论的合理观点，认为生理成熟为儿童提供了获得语言的可能性，同时又必须具备一定的认知基础，而语言环境为儿童语言的发展提供了支持性的因素，这种解释比较符合客观事实。但是该理论过分强调认知因素对语言发展的作用，而且忽视了社会性因素对儿童语言发展的作用。

2. 社会相互作用论

社会相互作用论以布鲁纳和贝茨等学者为代表，该理论认为儿童语言的获得是在先天能力的基础上，通过儿童与后天环境的相互作用，尤其是在与成人进行社会交往的语言交流过程中发展起来的。这个理论特别重视儿童与成人交往的过程，并且认为儿童与成人语言交流的互动过程对儿童的语言发展起着决定性的作用，狼孩的故事恰好说明了社会交往的缺失导致语言的发展障碍。外在的语言环境对儿童语言能力的发展非常重要，儿童会主动参与到与他人的语言交流中，在动态的过程中发展自己的语言能力。社会相互作用论具有很大的合理性，但它过分强调语言环境的影响作用，而忽视了个体理解和生成语言的心理过程。

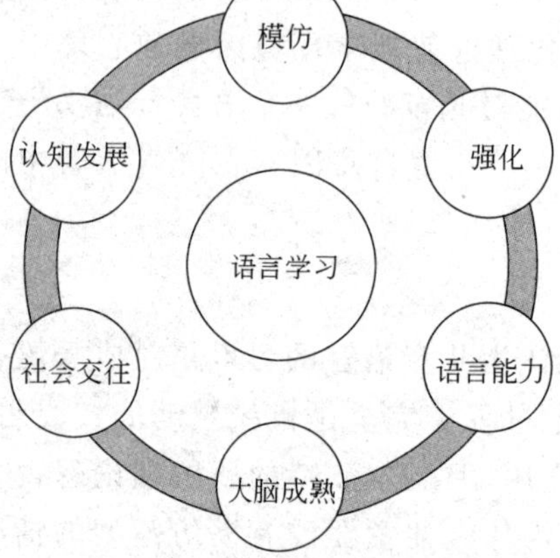

图 7-2　儿童语言学习机制

综上所述，三种语言获得的流派分别从各自的角度解释了儿童语言获得的过程，均具有一定的合理性和局限性。其实，我们更倾向于认为，儿童语言的获得是多种因素共同作用的结果，不同的因素在儿童习得语言的不同阶段发挥着不同的作用（见图 7-2）。在婴儿 1 岁之前，遗传素质，尤其是大脑生理结构的成熟可能对语言的发展更具有决定性影响。但是，只具备人类的大脑，没有与社会环境的交往，没有语言交流的机会，也不可能产生语言。在 2 岁至 4 岁时，幼儿更多地通过模仿成人的语言并在成人的强化中发展语言能力，而且会表现出一定的创造性。随着年龄的增长，儿童越来越积极主动地参与到社会交往中，产生自由表达的欲望，进一步发展了自己的语言能力。

第二节　学前儿童言语的发展

一、言语发展的阶段和特征

（一）言语准备阶段

言语准备阶段也叫前言语阶段，是儿童在正式说话之前的准备阶段，是围绕语音进行的语音感知、语音发音和语音交际行为。在这个阶段，儿童虽然还没有掌握语言，但已不同程度地在为言语的发生做准备。言语发生的准备主要表现在两个方面，即说出词的准备（包括发出语音和说出最初的词）和理解词的准备（包括语音知觉和对词语的理解）。吴天敏等（1979）认为 0～1 岁是婴儿的言语准备阶段，并进一步将此阶段划分为三个小阶段。

1. 简单发音阶段（0～3 个月）

啼哭是婴儿出生后第一次发出的声音，也是他们最初的发声准备。在这个阶段，婴儿学会使用不同的哭声表达不同的需求，以吸引照料者的关注。婴儿对语音较为敏感，研究表明，出生 12 天的婴儿能够区分出人类的语音和其他声音，刚出生的婴儿还能很好地区分母语语言和非母语语言，出生 24 天之后的婴儿能够对男人和女人的声音，照料者和陌生人的声音产生明显不同的反应。婴儿最初发出的声音多为简单的单音节，如 o、m 和 a 等，两个月之后，婴儿在与成人的互动中开始模仿更多的语音发声（见表 7-1）。两个月的婴儿会与成人进行"交流"，在成人跟他逗笑时婴儿会通过微笑、摇晃胳膊和蹬腿来与成人互动，这种伴随着身体动作的交流行为是婴儿进行语言交流的重要方式。

表 7-1　两个月婴儿的发音

a	ai	e
ei	hai	ou
ai-i	hai-i	u-è

资料来源：张明红.学前儿童语言教育[M].上海：华东师范大学出版社，2001.

2. 连续音节阶段（4～8 个月）

这个阶段的婴儿的语音感知能力进一步提高，能够辨别不同说话者的语音，能够区分熟悉的人和陌生人的声音，尤其对母亲的声音特别敏感，并能够根据说话者的语气、语调辨别他的情绪态度。比如，6 个月的婴儿听到愤怒的语调时，他们会感觉紧张害怕，立马躲进母亲的怀抱或放声大哭。在发音方面，4 个月后的婴儿明显增加了很多重复的连续的音节，且多为元音和辅音的结合（见表 7-2）。他们不断练习着接近有具体意义的言语的声音，如 ba-ba-ma-ma，开始从语音的发展逐渐走向词的发展。婴儿在与成人交际互动中初步懂得语言交际的"规则"，已具有明显的"社会性"成分。婴儿会用"嗯啊"等语音回应成人的逗弄，好像在与成人进行对话，还能用不同的语调表达自己的态度和愿望。

表 7-2 4～8 个月婴儿连续音节阶段的发音

hei	heng	hu	en-ou	ge-ge	hai-ou
pei	a-bu	à-bù	he-en	hong-ai	ng-a
a-eu	a-fu	a-i	à-en-en	a-hai-è	da-da-da
a-ia	a-m	a-me	dà-dà-dà	nà-nà-nà	a-hai-hai-i
a-hu	à-pu	ba-ba	a-ma-ma-ma-ma	bù-à-bù-à	en-ei-ei-jià
dù-dù	ei-en	en-ei	ai-a-ba-ba-ba	a-ba-ba-ba-ma	

资料来源：张明红.学前儿童语言教育[M].上海：华东师范大学出版社，2001.

3. 学话萌芽阶段（9～12 个月）

此阶段的婴儿开始真正理解成人的言语，能按照成人简单的指令做出反应。比如，当妈妈跟孩子说："跟阿姨再见"或者"给阿姨一个飞吻"时，孩子会做出挥手或飞吻的动作；当问到"妈妈在哪里？"时，孩子会用手指向妈妈或目光转向妈妈，这说明孩子已经充分理解成人的言语，虽然婴儿还不太能说话，但他们已经具备强大的理解能力了。这个阶段的婴儿发音音调更加丰富多样，他们有意识地模范成人的语词，开始发出不同的连续音节，而且发出的语音更长了，有时听起来像是一个句子。10 个月左右的婴儿会说出第一个有实际意义的词，这是个体言语发展过程中最有标志意义的事情，代表这个婴儿终于会说话了，他们可能最早会喊"妈妈"或"爸爸"等，这会让爸爸妈妈兴奋不已。

（二）言语发生阶段（1～2 岁）

第七章 言语发展：咿呀学语

从婴儿开口说出第一个有具体意义的词开始，他就进入了言语发生的阶段。在这一阶段，婴儿主要以掌握词汇为主，并且词汇的数量急剧增加。可将言语发生阶段进一步分为理解语言迅速发展和积极说话发展两个阶段。

1. 理解语言迅速发展阶段（1～1.5 岁）

在此阶段，婴儿能够理解更多的言语，但是说出的词汇很少，最早能掌握的是自己身边的人和物的名字，如妈妈、爸爸、爷爷、奶奶、包包、车车等。在此阶段，婴儿不太愿意开口说话，会出现一个短暂的相对沉默期，有时会只用手势或者行动来表达自己的想法，甚至停止了独处时自发的发音活动。婴儿言语发展的基本规律就是：先听懂，后会说。因此，当父母看到自己的孩子在这个阶段不太愿意讲话时，大可不必操之过急，硬逼着孩子学话，应当学会尊重孩子言语发展的规律，倾听和理解也是必不可少的积累。

2. 积极说话发展阶段（1.5～2 岁）

在此阶段，婴儿说话的积极性很高，具有强烈的说话愿望。这一阶段婴儿言语发展最明显的特征是词汇量猛增，会出现词语爆炸现象，而且电报句的使用非常频繁，所谓电报句也叫双词句，指由两个单词组成的句子，听起来像发电报时的省略句一样，比如，"妈妈抱抱""爸爸班班""狗狗汪汪"等。在词汇掌握方面，有研究者发现，儿童在 1～1.5 岁期间，每月大概能学 8 个新词，而在 1.5～2 岁突然出现词汇量的爆发性增长，有时每天能学会9个新词，这些都为婴儿进入下一个口语萌芽阶段做好了充足的准备。

（三）口语萌芽阶段（2～3岁）

2～3岁是婴儿口语发展的早期阶段，与上一阶段比较，他们在掌握语音和词汇方面有了明显的进步，而且能够逐步正确地运用语法，说出的句子越来越长，开始逐步用语言来表达自己的想法和情感。儿童学习简单口语的最佳时期是2～4岁。儿童从2岁开始，逐渐出现比较完整的句子，完整句的数量和比例随着年龄的增长而增长（见表7-3）。完整句可分为简单句和复合句，由此，我们可将口语萌芽阶段进一步分为以下两个阶段。

表7-3 学前儿童不完整句与完整句的比例 单位：%

年龄/岁	不完整句	完整句	年龄/岁	不完整句	完整句
2	36.22	63.78	4	6.76	93.24
2.5	35.08	64.92	5	5.26	94.74
3	7.08	92.92	6	1.61	98.29
3.5	5.73	94.27			

资料来源：陈帼眉.学前心理学[M].北京：北京师范大学出版社，2015.

1. 简单句发展阶段（2～2.5岁）

随着婴儿在上一阶段词汇的大量积累和电报句的熟练应用，他们逐渐开始出现完整的简单句，并且能够使用简单句与成人进行交流。所谓简单句即指句法结构完整的句子，主要有以下几种语法类型：①主谓结构，如“宝宝睡觉”；②谓宾结构，如“找妈妈”；③主谓宾结构，如“宝宝坐车”；④主谓双宾结构，如“妈妈给我糖”。从2岁开始，婴儿的简单句逐渐增加和发展，但是成人在理解婴儿的语言时还需要借助具体的情境和婴儿的表情和动作。

2. 复合句发生阶段（2.5～3岁）

复合句是指由两个或两个以上的有意义关联的简单句组成的句子。婴儿在此阶段开始出现复合句，句子明显变长，大部分句子已有6～10个字。但婴儿复合句的结构松散，不会使用连词，只是简单句意义上的结合，如“外面下雨了，不出去玩”。复合句发展需要具备两个条件：第一，掌握足够的词汇，特别是连接词；第二，逻辑思维的发展。因此，在这个阶段，婴儿还是以简单句为主，只是出现了复合句的萌芽。

（四）基本掌握口语阶段（3～6岁）

随着儿童言语器官和神经系统的不断成熟，加上成人有意识的言语教育，儿童的言语水平不断发展，到6岁时基本可以掌握本民族的口头语言，能够与他人自由交流。在这一阶段，幼儿言语的发展主要是口头言语的发展，主要表现在语音、词汇、语法和口语表达等方面。

1. 语音的发展

3～4岁是幼儿语言发展的飞跃时期，也是培养儿童正确发音的关键期，在此时期幼儿很容易学会世界各民族语言的发音。3岁左右的儿童已经掌握本民族或本地区语言中最基本的语音，4岁的儿童能够掌握本民族或本地区语言的全部语音，并达到基本正确。在幼儿的发音中，韵母的正确率高于声母（见表7-4），韵母中只有o和e容易混淆，幼儿容易将声母中的g发成d，将zh、ch和sh分别发成z、c和s。一般来说，随着年龄的增加，幼儿的发音正确率会随之逐步提高。但是，幼儿的发音正确率还会受到其所处环境的影响，主要表现为在不同的方言地区，幼儿的发音正确率明显不同；而在同一方言地区，城市和农村的幼儿发音正确率也存在较大差异。一般在4岁左右，幼儿的语音意识明显地发展起来，他们能够意识到并自觉调节自己的发音，指出别人的发音错误，意识到同音字的不同意义等。

表7-4　3～6岁儿童语音发展的正确率　　单位：%

发音	儿童	3岁	4岁	5岁	6岁
声母	城	66	97	96	97
	乡	59	74	75	74
韵母	城	66	100	99	97
	乡	67	85	87	95

资料来源：周念丽.学前儿童发展心理学（修订版）[M].2版.上海：华东师范大学出版社，2006.6.

2. 词汇的发展

词汇的发展是儿童言语发展的重要标志之一，词汇量也是儿童智力发展的标志之一。我国许多学者对此做过大量研究，主要从词汇数量、词类和词义三方面来阐述幼儿词汇的发展特征。

（1）词汇数量的增加

3～6岁是人的一生中词汇量增长最快的阶段，词汇量随着年龄的增长而增加，6岁时大约增长到3岁时的4倍。词是语言的基本单位，词汇量的增加有助于儿童更加有效地表达思想和进行交流。

（2）词类范围的扩大

词汇量只能从数量上说明儿童掌握词汇的水平，而词类范围则可以从某种程度上说明儿童掌握词汇的质量。实词代表比较具体的事物，包括名词、动词和形容词等，虚词的意义比较抽象，包括介词、连词和助词等。在幼儿的词汇中，实词的数量比虚词的数量大得多，虚词只占很小的比例。首先，幼儿掌握词的类型不断增加，幼儿一般先掌握实词，沿着"名词—动词—形容词—数量词"的顺序发展，然后再掌握一些虚词，各类词汇在幼儿词汇量中的比例随着儿童年龄的发展而产生变化；其次，各类词汇的内容不断扩大，随着幼儿年龄的增长，生活范围不断扩大，他们掌握同一类型词汇的内容也在不断地扩展，其发展的趋势是他们从掌握与日常生活有关的词逐步发展到与日常生活距离较远的词，从掌握具体的词到抽象性和概括性较高的词。

（3）对词义的理解逐渐准确和深化

在词汇量不断增加，词类范围不断扩大的同时，幼儿所掌握的每一个词的含义也逐渐准确和深化。儿童最初掌握一个单词时，对它的理解往往不确切，主要表现在两个方面，第一，词义的过度泛化，指儿童用相对特殊的单词指代范围更广的事物的倾向。比如，将"猫"这个词代表的动物过度泛化，理解为一切有毛、四条腿的小动物，不仅用于指猫，而且用于指狗和老虎等。第二，词义的过度窄化，指儿童用一般化的单词指代较小范围的事物的趋势。比如，对于"妈妈"这个词，有的幼儿认为只有自己的妈妈才是"妈妈"，或者"妈妈"必须是年轻的，如果头发白了就不是"妈妈"而是"奶奶"了。

幼儿对词的理解水平，随着自身的心理发展水平尤其是思维发展水平的提高而不断提高，他们会逐渐克服词义的过度泛化和过度窄化，并对词的理解越来越准确。除此之外，幼儿不仅能够掌握词的一种意义，还能掌握词的多种意义；不仅能理解词的表面意义，还能理解词的转义；不仅能理解具体意义的词，还能理解一些抽象的词。

3. 语法的发展

语法是由一系列语法单位和有限的语法规则构成的，是语言最为抽象的基础性系统。儿童对语言的掌握，在很大程度上是指掌握了一种语言的语法。虽然由于儿童学习语言的主客观条件不同，他们语法系统的发展会表现出不同程度的差异，但是从大体上来看，儿童对语法结构的掌握呈现出基本相同的发展趋势和特点。

（1）句子从结构松散到逐步严谨

儿童最初使用的单双词句只是一个简单的堆砌，并没有体现出一定的语法规则。幼儿最初说出的句子不仅简单，而且结构松散，常常漏掉句子成分或成分排列不当。比如，当幼儿想吃蛋糕时指着蛋糕跟妈妈说"妈妈蛋糕"来表达自己想吃蛋糕的意图，这个句子中就缺乏"吃"这样的动词，当然，随着幼儿年龄的增长，他们说出的句子会越来越严谨和完整。

（2）从不完整到逐步完整

儿童最初使用的句子往往是不完整的，2 岁之前，儿童主要使用不完整句，包括单词句和电报句；而到了 6 岁左右，儿童使用的句子绝大多数会是完整句，往往占所有句子的 98%以上。完整句根据句子的结构、语言和作用又分别可分为简单句和复合句、陈述句和非陈述句、无修饰句和修饰句。儿童的句子从不完整到逐步完整的发展趋势具体体现为：①从简单句到复合句。3 岁的幼儿虽然出现了一些复合句，但绝大部分还是简单句，随着年龄的增长，复合句所占的比例逐渐增加，但总体看来，幼儿主要还是使用简单句（见表 7-5）。②从陈述句到非陈述句。儿童最初掌握的是陈述句，如"爸爸去上班了"。在学说话前期，陈述句一直是使用最多的句型，会占全部语句的 2/3 左右，但是，随着年龄的发展，幼儿使用的疑问句、否定句和祈使句等其他句型也逐渐发展起来。③从无修饰句到修饰句。儿童最初使用的句子是无修饰语的，如"姐姐走了""宝宝吃饭"等。朱曼殊等人的研究发现，2.5 岁的儿童开始使用简单的数量修饰语，如"1 个苹果"，而 3 岁的儿童开始出现复杂的修饰语，如"我的爸爸"，到了 3～3.5 岁是复杂修饰语句的数量增长最快的时期，从 4 岁起，修饰句开始占优势，到了 6 岁时，修饰句比例已经达到 90%以上。

表 7-5 幼儿简单句和复合句的比例 单位：%

年龄/岁	简单句	复合句	年龄/岁	简单句	复合句
3	96.2	3.8	5	87.5	12.5
4	88.5	11.5	6	80.9	19.1

资料来源：张永红.学前儿童发展心理学[M].2 版.北京：高等教育出版社，2014.08.

(3) 句子的长度不断增加

随着年龄的增长，儿童使用的句子长度不断增加，也就是说句子的含词量逐渐增加。儿童经历了从单词句到双词句，到简单句，再到复合句的过程，其间使用的句子长度逐渐增加。有研究表明，3～4 岁的幼儿使用的句子多数含 4～6 个词，4～6 岁幼儿的句子多数含 7～10 个词，其中 5～6 岁的幼儿会使用同时出现不少于 11～16 个词的句子。

(4) 语法意识的出现

幼儿掌握语法结构，主要通过在日常交流中对成人言语行为的模仿。从 4 岁开始，幼儿的语法意识开始明显出现，主要表现为幼儿对语法结构产生疑问，逐渐能够发现他人言语中的语法错误等。实际上，他们不是根据语法知识来发现错误的，而是感觉有些话听起来不顺耳。

4. 口头言语表达能力的发展

幼儿在掌握了一定的语音、词汇和语法知识之后，还需要学习如何在具体的生活情境中加以运用，这就体现在幼儿的口头言语（简称口语）表达能力上，这一能力在学前期逐渐发展，具体表现在以下方面。

(1) 对话言语的发展和独白言语的发生

口语可分为对话言语和独白言语，对话言语是在两人及两人以上之间进行的谈话，而独白则是一个人独自的讲述。儿童的语言最初是对话形式的，只有在和成人一起交往互动中才能进行，往往用于表达简单的要求或回答成人的问题等。3 岁之后，幼儿的对话言语进一步发展，幼儿不仅能够提出简单的问题和要求，而且能与成人商量和讨论一件事情，或者提出指示等。随着幼儿独立性的发展，幼儿需要独立地表达自己的思想和情感，独白言语发生在幼儿初期，此时的发展水平很低，3～4 岁的幼儿能主动讲述自己看到的事情，但羞于在集体面前讲话，而 4～5 岁的幼儿已能独立地讲故事，到了 5～6 岁的幼儿不仅能系统地清晰讲述发生的事情，有些甚至能讲述得自然流畅，有声有色。

(2) 情境性言语的发展和连贯性言语的发生

情境性言语是指说话者言语表达不够完整和连贯，往往需要借助手势和表情来辅助自己的表达，而倾听者也只有结合具体的情境才能理解说话者所表达的内容的一种言语形式，而连贯性言语则是指说话者说出的句子完整，前后连贯，能够反映完整而详细的内容，倾听者仅从言语本身就能理解说话者所表达的思想的一种言语形式。3 岁之前儿童的言语主要是情境性言语，对儿童单词句和电报句的理解都不能离开具体情境，3～4 岁的幼儿说话时仍带有情境性，6～7 岁的幼儿已经能够实现完整连贯的叙述。范存仁等(1962)的调查发现，随着年龄增长，情境性言语的比重会逐渐下降，连贯性言语的比重则会逐渐上升（见表 7-6）。

表 7-6 幼儿情境性语言和连贯性语言的百分比 单位：%

年龄/岁	情境性语言	连贯性语言	年龄/岁	情境性语言	连贯性语言
4	66.5	33.5	6	51	49
5	60.5	39.5	7	42	58

资料来源：陈帼眉.学前心理学[M].北京：北京师范大学出版社，2015.

(3) 讲述逻辑性逐渐提高

史慧中等(1986)的研究发现 3～4 岁的幼儿常常讲述不清楚，在讲述时往往只是现象的简单罗列，表现为主题思想不够明确，层次不清，而随着年龄的增长，幼儿口头表达的逻辑性会不断提高，主要表现为讲述的内容与主题能够紧密相关，而且层次比较清晰。

(4) 逐渐掌握言语表达技巧

随着儿童的成长，他们不仅能够清晰且有条理地表达自己的思想，而且学会使用一些言语表达的技巧，比如通过适时地运用声音的高低起伏和快慢变化等语气和声调的变化，自己的言语形式会更加生动形象，自己思想的传递也会更加有效；再如，儿童在讲述时会结合面部和身体表情的变化，这时表情成为无声的言语，能够更好地吸引和感染听者。

二、早期阅读能力的发展

早期阅读是指儿童凭借色彩、图像和成人的言语以及文字来理解以图画为主的读物的活动。事实上，儿童在识字之前已经可以阅读，这种阅读不同于成人真正意义上的阅读。幼儿阅读的材料主要是图画而非文字，他们可以自己翻阅图画书，也可以在成人的陪伴和帮助下阅读。以图画书作为主要的阅读材料，儿童的早期阅读能力的发展大体经历如下三个阶段。

（一）分析阶段

由于生活经验的不足和理解能力的限制，儿童对图画书的理解往往是单个的、局部的。他们对图画书内容的表达往往处在“给事物命名阶段”，即说出“这个是什么，那个是什么”。

（二）综合阶段

这个阶段的儿童，开始能够把图画上的内容用自己的语言组织后表达出来，而且他们表达的内容不再仅是给事物命名，而是能够表达图画中事物之间的联系，并且表达开始带有情境性。但在这个阶段他们的表达还不连贯，还不足以把图画中的内容准确迅速地表达出来。

（三）分析综合阶段

在这个阶段，儿童阅读图画书时开始能够完整地理解图画的内容，能够把在图画中看到的和说出的内容统一起来，即能够准确而迅速地将所理解的图画内容用言语表达出来。

此时的表达不仅具有情境性，而且具有连贯性。

知识之窗

什么是图画书

图画书是指在书中用图画与文字共同叙述一个完整的故事，是图文并茂的，当然，也存在一个字也没有的无字书。图画书是要用画面来说话的，它非常强调画面的连贯性，通常被规定在32页或40页以内，所以，每一本图画书的作者就相当于一位电影导演，必须在有限的篇幅内把一个故事讲得既清晰又有趣。一本好的图画书，即使孩子不识字，仅仅通过“读”图画，也能了解大概意思。图画书的结构一般包括封面、环衬、扉页、正文和封底等，拿起一本图画书，首先映入我们眼帘的就是封面，它通常蕴含着故事中最关键的要素，环衬是封面与书芯之间的一张衬纸，通常一半粘在封面的背后，一半是活动的，因其以两页相连环的形式出现，所以叫作环衬，书前的一张叫前环衬，书后的一张叫后环衬；扉页又叫主书名页，位于前环衬和书芯之间，上面一般写着图画书的书名、作者及出版信息等；正文是图画书的主体，既包括文字，也包括图画；封底是图画书的底封，是封面、书脊的延展、补充和强调，封底和封面紧密关联，互相帮衬，互相补充，缺一不可。

（资料来源：彭懿.世界图画书阅读与经典[M].南宁：接力出版社，2011.）

第三节　学前儿童言语能力的培养

一、学前儿童言语培养的原则

（一）顺应儿童自然天性的原则

卢梭曾经说过：“大自然希望儿童在成人之前就要像儿童的样子。如果我们打乱了这个次序，我们就会造成一些早熟的果实，它们长得既不丰满也不甜美，而且很快就会腐烂。就是说，我们将造就一些年纪轻轻的博士和老态龙钟的儿童。”他认为教育应该遵循自然，顺应孩子的天性，应该让孩子自由地成长。对于儿童言语能力的培养，也需要遵循儿童言语发展的阶段和特征，循序渐进地对儿童进行引导，而非拔苗助长。例如，对于1岁左右的儿童，父母可以购买一些图卡，教孩子认识一些动物或者日常生活用品，先从输入信息开始，逐渐地带领孩子学习发音、说话等（见图7-3）。

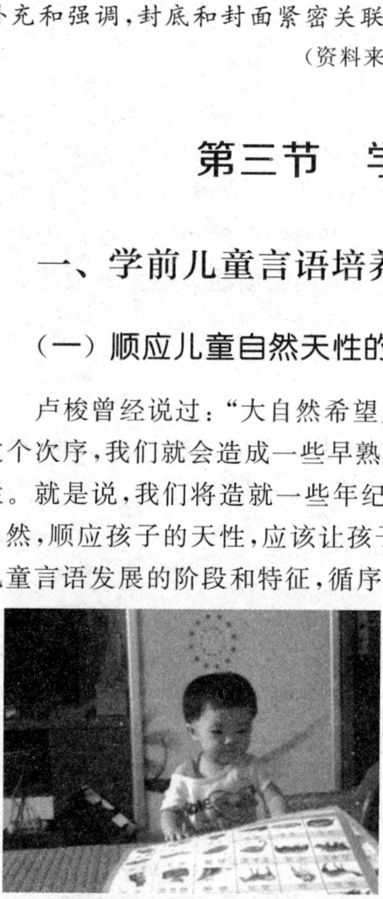

图7-3　教孩子认识动物

（二）尊重儿童兴趣的原则

每个儿童生活的背景不同，自身的性格特点和身心的发展水平也各异，这就造就了每个儿童会有着不同的兴趣爱好。兴趣是孩子最好的老师，成人在培养儿童的言语能力时，需要结合儿童自身的兴趣特征，尽量使其在自己喜爱的活动中得到锻炼和提高。例如，为了提高幼儿的阅读能力，成人会提供多种多样的图画书供其阅读，另外，在购买图画书时可适当结合儿童的性别特点，比如男孩子喜欢运动、探索和打仗类型的，而女孩子往往喜欢美丽的公主类型的，提供儿童感兴趣的读物，这样会收到事半功倍的效果。

（三）赏识儿童言语发展的原则

卢梭曾经说过："要尊重儿童，不要急于对他作出或好或坏的评判。"在现实生活中，成人往往从自己的角度去对待儿童，把儿童看作"小大人"，以成人的思维去评判儿童的言语行为，而忘记去欣赏儿童的天真烂漫。我们经常会听到成人指责儿童的声音，如"你这样讲是错误的，跟着我再说一遍……"，大人培养孩子的心情太过迫切，总觉得孩子学得太慢，反而失去了欣赏和称赞孩子的能力，在现实生活中，成人应该学会赏识儿童的言语表达，欣赏他们小脑瓜中迸发出的奇妙世界。

二、学前儿童口语表达能力的培养

人际交往能力是21世纪人才必须具备的能力，而口语表达能力是拥有良好人际交往能力的前提。学前教育作为人生发展的开端教育，应该着重培养儿童的口语表达能力，让儿童敢说、愿说和会说。

（一）创设适宜的语言环境，调动幼儿表达的积极性

《纲要》指出，语言能力是在运用的过程中发展起来的，发展幼儿语言的关键是创设一个能使他们想说、敢说、喜欢说、有机会说并能得到积极应答的环境。创设幼儿语言发展环境的具体措施一般有以下几种。

1. 创设多彩的空间语言环境，让幼儿能时刻感知语言

语言感知是语言表达的前提，因此，应首先培养幼儿的语言感知能力。一般空间语言环境主要包括走廊和班级两大环境，例如，在幼儿园的公共走廊里，可以进行"走进童话世界"和"走进成语世界"的主题规划，时刻刺激幼儿的感官，激发他们口语表达的兴趣；在班级里面，教师可根据幼儿的特点，创设独特的语言区角，给幼儿提供自主交流的空间，比如教师可以在语言区投放不同的图片，供幼儿进行表达能力和创编能力的训练。

2. 创设丰富的活动环境，让幼儿在真实的语言环境中发展语言能力

一切语言活动的学习，都应得到相应环境的支持，真实的语言环境对培养幼儿的口语表达能力尤为重要。教师可以利用身边的自然环境，为幼儿提供表达的机会。例如，教师可以将幼儿带到大自然中，并引导他们去欣赏草木山水和鸟语花香，让幼儿描述自己所看到的景象，在这样真实而生动的大自然中，幼儿自然会更具有表达欲望。除此之外，教师还可通过社会实践活动环境的创设，促进幼儿口语表达能力的发展。比如带着幼儿去敬老院慰问孤寡老人的社会实践活动，不但可以塑造儿童良好的品德，同时也促进了儿童的交际沟通能力。

3. 创设全方位的语言渗透环境，让幼儿在各种领域教学中都能发展语言能力

除了专门的语言教学外，在其他领域的教学中也应注重与语言活动的结合，尽可能将培养幼儿语言能力的活动渗透到一日生活的每个环节。例如，在午餐前可开展专门培养幼儿表达能力的午餐介绍活动，午睡前可开展训练幼儿倾听能力的睡前故事活动，在组织幼儿进行体育游戏时，可将幼儿喜欢的儿歌与游戏结合起来，培养幼儿良好的语言节奏感；在绘画课上，教师可以为幼儿提供更多的讨论和分享作品的机会，不仅可以提高其口语表达能力，还能让幼儿充分感受创作的成就感和满足感。

（二）联系幼儿的实际生活，激发幼儿的表达兴趣

幼儿一般对自己熟悉和常见的事物容易产生兴趣，因此，在语言教育活动中，教师抛出的主题应贴近幼儿的生活经验，幼儿才会有话可讲。例如，一位教师在一次谈话课上以“我爱爸爸妈妈”为主题，要求每位幼儿带来一张全家福，并围绕着全家福讲述自己和爸爸妈妈之间的故事。在幼儿分享完全家福的故事后，这位教师趁热打铁，请幼儿讲述几件爸爸妈妈为自己做过的印象深刻的事情，围绕着这个熟悉的主题，幼儿会充满兴趣，并兴致勃勃地参与到讨论和分享中来。

（三）尊重幼儿的口语表达方式，鼓励幼儿创造性地运用语言

幼儿在口语表达能力上存在个体差异，教师应坚持尊重的原则，当幼儿的表达不太完整或词不达意时，不要轻易打断和否定幼儿的表达，导致其挫败感的产生。在尊重的基础上，教师应鼓励幼儿创造性地使用语言。例如，教师鼓励幼儿仿编或续编故事情节，向同伴分享自己创编的故事。教师还可以鼓励幼儿根据自己听到的或创编的故事进行表演，在整个过程中尊重幼儿对故事的理解和演绎，这种创编表演不仅能激发幼儿的创造力，还能提高幼儿口语表达的能力。

（四）开展丰富的游戏活动，发展幼儿的口语表达能力

游戏是幼儿的主要活动，也是幼儿的主要学习方式，因此，教师可将发展幼儿口语表达能力的任务融入幼儿的游戏中来，其中，角色游戏在发展幼儿语言能力上具有很大的优势。在角色游戏中，幼儿可以通过不断地更换角色，练习不同人物说话的内容和语气，而且角色游戏的氛围活泼轻松，幼儿在这种活动中无拘无束，更容易自如地表达。比如，有一个小朋友胆子很小，平常说话声音很低，好像是从鼻孔钻出来的，在一次角色游戏中，他扮演爸爸的角色，当“老师”过来家访时，这位“爸爸”非常响亮而清晰地请“老师”坐下，说道：“水还没有开，请稍等一下。”俨然一副大人的模样。

第七章　游戏促进言语发展——幼儿模仿打电话

知识之窗

听说游戏助力幼儿语言发展

《3—6 岁儿童学习与发展指南》中明确指出，幼儿的语言能力是在交流和运用的过程中发展起来的。听说游戏是采用游戏的方式开展的语言学习活动，它有明确具体的语言学习指向与目标，有明确的语义内容，将语言教育内容转化为一定的游戏规则，带有明显

的练习性，具有寓学于乐、学玩结合的特点，能最大限度地激发幼儿说话的积极性和主动性，提高幼儿的倾听和表述能力，促进幼儿语言的学习与发展。在教学中开展听说游戏需要注意以下几点：①创设自由、宽松的环境，营造游戏气氛，激发幼儿听与说的愿望；②选择贴近生活的听说内容，明确听说游戏的玩法与规则，培养幼儿玩中有话说的信心；③精心设计游戏情节，创造说的机会，让幼儿体验大胆听说的乐趣；④细心观察悉心指导，适时评价、适宜建议，开发幼儿“会说，能说”的潜能。

（资料来源：黄有芳.听说游戏中提高幼儿语言表达能力的实践探索[J].幼儿教育研究，2018(1)：21-22.）

三、学前儿童早期阅读能力的培养

早期阅读活动是儿童借助图片或文字与他人交流的过程，一般采取有声阅读的方式。早期阅读对于儿童的全面发展和今后的学业成绩具有积极的影响。艾登·钱伯斯在《打造儿童阅读环境》中提到，阅读经历所代表的不仅仅是我们曾经阅读过那些书，它多姿多彩地呈现了当时的阅读心情，也造就了今日的自我……对学前儿童而言，4～5 岁一般以非主动阅读为主，而 5～6 岁则处于主动阅读与非主动阅读相结合的时期，因此，成人应依据儿童阅读兴趣和能力的大小提供相应的指导，促进其阅读能力的发展。

（一）幼儿园方面

《幼儿园教育指导纲要》中指出，应培养幼儿对生活中常见的简单标记和文字符号的兴趣。幼儿教师可以利用图书、绘本和其他多种形式，引发幼儿对书籍、阅读和书写的兴趣，培养前阅读和前书写技能，在培养儿童的阅读能力时应注意以下几方面。

1. 根据儿童的年龄特点，选择适宜的阅读材料

为儿童提供阅读材料时，应注重图画和文字的有机结合。其实，国内外各类优秀的绘本就是不错的选择，儿童绘本一般具有图文并茂、色彩鲜明、语言生动有趣以及朗朗上口等特点，深受儿童喜爱。对于 3 岁之前的婴儿，教师可提供一些适合婴儿年龄阶段的图片和具有简单和重复的故事情节的绘本，孩子会不厌其烦地翻看或请求教师讲同一个故事；对于 3～4 岁的幼儿，教师应该选择内容有趣、情节简单、形象突出、画面清晰的绘本故事和儿歌；对于 5～6 岁的幼儿，阅读材料的范围则可延伸至中外经典童话故事和古体诗等，选择时应注重材料的多样化和文体的多样性。

2. 根据儿童的言语能力，提供正确的指导方法

在开展儿童早期阅读时，教师应结合儿童的言语发展水平，给予恰当有效的指导。3～4 岁的小班幼儿发音器官尚未发育成熟，主要通过倾听和模仿成人发音，获得有关语言方面的知识，因此，教师在讲故事时应发音正确、口齿清晰，给孩子树立好的榜样，同时，教师也应教育小班幼儿学会安静地倾听同伴讲话，不随便插嘴；4～5 岁的中班幼儿的发音器官已经成熟，4 岁时语音意识明显发展起来，在开展早期有声阅读中，教师应注意给幼儿示范清晰吐字的习惯，采用抑扬顿挫的语气和丰富生动的面部表情和姿态表情，激发幼儿对阅读的兴趣，引导幼儿逐步做到大声、清楚和沉着镇定地表达；5～6 岁的大班幼儿已掌握了一定的识字量，教师在教学中需要将有声阅读（非主动阅读）与无声阅读（主动阅读）相结合，在阅读过程中进一步丰富幼儿的词汇量。

3. 营造浓郁的阅读氛围，开展丰富的读书活动

教师可以每周定期安排幼儿去图书馆借阅图书，还可以在各自的教室里创设一个阅读区，向幼儿收集各种无声和有声读物，定期组织幼儿开展阅读，帮助其养成良好的阅读习惯。为最大限度地达到图书共享的目的，教师还可以在班级之间进行图书传递活动。在具体开展阅读活动中，教师应注意形式的丰富多样性，比如让幼儿进行故事续编活动、玩故事接龙、说反义词、把故事改编为歌谣和引导幼儿围绕自己感兴趣的话题制作图画书等。此外，在幼儿园中还可以设计“阅读橱窗”的平台，定期将每个班开展的读书活动展示出来，以激发师生共读的热情。

（二）家庭方面

《3—6 岁儿童学习与发展指南》中指出，成人应“为幼儿提供丰富、适宜的低幼材料，经常和幼儿一起看图书，讲故事”。儿童心理学家吴念阳也曾提出一个观点，即“给孩子买 100 本书，不如陪孩子读一本书”。家长也许会毫不吝啬地给孩子买大量的书籍，但却不能或不愿抽出时间陪孩子完整地读一本书，其实，亲子共读对孩子的身心发展具有重要意义，亲子阅读不仅可以塑造良好的亲子关系，培养孩子的积极情绪，而且能够提高孩子的阅读能力和口语表达能力，培养孩子的阅读兴趣，因此，在家庭中，父母应该多抽出时间与孩子一起阅读，给孩子讲绘本故事或者听孩子讲简单的故事，营造出良好的家庭阅读氛围（见图 7-4）。

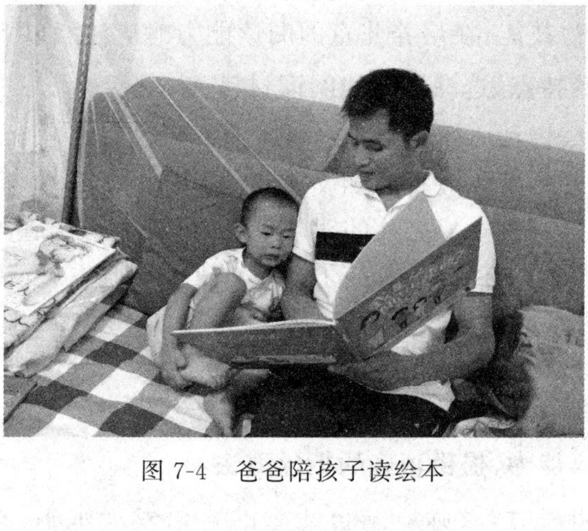

图 7-4　爸爸陪孩子读绘本

知识之窗

父母在儿童言语发展中应采取的方法

首先，父母自身在说话方面要正确、规范，尤其在与幼儿进行交谈时；其次，父母在与幼儿交谈时要有耐心，应多倾听幼儿的话语；另外，父母在幼儿语言教育方面理念要一致，同时多与幼儿交流，多鼓励幼儿说话。父母应该重视并多与幼儿一起进行阅读和文学作品欣赏,学前儿童文学作品的欣赏,可以增强儿童对于口头语言和文字的敏感性,有利于综合语言能力的养成。家长要尽量选择高质量的学前儿童文学读本,不仅可以激发幼儿自我阅读的兴趣,更可以锻炼幼儿的欣赏、表达能力,对于促进幼儿语言发展大有帮助。生活中教育无处不在,幼儿的语言能力是在与他人进行交往中形成和发展起来的,家长应该多带幼儿参加一些集体活动,增加幼儿与其他同伴进行交往的机会,同时家长还应该在平时生活中进行语言教育,比如过马路时对于指示灯及指示牌的认识等,寓教于生活,让幼儿在不知不觉中积累语言词汇,发展语言能力。

（资料来源：胡锦,王青兰.浅谈家庭教育在学前儿童语言及言语发展中的重要性[J].亚太教育,2016(16)：5.）

本章小结

言语是指人们用语言进行交际的活动和过程,包括言语的表达和言语的感知与理解两方面。学前儿童言语的发展一般经历以下四个阶段：①言语准备阶段(0～1 岁)；②言语发生阶段(1～2 岁)；③口语萌芽阶段(2～3 岁)；④基本掌握口语阶段(3～6 岁)。婴儿 1.5～2 岁期间,言语发展最明显的特征是词汇量会猛增,出现词语爆炸现象,电报句使用非常频繁。一般 4 岁左右,幼儿的语音意识明显地发展起来,能够意识并自觉调节自己的发音。早期阅读能力对儿童的影响极为深远,因此,幼儿园和家长需要根据儿童阅读兴趣和能力,提供有针对性的指导,促进其阅读能力的发展。

第七章　真题链接

思政小结

言语是人与人沟通的主要方式,幼儿言语表达能力随着年龄的增长逐步增强。学生应真诚欣赏幼儿的言语表达,充满情感地与幼儿言语互动。面对语言发展落后的幼儿,应当耐心倾听,鼓励其积极表达,做到对幼儿一视同仁,树立高尚的职业道德感。

实习实训

早期阅读

一、实习实训目标

结合儿童言语的发展特点,通过带领幼儿进行绘本阅读,掌握不同年龄阶段正确的阅读指导方法。

二、理论知识回顾

所谓早期阅读指儿童凭借色彩、图像和成人的言语以及文字来理解以图画为主的读物的活动。儿童在识字之前便可以开始早期阅读,且阅读不以识字为目的,而在于培养孩子良好的阅读习惯和阅读兴趣。

对不同年龄阶段幼儿的阅读指导有以下要点。

(1) 3～4 岁小班幼儿发音器官尚未发育成熟，善于模仿成人发音，因此，当教师讲故事时应发音正确，口齿清晰，同时应教育小班幼儿安静倾听，不能随便插嘴。

(2) 4～5 岁中班幼儿语音意识明显发展起来，教师应采用抑扬顿挫的语气和丰富的身体语言，激发幼儿对阅读的兴趣，引导幼儿大声、清楚和沉着的表达。

(3) 5～6 岁大班幼儿已经掌握一定的识字量，教师需要将有声阅读和无声阅读相结合，在阅读中进一步丰富幼儿的词汇量。

三、实训任务

(1) 实验名称：绘本阅读活动。

(2) 实验准备：适合不同年龄阶段的绘本故事。

(3) 实验过程：旁听大、中、小班的绘本阅读课程，观察幼儿教师的阅读指导策略和幼儿的表现，并进行记录和分析评价。若情况允许，可自己带领不同班级的幼儿进行绘本阅读，体会绘本阅读的教学要点，记录并分析幼儿在课堂中的表现。

观察记录表

幼儿班级	幼儿表现	分析评价
小班幼儿		
中班幼儿		
大班幼儿		

第八章 学前儿童的情绪情感

章节导航

- 学前儿童的情绪情感
  - 情绪情感概述
    - 情绪情感的基本含义
    - 情绪情感的关系
    - 情绪情感的分类
    - 情绪情感的作用
  - 学前儿童情绪情感的发生发展
    - 学前儿童情绪情感的发生和分化
    - 学前儿童基本情绪的发展
    - 学前儿童情绪情感发展的一般趋势
    - 学前儿童高级情感的发展
  - 学前儿童良好情绪情感的培养
    - 学前儿童积极情绪情感的培养策略
    - 学前儿童消极情绪情感的疏导策略

学习目标

1. 了解情绪情感的概念、分类和功能。
2. 理解并掌握学前儿童情绪情感的发展特点和趋势。
3. 探究如何培养学前儿童健康的情绪情感。

案例放送

在区域活动时，琪琪和豆豆在一起玩积木。琪琪突然去抢豆豆手里的积木，而豆豆不愿意给，于是琪琪大声尖叫起来，并把已经搭好的积木推倒，此时，老师立即上前准备调解，可老师还没开口，豆豆就怯生生地说："老师是我不对，我把积木给琪琪，你不要告诉我妈妈。"老师感觉有些诧异，连续几天豆豆都是这样出乎异常的乖巧，与之前活泼爱闹的豆豆判若两人。

图 8-1 亲密的兄妹

在家长来接豆豆离园时老师进行询问，得知豆豆妈妈怀了二胎，有一次亲朋好友来探望，豆豆兴奋地在家跳来跳去，几次撞到舅妈，舅妈就开玩笑说："豆豆，你再这么调皮你妈妈就不要你了，反正你妈妈肚子里有一个乖巧听话的小弟弟。"老师这才恍然大悟，原来这就是导致豆豆性情上发生如此大变化的根源。

案例分析：在二胎家庭，父母在二宝出生前要给大宝做好心理工作，引导他怀着期待的心情等待弟弟或妹妹的降生。当二宝出生后，父母要平衡好兄弟姐妹之间的关系，尽量让大宝参与到照顾二宝的活动中，同时仍然感受到父母对自己不变的爱，这样，兄弟姐妹之间的关系才会更融洽(见图 8-1)。

儿童的情绪情感丰富而敏感，特别容易受到周围人、事和物的影响，并直接体现在其行为变化中。积极的情绪情感对儿童的心理健康和人格养成具有重要意义。因此，成人应密切关注儿童的情绪情感变化动态，理解儿童情绪情感发展的特点与规律，为儿童营造健康、安全而愉悦的情绪情感氛围。

第一节　情绪情感概述

第八章　二胎家庭——兄妹

在生活中，我们每天都在体验着各种各样的情绪情感，并且自身的情绪情感又影响着我们对事物的看法和态度。情绪就像"神奇果"，会对人产生神奇的作用，有时会使人精神焕发、干劲倍增；有时会使人无精打采、萎靡不振。情绪情感影响着人们的行为，也影响着人们的生活。

一、情绪情感的基本含义

（一）情绪情感的概念

所谓情绪情感是指依据客观事物是否符合人的需要而产生的态度体验。情绪情感的产生以需要为中介，人对客观事物采取什么态度，决定于该事物是否能够满足人的需要，如果某一事物能够直接或间接满足人的需要，人会对其产生肯定的态度和体验；如果某事物不能满足或违背人的需要，人就会对其产生否定的态度和体验，因此，主体不同，情绪体验就不一样，大家的心情也就不同。

案例放送

六一儿童节之际，幼儿园老师为小朋友准备了不同的洋娃娃作为礼物，小朋友收到礼物后，有的开心地咧嘴笑，有的却噘着嘴找老师："老师，我不想要叮当猫，我想要皮卡丘。"更有小朋友直接扔掉礼物并嚷嚷道："我不要这只小老鼠，它太坏了！"同样是收到节日礼物，儿童的情绪各异，是因为"儿童"这个主体对于"礼物"这个客观事物的满意程度不一。儿童对依据客观事物是否符合自己的需要而产生的内心体验就是情绪情感，会通过语言和行为表露出来。

（二）情绪情感的组成成分

情绪情感包含三种心理成分，即主观体验、外部表现和生理唤醒。

1. 主观体验

主观体验是指个体对不同情绪和情感的自我感受。人具有自己的主观世界，当客观世界作用于人时，人对待客观事物会有一定的态度，这种态度可以是肯定的，也可以是否定的，当采取肯定的态度时，就会产生爱、满意、愉快等内心体验；当采取否定态度时，就会产生憎恨、不愉快、痛苦、忧愁等内心体验。

2. 外部表现

外部表现是指个体对不同情绪情感的直观表现，通常称之为表情。当我们感受情绪情感时通常都伴随着一定的行为表现。例如，考上理想大学会高兴得手舞足蹈；错失一次旅游的机会会遗憾地唉声叹气；看一场悲伤的电影会难过地泪流满面；因一次失误而丢掉升职的机会则懊恼地捶胸顿足……这些都是我们表达情绪情感的行为。

3. 生理唤醒

生理唤醒是指个体在情绪情感活动中所产生的生理反应。在体验情绪情感时，除了我们能看到的外部行为以外，身体内部的生理体验也会有变化，例如，激动兴奋时会心跳加速、血液循环加快、体温会有所上升；悲伤难过时各种生理指标又会有所下降。

二、情绪情感的关系

一般情况下，情绪与情感是时刻地联系在一起的统一体，尽管如此，二者仍存在一定的差异，主要体现在以下几个方面。

（1）从需要的角度看差异。情绪一般与人的较低级的需求即生理性需要相联系，而情感往往与人的高级需求即社会性需要相联系。如婴儿饥渴或身体不舒适时就会有"哭"的情绪体验，吃过奶会做出"笑"的情绪体验。以后随着年龄的增长和社会化的进展，会产生对父母、祖国等爱的情感，并形成理智感、道德感和美感等高级情感体验。

(2) 从发生早晚的角度看差异。情绪发生得早，而情感产生得晚，两者有着先后之分。婴儿一生下来，就有哭、笑等情绪表现，而且多与食物、水、温暖、困倦等生理性需要相关；情感是在儿童时期，随着心智的成熟和社会认知的发展而产生的，多与求知、交往、艺术陶冶、人生追求等社会性需要有关，因此，情绪是人和动物共有的，但只有人才会有情感。

(3) 从反映特点看差异。情绪具有情境性和暂时性；情感则具有深刻性和稳定性。情绪常由身旁的事物所引起，又常随着场合的改变和人、事的转换而变化，人在情绪左右下常常不能自控，高兴时手舞足蹈，郁闷时垂头丧气，愤怒时又暴跳如雷，具有冲动性和明显的外部表现。而情感则比较内隐，深沉而且久远，不轻易流露出来，如对一个人的爱和尊敬，可能是一生不变的，因此，情感特征常被作为人的个性和道德品质评价的重要方面。

情绪和情感虽然不尽相同，但却是不可分割的，因此，人们时常把情绪和情感混为一谈。一般来说，情感是在多次情绪体验的基础上形成的，并通过情绪表现出来；反过来，情绪的表现和变化又受到已形成的情感的制约。当人们干一件工作的时候，如果总是体验到轻松、愉快，时间长了，就会爱上这一行；反过来，在他们对工作建立起深厚的感情之后，会因工作的出色完成而欣喜，也会因为工作中的疏漏而伤心，由此可以说，情绪是情感的基础和外部表现，情感是情绪的深化和本质内容。

三、情绪情感的分类

根据我国古代传统和国外的研究，可从不同角度、不同方面把情绪情感分为不同的类别。

(一) 原始情绪

人的情绪情感是较为复杂的，自古以来许多学者试图对情绪情感进行分类。根据《礼记》记载，情绪可分为喜、怒、哀、惧、爱、恶、欲，即“七情”，而近代西方学者常把情绪分为快乐、愤怒、悲哀、恐惧等，它们通常被认为是最基本的情绪形式或原始的情绪。

1. 快乐

快乐是指人们盼望的目的达到后，或者某种需要得到满足时产生的情绪体验，如高考时取得了好成绩，买了一件自己喜爱的衣服，都会产生快乐的体验。

2. 愤怒

愤怒是人们在实现某种目的的过程中受到了挫折，或者愿望不能够得到满足时产生的不良情绪体验。愤怒是一种不良情绪，它会破坏人的心理、生理平衡，从而诱发各种疾病。

3. 悲哀

悲哀一般是与所热爱事物丧失和希望破灭等有关的情绪体验，如亲人去世、升学考试失意都属于这种情况。

4. 恐惧

恐惧是人们面临危险的情景或预感到某种潜在的威胁时所产生的情绪体验。恐惧往往也是人们无力摆脱困境时的一种情绪体验，如大难临头而又无路可走时，或一个人夜间单独行走，本无危险，但想象到某种可能的危险也会产生恐惧，人的恐惧心理大多都是后天习得的。

在上述四种基本情绪形式的基础上，又能派生出许多情绪，组成各种复合的形式，包括与对他人评价有关的如爱慕、厌恶、怨恨；以及与对自我评价有关的如谦虚、自卑、悔恨等，这些都包含着快乐、愤怒、悲哀、恐惧等因素。

（二）情绪的分类

按照情绪发生的强度和持续时间的长短，可以把情绪划分为心境、激情和应激三种情绪状态。

1. 心境

心境是指一种微弱、平静而持久的情绪状态。心境具有弥散性，它不是关于某一特定事物的体验，而是由一定的情境唤起后在一段时间内对各种事物态度的体验。一个人的某种心境一旦发生，常常会以同样的情绪状态看待周围的一切事物，自己的一切活动也都会染上某种情绪色彩，进而影响着人的全部行为表现。例如在舒畅的心境下，会觉得事事顺心，处处快乐。在悲伤心境中，一切都令人烦恼，所谓“情哀则景哀，情乐则景乐”，说的就是对于同一件事，不同心境的人体验是不相同的。

心境产生的原因是多方面的，既有客观原因也有主观原因。如生活中的重大事件、社会地位的变迁、经济条件的变化、工作和学习的顺利与受挫、事业的成功与失败等都会引起不同的心境。另外，如果与家人、邻里、同事关系融洽，就会有愉快的心境，相反，家庭关系紧张、邻里关系不和、同事之间矛盾重重，心情就会抑郁苦闷。

2. 激情

激情是一种强烈的、短暂的、爆发性的情绪状态，如狂喜、暴怒、绝望等。激情具有冲动性，发生时强度很大，机体内部伴随有强烈的生理变化，并有明显的外部表现，如狂喜时手舞足蹈，而暴怒时面红耳赤等。激情还具有爆发性的特点，发生的速度很快，持续的时间很短暂。

激情对人的活动有很大的影响，积极的激情常常能调动人身心的巨大潜力，成为激励人行为的强大动力；而消极的激情则会使人出现“意识狭窄”现象，即认识范围缩小，不能理性的正确评价自己行为的意义和后果，作出一些鲁莽的行为，甚至会造成大错。当然消极的激情也并非不可控制，事实证明，人能意识到自己的激情状态，并可有意识地调节和控制。

3. 应激

应激是指出乎意料的紧急情况下所引起的高度紧张的情绪状态，它是人们对某种意外的环境刺激所做出的适应性反应。在日常生活中，人们遇到某种意外危险或面临某种突然事变时，必须迅速而及时地做出决定，采取有效措施应付紧急情况，此时人的身心处于高度紧张状态，即为应激状态。例如，正在行驶的汽车突然遇到前面障碍物，司机紧急刹车；还有突然发生的火灾、地震等，在这些情况下人们所产生的特别紧张的情绪状态就是应激状态。

在应激状态下，人可能有两种表现，一种是急中生智，此时，应激引起的身心紧张，可使个体集中自己的智慧和经验，调动全身力量迅速而及时地做出决定，解决当前的紧急问题。在这种应激状态下，人的思路清晰，反应迅速，判断准确，动作有力，往往能够化险为夷，做出平时做不到的事情。另一种是惊慌失措，应激所造成的高度紧张情绪会使个体行为失调，思维混乱，分析判断能力减弱，注意的分配和转移发生困难，甚至会使身体各部分的机能失调，出现暂时休克现象。

实践证明，人的应激能力可以通过训练而提高。通过训练，培养思维的敏捷性，提高意志的果断性，增强动作的灵活性，加强技能的熟练性，提高在意外情境下迅速决断的能力，这样遇到突发事件，就能镇定自若，当机立断，摆脱困境，转危为安。

（三）情感的分类

按情感的社会内容分，可以把情感分为道德感、理智感和美感。

1. 道德感

道德感是根据一定的道德标准去评价人的思想、意图、言语和行为时所产生的情感体验。人在社会生活中能够将掌握的社会道德标准转化为自己的道德需要，当人们用自己掌握的道德标准去评价自己或别人的思想、意图、言论和行为时，认为符合道德需要，就会产生肯定的情感；如果认为不符合道德需要，就会产生否定性的情感。例如，对别人大公无私的行为产生敬佩之情，而对别人的损人利己行为产生愤怒、蔑视的情感；自己尽到了社会责任感到心情舒畅，而未尽到责任则感到内疚惭愧等，都属于道德感。

2. 理智感

理智感是人在智力活动过程中，对认识活动成就进行评价时所产生的情感体验，它与人的好奇心、求知欲、探求和热爱真理的需要相联系。理智感的表现多种多样，它体现出人对自己智力活动过程与结果的态度，如发现问题时的惊奇感、疑虑感；百思不解时的焦虑不安与苦闷；获得结论时的喜悦、陶醉与自信；以及对真理的维护与热爱和对偏见、谬误的鄙视与痛恨等，都属于理智感。任何学习活动、科学发明、艺术创造都与理智感分不开。一个人的思想只有被浓厚的情感渗透时，才能引起积极的注意、记忆和思维，并获得克服困难的力量。正如列宁所说："没有人的情感，就从来没有也不可能有人对真理的追求"。

3. 美感

美感是指人们根据一定的审美标准去评价事物的美与丑时所产生的情感体验。审美标准是美感产生的关键，客观事物凡是符合个人审美标准的东西，就能引起美感体验，审美时个体的心情是自由的、愉快的、轻松的。例如，人对浩瀚的大海、蔚蓝的天空、秀美的田园、漂亮的容貌、名胜古迹、艺术珍品等表示的赞美、喜爱等都是美感的表现。

美感是内容美和形式美的统一。美感具有直觉性，物体的形状、颜色及声音、气味方面的特点在美感产生中起着重要的作用；同时美感也依赖于事物的内容，那些人格高尚、心灵美好的人，即使身残貌丑也会受到人们的敬佩和赞赏。

四、情绪情感的作用

（一）动机作用

情绪情感的动机作用是指它们对人的行为具有推动或抑制作用，是儿童认知和行为的唤起者与组织者。婴幼儿的心理活动和行为的情绪情感色彩非常浓厚，它们直接指导、调控着儿童的行为，驱动、促使着儿童去做出这样或那样的行为，或不去做某种行为。例如，让儿童学会早上来园时跟老师说“早上好”，下午离园时说“再见”，结果许多儿童先学会说“再见”，而问“早上好”则较晚才学会，其重要原因是由于儿童早上不愿意和父母分离，缺乏向老师问早的良好情绪和动机，下午则愿意立即随父母回家，所以赶快说“再见”，因此，虽然同样是学说话，在不同情绪情感影响下学习效果并不相同。

对于儿童来说，儿童的行为目的性和受理智支配的程度很低，动机作用的影响尤为明显，儿童很难有意识的控制自己去做不愿意做的事，因此，儿童比成人更容易受情绪的支配。

案例放送

喜欢小动物的儿童会经常主动接近小动物，在接触过程中逐渐了解它们的生活习性，掌握更多的相关知识，但害怕、讨厌小动物的儿童就很难做到。

（二）组织作用

情绪情感是心理活动中的监控者，它的组织作用表现为积极的情绪情感对活动的协调、促进作用，消极的情绪情感对活动的破坏、瓦解作用。例如，高兴、愉快、满意等积极情绪情感促进认知活动，恐惧、愤怒、悲哀等消极情绪情感干扰、破坏认知活动。

孟昭兰曾以婴幼儿为被试，研究了不同情绪状态包括了快乐、痛苦、兴趣、惧怕、愤怒和大怒等，对其智力操作活动的影响，结果表明，婴幼儿不同情绪状态对其智力操作的影响是明显不同的，情绪情感强度差异与操作效果呈现出 U 形相关，即适中的愉快情绪能使智力操作达到最优。

（三）信号作用

情绪情感是人与人之间表达、传递自身需要及状态的信号，主要通过表情及言语来实现，是儿童交往的重要手段，包括面部表情、体态表情和语调表情。

在人际交往中，人们除借助言语进行交流之外，还通过情绪的流露来传递自己的思想和意图。心理学家在对英语国家人们的交往状况进行研究后发现，在日常生活中，有55%的信息是靠非言语表情传递的，有 38%的信息是靠言语表情传递的，只有 7%的信息才是靠言语传递的，表情是比言语产生更早的心理现象。

新生儿几乎完全借助于他的面部表情、动作、姿态及不同的声音表情等，与成人进行着信息交流，相互了解，引起其与成人的交往，或者维持、调整这种交往。儿童在掌握语言之前，主要是以表情作为交际的工具，在婴幼儿初步掌握语言之后，表情始终仍是婴幼儿重要的交流工具，它和语言一起共同实现着儿童与成人、儿童与同伴间的社会性交往。

（四）感染作用

在一定条件下，一个人的情绪情感可以影响到他人，使之产生同样的情绪情感。当一个人产生某种情绪时，不仅能自身感受到相应情绪体验，还能通过表情动作等外显形式表现出来，被他人所察觉，引起他人相应的情绪反应，为人与人之间的情绪交流提供了可能性。

（五）保健功能

人对社会的适应是通过调节情绪情感来进行的，情绪情感往往会对人的身心健康有积极或消极的影响，积极的情绪有助于身心健康，消极的情绪会导致人产生各种疾病。

我国古代医书《内经》中就有“怒伤肝，喜伤心，思伤脾，忧伤肺，恐伤肾”的记载。美国加州大学心理学家艾克曼曾做过实验，要受试者作出惊讶、厌恶、忧伤、愤怒、恐惧和快乐等表情，结果发现他们的身心也跟着起了变化，当受试者装作害怕时，他们会心跳加速，同时皮肤温度降低，表现其他五种情绪时，也有相应的不同的变化。同时，一项长达 30 年的关于情绪与健康关系的追踪研究发现，年轻时性情压抑、焦虑和愤怒的人患结核病、心脏病和癌症的比例是性情沉稳的人的 4 倍，因此，积极而正常的情绪体验是保持心理平衡与身体健康的前提。

第二节　学前儿童情绪情感的发生发展

案例放送

聪聪是一个聪明、活泼的小男孩。刚进幼儿园的时候他会哭，总是需要老师的安抚，但当他经过一个月的适应后也就不哭了。一天，聪聪戴着一个漂亮的花夹子来上幼儿园，在午睡后，当老师在帮女孩子梳头时，聪聪也跑过去希望老师能帮他把花夹子重新整理一下。老师犹豫了一下还是帮聪聪整理了花夹子。连续几天，聪聪都戴着花夹子来上幼儿园，午睡后也都让老师帮他整理夹子。

某天，聪聪妈妈来接聪聪时，老师叫住了聪聪妈妈，并把聪聪这几天的情况告诉了妈妈。老师认为，聪聪已经逐渐有了性别意识，如果总是给他戴花夹子，会对他形成正确的性别意识产生不良的影响。聪聪妈妈说，戴花架子是聪聪自己要求的，他觉得只有戴了花夹子，老师才会像之前那样摸他的头并亲近他，在家是从来不戴花夹子的。

案例分析：儿童因为年龄小，对老师有很强烈的依赖，他们的情绪情感以及行为在很大程度上会受到老师或家长的暗示和影响。成人应该细心的观察、分析儿童的情绪情感表现及其原因，站在平等、关爱的角度上看待和理解儿童。

一、学前儿童情绪情感的发生和分化

（一）原始的情绪反应

1. 本能的情绪反应

观察和研究普遍表明，儿童出生后就有情绪，如新生儿或哭或安静或四肢舞动等，可以称为原始的情绪反应，这种情绪反应与生理需要是否得到满足有时会有直接的关系。

2. 原始情绪的种类

行为主义的创始人华生（1919）根据对医院 500 多名婴儿的观察提出了新生儿一般会有三种主要情绪，即怕、怒和爱，华生还详细描述了这些情绪的原因和表现。

（1）怕。华生认为新生婴儿的怕是由于大声和失持引起的。当婴儿安静地躺着时，在其头部附近敲击钢条，会立即引起他的惊跳，并继之以大哭；而当身体突然失去支持时，或身体下面的毯子被人猛抖时，婴儿会有发抖、大哭、呼吸急促、双手乱抓等表现。

（2）怒。怒有时是由于限制儿童运动所引起的。例如，当用毯子把儿童紧紧地裹住，不准其活动时，婴儿会发怒，他会把身体挺直，或手脚乱蹬。

（3）爱。爱一般由抚摸、轻拍或触及身体敏感区域所产生。例如，抚摸儿童的皮肤，或是柔和地轻拍他，会使婴儿安静，并使其产生一种广泛的松弛反应，或是做出展开手指、脚趾的动作。

多数心理学家认为，原始的情绪反应是笼统的，还没有分化为若干种，而有些人认为新生儿的原始情绪只能区分为愉快和不愉快，所谓愉快，仅是“不是不愉快”的表现而已。

（二）情绪的分化

1. 布里奇斯的情绪分化理论

加拿大心理学家布里奇斯的情绪分化理论是最有代表性的理论。他认为初生婴儿只有未分化的一般性的激动，表现为皱眉和哭的反应；出生 3 个月时会分化为快乐、痛苦两种情绪；当成长到 6 个月时，痛苦又进一步分化为愤怒、厌恶、害怕三种情绪；而到了 12 个月时，快乐情绪又会分化出高兴和喜爱；到 18 个月时，则会分化出喜悦与妒忌。

2. 林传鼎的情绪分化理论

我国心理学家林传鼎认为儿童情绪分化的过程可以分为如下三个阶段。

（1）泛化阶段（0～1 岁）

这一阶段儿童的情绪反应比较笼统，而且往往是生理需要引起的情绪占优势。0.5～3 个月，出现了 6 种情绪，即欲求、喜悦、厌恶、忿急、烦闷、惊骇，但这些情绪不是高度分化的，只是在愉快与不愉快的基础上增加了一些面部表情。而当到了 4～6 个月时，开始出现由社会性需要引起的喜欢、忿急。

（2）分化阶段（1～5 岁）

这一阶段儿童情绪开始多样化，从 3 岁开始，陆续产生了同情、尊重、爱等 20 多种情感，同时一些高级情感开始萌芽，如道德感、美感等。

(3) 系统化阶段(5 岁以后)

这一阶段的基本特征是情绪生活的高度社会化。这个时期道德感、美感、理智感等多种高级情绪达到一定的水平,有关世界观形成的情绪初步建立。

3. 伊扎德的"情绪动机分化理论"

伊扎德是当代美国和国际著名的情绪发展研究专家,他关于婴儿情绪发展的研究及据此提出的情绪分化理论,在当代情绪研究中有很大的影响。伊扎德认为婴儿出生时具有五大情绪,即惊奇、痛苦、厌恶、最初步的微笑和兴趣;而当到了 4～6 周时,会出现社会性微笑;在 3～4 个月时,开始出现愤怒、悲伤情绪;当 5～7 个月时,出现惧怕情绪;当 6～8 个月时,出现害羞表现;而当到了 0.5 岁～1 岁时,出现依恋、分离伤心、对陌生人恐惧等情绪表现;在 1.5 岁左右,出现羞愧、自豪、骄傲、操作焦虑、内疚和同情等各种情绪表现。

二、学前儿童基本情绪的发展

(一) 哭

儿童出生后,最明显的情绪表现就是哭(见图 8-2)。新生儿的哭主要是生理性的,儿童的哭,已主要表现为社会性情绪了(见表 8-1)。随着年龄的增长,儿童的啼哭会减少,一方面是由于婴儿对外界环境和成人的适应能力逐渐增强,周围成人对婴儿的适应性也逐渐改善,从而减少了婴儿的不愉快情绪;另一方面,儿童逐渐学会了用动作和语言来表达自己的不愉快的情绪和需求,逐渐取代了哭的表情。

表 8-1　2 岁内婴儿的啼哭阶段

时　间	阶　　段	原因、表现
0～1 个月	生理—心理激活阶段	通常是由于饥饿、腹痛或身体不适导致
1～2 个月	心理激活阶段	通常表现出一种低频、无节奏的"假哭",这种哭泣意味着他们需要得到照看或注意
3～22 个月	有区别的哭泣	除与生理需求有关外,更多的是由于心理需求得不到满足而出现不同的啼哭,通常母亲的出现能使他们感到安全而停止啼哭

(二) 笑

笑是愉快情绪的表现,儿童的笑比哭发生的晚(见图 8-3)。

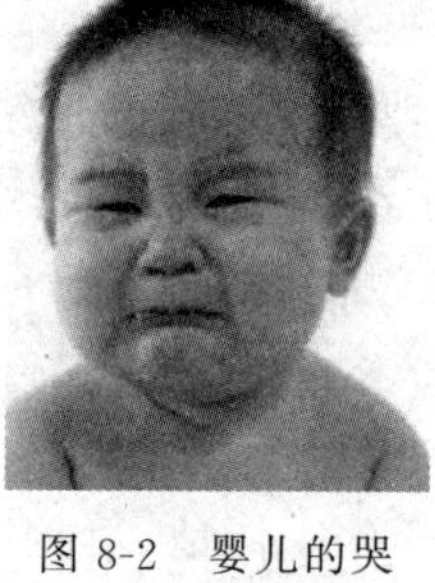

图 8-2　婴儿的哭

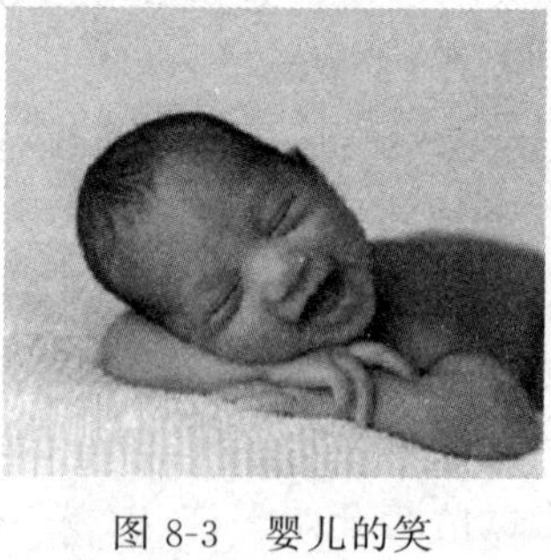

图 8-3　婴儿的笑

1. 自发性的笑

婴儿最初的笑是自发性的，或称内源性的笑，这是一种生理表现，而不是交往的表情手段。内源性的笑主要发生在婴儿的睡眠中，困倦时也可能出现，这种微笑通常是突然出现的，是低强度的笑，其表现只是卷口角，即嘴周围的肌肉活动，不包括眼周围的肌肉活动，这种早期的笑在出生 3 个月后逐渐减少。出生后一个星期左右，新生儿在清醒时间内，得到妈妈温柔的抚摸或听到妈妈轻柔的声音或者吃饱了，都会本能地嫣然一笑，这种微笑最初也是生理性的，是反射性微笑。

2. 诱发性的笑

诱发性的笑和自发性的笑不同，它是由外界刺激引起的(见表 8-2)。研究发现，从第五周开始，婴儿对社会性物体和非社会性物体的反应不同，人的出现，包括人脸、人声，最容易引起婴儿的笑，即婴儿开始出现"社会性微笑"。

表 8-2 婴儿微笑的发展

时 间	阶 段	原因和表现
0～5 周	自发性微笑阶段，又称内源性微笑	新生儿在出生一两天后就会有自发性的微笑反应，如他们在吃饱、舒适、困倦或深度睡眠中会出现卷口角的微笑现象，即嘴周围的肌肉活动，不包括眼周围的肌肉活动。这种微笑是生理性的
3～4 个月	无选择性的社会性微笑，又称外源性微笑	能区分人和其他非社会性刺激，对人的声音和面孔有特别的反应，容易引起儿童的微笑。但是，他们对人的社会性微笑是不加区分的
5～6 个月	有选择的社会性微笑	能区分熟悉的人和陌生人的声音和面孔，对不同的人开始具有不同的微笑反应，对熟悉者会报以更多的微笑。社会性微笑的出现是儿童情绪社会化的开端，是其与人交往、吸引成年人照顾的基本手段，是人际交往的纽带

婴儿三四个月前的诱发性社会性微笑是无差别的，这种微笑往往不分对象，对所有人的笑都是一样的。研究发现，3 个月的婴儿面对正面的人脸，无论其面对的人表现出的是生气还是笑，都会报以微笑，但如果把正面的人脸变成侧面人脸，或者把脸的大小变了，婴儿就会停止微笑。到了 4 个月左右，婴儿出现有差别的微笑，婴儿只会对亲近的人笑，他们对熟悉的人脸比对不熟悉的人脸笑得更多，有差别的微笑的出现，是婴儿最初的有选择的社会性微笑发生的标志。

(三) 恐惧

恐惧情绪的分化也经历了以下几个阶段。

(1) 本能的恐惧。恐惧是婴儿出生就有的情绪反应，甚至可以说是本能的反应。最初的恐惧不是由视觉刺激引起的，而是由听觉、肤觉、肌体觉刺激引起的，如刺耳的高声等。

(2) 与知觉和经验相联系的恐惧。婴儿从 4 个月左右开始，开始出现与知觉发展相联系的恐惧。引起过不愉快经验的刺激会激起恐惧情绪，也是从这个时候开始，视觉对恐惧的产生逐渐起主要作用。

(3) 怕生。所谓怕生,可以说是对陌生刺激物的恐惧反应,一般在 6 个月左右出现。研究表明,婴儿在母亲膝上时怕生情绪较弱,离开母亲,则怕生情绪较强烈,可见,恐惧与缺乏安全感有关系。人际距离的拉近或疏远,影响到儿童安全感的增大与减少。

(4) 预测性的恐惧。2 岁左右的婴儿,随着想象的发展,出现了预测性恐惧,如怕黑、怕坏人等,这些都是和想象相联系的恐惧情绪,往往是由环境的不良影响而引起。与此同时,由于语言在儿童心理发展中作用的增加,也可以通过成人讲解及其肯定、鼓励等行为来帮助儿童克服这一种恐惧。

(四) 愤怒

愤怒是愿望不能实现或目标受阻时引起的一种不愉快的情绪体验。令新生儿愤怒的刺激包括饥饿、生病和疼痛等。如 2 个月的婴儿会因药物注射产生的痛刺激而感到愤怒,而 6 个月以后的婴儿会更明显地表现出愤怒的情绪体验,如当玩具被拿走、照料者离开、身体活动被限制、自我表现受到阻碍和被迫去做不愿意做的事情时都会引发其愤怒。婴儿的愤怒往往产生于身体活动被限制,当成人双手温和而坚定地按住婴儿的头部,不准他活动时,婴儿会愤怒,做出把身体挺直、哭叫并挥手蹬腿等行为。愤怒是一种强烈的社会信号,提示照料者需要满足他的需要,并给予安慰和回应,对于年龄较大的儿童,人际关系不良、受欺负和受压制等也会令其产生愤怒。持久地抑制愤怒可能会导致身心受损,成人应该及时敏感地捕捉到孩子的愤怒,并帮助其有效地疏导。

三、学前儿童情绪情感发展的一般趋势

第八章　愤怒——菲菲生气了

(一) 儿童情绪的主要特点

1. 情绪的易冲动性

儿童常常处于激动状态,而且表现强烈、不能自制,好像全身心都受到了难以遏制的力量的支配,且年龄越小,这种冲动越明显。例如,想要一个玩具而得不到时就会大哭大闹,短时间内不能平静下来,如果这时成人要求"不要哭",也无济于事,他们甚至一句话也听不进去,这时成人不妨给他擦擦脸,待他稍微平静下来,再进行教育。随着年龄的增长、语言的发展,儿童逐渐学会接受成人的语言指导,学会调节控制自己的情绪,5~6 岁的儿童其情绪的冲动性会逐渐降低,情绪的调节控制能力逐渐加强。

2. 情绪的不稳定性

婴幼儿期的情绪是非常不稳定的,容易变化,表现为两种对立的情绪在短时间内相互转换。如当儿童由于得不到喜爱的玩具而哭泣时,只要成人递给他一块糖,他就立刻会笑起来,这种"破涕为笑"的现象,在小班儿童中尤为明显。

儿童情绪的不稳定性与他们易受情境的影响有关,儿童的情绪常常被外界情境所支配,某种情绪往往随着某种情境的出现而产生,又随着情境的变化而消失。另外,儿童情绪的易变性与儿童易受情绪感染和暗示也有关系。

儿童随着年龄的增长其情绪的稳定性会逐渐增强,但仍会受到家长和教师的情绪感

染，所以家长和教师在儿童面前必须控制自己的不良情绪。

3. 情绪的外露性

婴儿期的儿童不能意识到自己情绪的外部表现，他们的情绪会完全表露在外，丝毫不加控制和掩饰。到了2岁左右，儿童从日常生活中逐渐了解了一些初步的行为规范，知道了有些行为是要加以克制的。

儿童逐渐长大，其调节自己情绪表现的能力也会有一定的发展。比如，在不愉快的时候也不会哭，但这种控制往往是在一定范围内的。在正确的教育和引导下，随着儿童对是非观念的逐步了解，儿童对情绪的调节能力会很快发展起来。

案例放送

华华在幼儿园吃梨时，不小心将梨掉在了地上，被正在扫地的老师扫走了，华华当时并无太大反应，而当晚上她看到妈妈时，就哭着告诉妈妈，老师把梨扫走了。

华华的表现体现出儿童情绪从外露到内隐的变化趋势，儿童逐步能够根据场合和对象，表现出相应的情绪情感和行为，表明儿童对情绪的控制能力正在逐步提高。

（二）儿童情绪情感的发展

1. 情绪的丰富化

儿童情绪的丰富化主要表现为情绪体验继续分化，随着儿童年龄的增长和活动范围的不断扩大，也就有了许多新的需要，继而也就出现了多种新的情绪体验。

（1）情绪过程的分化

这一点在前面的情绪的分化相关内容中已经有所涉及，刚出生的婴儿只有少数的几种情绪，随着年龄的增长会不断分化和增加。

（2）情绪指向的事物不断增加

随着年龄的增长，引起儿童情绪情感体验的事物也越来越多。例如，小班的儿童还不太在意小朋友是否和他一起玩，而对大班的儿童来说，对于小朋友的孤立，以及成人的不理会，特别是对小朋友的误会、不公正对待、批评等行为，儿童会感到非常伤心。

案例放送

5岁的小杰很疼爱自己刚刚1岁的妹妹小茹，一天，小杰的好朋友林林到小杰家里玩，看到小茹因尿不湿脏了而哭闹，嫌弃地捂着鼻子："小杰，你妹妹真脏！"小杰立刻不开心了："我妹妹不脏！她是因为太小，你不喜欢她，我也不喜欢你了！"

小杰因为林林嫌弃妹妹脏而不愿和林林做朋友，这体现了小杰对妹妹的爱和维护，说明儿童随着年龄的增长，情绪情感指向的对象范围也在逐步扩大。

2. 情绪的深刻化

情绪的深刻化表现为情绪从指向事物的表面现象转化为指向事物的内在特征。如年龄小点的儿童之所以对父母依恋，主要是由于父母是满足他的基本生活需要的来源，而年长儿童的情感中则已包含对父母的尊重和爱戴等内容。

案例放送

5岁的阳阳不肯让舅舅抱了，也不肯跟舅舅玩，当妈妈问他原因时，阳阳不满地说："我不喜欢舅舅！"妈妈很奇怪："为什么呀？你不是说舅舅长得好看，很喜欢舅舅吗？"阳阳回答："我上次看到舅舅冲外公发火了，我不喜欢舅舅。"

随着年龄的增长，儿童开始能够对自己乃至周围人的言行做出基本的道德判断，并会由此在对评价对象的情感态度上表现出来。阳阳因为舅舅不尊重外公的行为而不喜欢舅舅，体现出他情绪情感发展的深刻化。

学前儿童情绪情感的深刻化，与其认知发展水平有关。根据与认知过程的联系，情绪情感的发展可以分为以下几种水平。

（1）与感知觉相联系的情绪情感

与生理性刺激联系的情绪，多属此类。例如，婴儿听到刺耳的声音或身体突然失持，都会引起痛苦和恐惧。

（2）与记忆相联系的情绪情感

陌生人表示友好的面孔，可以引起3～4个月婴儿的微笑，但对于7～8个月的婴儿，则可能引起惊奇或恐惧，这是因为前者的情绪尚未和记忆相联系，而后者则已有记忆的作用。没有被火烧灼过的婴儿，对火不产生害怕情绪；而被火烧灼过的儿童，则会对火产生害怕情绪。

（3）与想象相联系的情绪情感

两三岁以后的儿童，常常由于被告知蛇会咬人、黑夜有鬼等，而产生怕蛇、怕黑等情绪，这些都是和想象相联系的情绪体验。

（4）与思维相联系的情绪情感

5～6岁儿童理解到病菌能使人生病，从而害怕病菌；知道苍蝇会带病菌，于是讨厌苍蝇，这些惧怕、厌恶的情绪，是与思维相联系的情绪。

（5）与自我意识相联系的情绪情感

受到别人嘲笑而感到不愉快，对活动的成败感到自豪、焦虑，对别人的怀疑和妒忌等，都属于与自我意识相联系的情感体验。

3. 情绪的社会化

儿童最初出现的情绪是与生理需要相联系的，随着年龄的增长，情绪逐渐与社会性需要相联系，社会化成为儿童情绪情感发展的一个主要趋势。主要表现为下列三个方面。

（1）引起情绪反应的社会性动因不断增加

在3岁前儿童情绪反应动因中，生理需要是否满足是其主要动因。身体的不适，如饥饿、痛、冷等刺激都会引起儿童的某种情绪反应。而3～4岁的儿童，情绪的动因处于从主要为满足生理需要向主要为满足社会性需要的过渡阶段，如需要得到成人的关心爱护以及独立活动的需要等。在中大班儿童中，社会性需要的作用越来越大，儿童非常希望被人注意，为人所重视和关爱，要求与别人交往，需要被人信任和信任他人等，而且，同伴交往的状况也日益成为影响儿童情绪的重要原因。

由此可见，儿童的情绪情感与社会性交往、社会性需要的满足密切相关，儿童的情绪情感正日益摆脱同生理需要的联系，随着逐渐社会化，其社会性交往、人际关系等对儿童的情绪影响也会越来越大，逐渐成为左右其情绪情感产生的最主要动因。

(2) 情绪中社会性交往的成分不断增加

学前儿童的情绪情感活动中，涉及社会性交往的内容随着年龄的增长而增加。一项研究发现，学前儿童交往中的微笑可以分为三类：第一类，儿童自己玩得高兴时的微笑；第二类，儿童对教师的微笑；第三类，儿童对小朋友的微笑。这三类中，第一类不是社会性情感的表现，后两类则是社会性的。该研究所统计了 1.5 和 3 岁儿童三类微笑的次数得出，从 1.5～3 岁，儿童非社会性交往微笑的比例会下降，而社会性微笑的比例则不断增长(见表 8-3)。

表 8-3　1.5 岁和 3 岁儿童三类微笑的比较　　单位：%

年龄	自己笑		对教师笑		对小朋友笑		总　数	
	次数	%	次数	%	次数	%	次数	%
1.5 岁	67	55.3	47	38.84	7	5.79	121	100
3 岁	117	15.62	334	44.59	298	39.79	749	100

(3) 情绪表达的社会化

表情所提供的信息，对儿童与成人交往的发展与社会性行为的发展起着特别重要的作用。一般来说，1 岁左右的婴儿已经能够笼统的辨别成人的表情。另外，有研究表明，小班的儿童已经能够辨认别人高兴的表情，而对愤怒表情的识别，则大约在幼儿园中班开始。

儿童在其成长过程中，会逐渐掌握周围人们的表情手段，表情日益社会化。儿童表情社会化的发展主要包括两个方面：一是理解(辨别)面部表情的能力；二是运用社会化表情手段的能力。表情作为人们表达自己情绪的一种方式和手段，是后天习得的，为了正确表达自己的感情和正确理解别人的感情，儿童必须逐渐学会运用本民族习惯的表情手段。

四、学前儿童高级情感的发展

(一) 道德感

所谓道德感是指由自己或别人的举止行为是否符合社会道德标准而引起的一种情感。对于儿童来说形成道德感是一个比较复杂的过程，通常 3 岁前只有某些道德感的萌芽，而到了 3 岁后，特别是在幼儿园的集体生活中，随着儿童掌握了各种行为规范，道德感会逐渐发展起来。小班儿童的道德感主要是指个别行为，且往往是由成人的评价而引起的；中班儿童比较明显地掌握了一些概括化的道德标准，他们可以因为自己在行动中遵守了老师的要求而产生快感，中班儿童不但关心自己的行为是否符合道德标准，而且开始关心别人的行为是否符合道德标准，由此产生相应的情感，例如，他们看见小朋友违反规则，会产生极大的不满，中班儿童常常有"告状"行为，就是由道德感激发起来的一种行为；大班儿童的道德感进一步发展和复杂化，他们对好与坏，好人与坏人，有着鲜明的不同情感，在这个年龄，爱小朋友、爱集体等情感已经有了一定的稳定性。

（二）理智感

理智感是指由是否满足认识的需要而产生的一种体验，是人类所特有的高级情感。儿童理智感的发生，在很大程度上取决于环境的影响和成人的培养，适时地向儿童提供恰当的知识，主要目的是发展他们的智力，采用鼓励和引导他们提问等教育手段，这些都会有利于促进儿童理智感的发展。理智感通常有两种表现形式，即好奇好问和"破坏行为"。

对一般儿童来说，5 岁左右理智感已明显地发展起来，突出表现在儿童很喜欢提问题，并由于提问和得到满意的回答而感到愉快；同时，儿童喜爱进行各种智力游戏，或者动脑筋、解决问题的活动，如下棋、猜谜语、拼搭大型建筑物等，这些活动既能满足他们的求知欲和好奇心，又有助于促进理智感的发展。

案例放送

当小班儿童在成人的指导下用积木搭出了一个小屋子后，会高兴得手舞足蹈；中班儿童更喜欢提问题，会因为提问和得到了满意的回答而感到愉快；大班儿童喜欢进行各种智力游戏，喜欢动脑筋、参与需解决问题的活动，如下棋、猜谜语等，也能很长时间迷恋于一些创造性活动，如在沙子上建宫殿、挖隧道、用彩色木条修铁路等，进行这些活动所取得的成果会使其产生自豪、愉快等积极情感。

（三）美感

美感是人对事物审美的体验，它是根据一定的美的评价而产生的。儿童对美的体验也有一个逐步发展、由外到内的过程。一般来说，婴儿从小就喜好鲜艳悦目的东西，以及整齐清洁的环境，另外，有的研究表明，新生儿已经倾向于注视端正的人脸，而不喜欢五官零乱颠倒的人脸，他们喜欢有图案的纸板多于纯灰色的纸板；儿童在 3～4 岁时仍然主要是对颜色鲜明的东西、新的衣服鞋袜等产生美感，他们自发地喜欢相貌漂亮的小朋友，而不喜欢形状丑恶的任何事物，而 4～5 岁的儿童爱美的情感更为强烈和明显，他们喜欢形象可爱、会动、会发声的玩具，喜欢色彩鲜艳、情节生动的图片，并会以极大的注意力和热情去欣赏美妙动听的音乐，去画自己熟悉和喜爱的事物，5～6 岁的儿童对美的理解和体验又有了进一步的发展，他们喜欢去公园、动物园，喜欢观赏花草树木，喜欢观看日出和星星，在唱歌、跳舞、绘画、建筑、朗诵儿歌或散文等活动中，他们能得到莫大的喜悦，也同时对各类艺术活动提出了更高的要求，在环境和教育的影响下，儿童逐渐形成审美的标准，同时，对美的标准也从外在美转而关注内在美，美的标准进一步深刻化，这些鉴别美、欣赏美和创造美的能力的发展，标志着儿童的美感达到了较高的水平。

案例放送

在一次大班的美术评析活动中，晴晴表现得尤为积极："好看！这个画看着就觉得好快乐啊！""这个好丑！怎么黑乎乎的！"每一幅画她都能说出好或不好的理由，但当老师展示小雅的一幅还不错的作品时，她大声嚷嚷："丑死了！丑死了！"当老师问原因时，她却抠着自己的手指，好久才放低声音念叨："就是丑，小雅画得就是丑！"

事后，晴晴告诉老师："老师，其实我觉得小雅的画很好看，但是她昨天刚刚抢过我的东西，所以我就说她的画不好看。老师，我是不是撒谎了，我还是好孩子吗？"

晴晴因为小雅抢了自己的东西而带有偏见的评价小雅的画虽然确实不妥，但是，面对老师的询问，她能主动说明原因并反思自己的行为，说明她已经具有对自己是不是好孩子的评价品格美的意识和能力，此时，老师应以宽容的态度对待晴晴的认错行为，并耐心引导她认识到自己的行为不当之处并加以改正。

儿童情绪情感会随着自身身心的发展而发展，不但会受到儿童自身成长的制约，更会受到社会、家庭和教育环境的影响，这就要求成人能够有计划、有节制地制订培养计划，以更好地发展儿童的情感，对待儿童的情绪情感时，不纵容、不压制，进行有序、正确的引导，从而为儿童今后良好的心理发展及个性的形成奠定基础。

第三节　学前儿童良好情绪情感的培养

案例放送

距离开学已经一个星期了，3岁半的彬彬还是在每天入园时又哭又闹，紧紧抱住妈妈的腿不愿离开。这天，老师见彬彬来上幼儿园就微笑着迎上去接他，他却用脚踹开老师，好不容易才恢复情绪的他看到妈妈离开，又挣开老师的手，跑到窗前大叫："妈妈救我！妈妈救我！"彬彬妈妈听到孩子的叫喊声又立即返回，围着儿子百般哄劝，在多次反复后，彬彬仍哭闹不休，老师想上前劝解，但彬彬妈妈就一直抱着他不让老师插手，最后彬彬虽然勉强与妈妈分开，却几乎哭了一整天，吃饭时还出现恶心、呕吐的现象，中午也不愿意睡午觉，还频繁小便，说自己肚子疼。彬彬的吵闹不仅影响了自己的健康，也影响了其他儿童正常的生活学习，老师觉得，必须和彬彬父母好好聊一聊了。

案例分析：彬彬的表现是在小班儿童身上常见的情绪表现，称为"入园焦虑"或者"分离焦虑"。分离焦虑是指幼儿第一次长时间与主要抚养者分离，进入幼儿园小班后进行游戏、生活时所表现出的紧张、不安、恐惧等正常的焦虑情绪，具体表现为大声哭泣、依恋教师、依恋自带物、默坐、不正常进餐及不正常午睡等现象。

如何让新入园的儿童尽快适应幼儿园生活，是幼儿园教育中不容忽视的问题。幼儿除了用哭闹的方式表达焦虑外，也会表现出其他行为，例如，在刚进入幼儿园时，有些幼儿会感觉陌生和不安全，每次入园一定要抱着一些自己在家里经常使用的东西（如枕头、玩具和被子等),这些熟悉的东西能给他们带来安全感(见图 8-4)。孩子的依恋物背后是对养育者的依恋情结,作为教师和家长要理性对待孩子的依恋物,要给孩子一定的时间来慢慢适应。其实,对入园焦虑的改善并不是一件十分困难的事情,教师要与家长进行全方位的沟通,一同为儿童入园做好充足的准备。此外,教师应努力构建起儿童的安全感,同时,用外物来吸引和转移儿童的注意力,通过丰富有趣的活动来放松儿童紧张不安的情绪状态,慢慢安抚,让儿童在玩乐中适应、喜爱上新环境。

图 8-4 和袋鼠一起上学

随着年龄的增长,儿童对情绪情感的自我调控能力会越来越强,儿童自身也会用一些策略来调节自己的情绪情感,有直接面对的积极方式,有转移回避的消极方式,也有直接发泄甚至破坏的极端方式。儿童选择何种方式,在某种程度上与其成长环境及所受的教育方式紧密相关。如何培养儿童积极的情绪情感,疏导儿童消极的情绪情感是成人必须重视的问题,这对儿童发展健康的心理和人格有着不容忽视的影响。

一、学前儿童积极情绪情感的培养策略

第八章 依恋物——旅行包和红枕头

(一)营造良好的情绪情感氛围和环境

儿童的情绪会受到周围环境气氛的感染和熏陶,在良好的生活环境,无压抑感、充满激励的氛围下,儿童会感到安全和愉快,因此,成人应尽可能地为儿童创造良好的生活环境,合理地安排好儿童的一日生活,这样儿童在生活中会处处感到轻松和愉快。成人应该经常与儿童一起唱歌、跳舞、玩游戏,吃饭、睡觉前可以让儿童听一听优美的音乐,说一说生活中的笑话和趣事等,应尽量满足儿童合理的情绪需要,为他们创设宽松、愉快的生活氛围,同时,成人也应尽可能地为儿童创设丰富多彩的生活内容,单调的生活很容易使儿童感到枯燥和无聊,进而他们会逐渐产生厌烦等消极情绪。只有轻松愉快的环境和丰富多彩的生活相结合,儿童才会经常处于积极的情绪情感之中。

1. 家庭环境

父母是儿童的第一任老师,家庭环境的好坏将直接影响孩子的成长。值得注意的是,家庭环境好并不是单指家庭生活富裕,重点是家庭氛围和家风要好。父母的言行举止、待人处事的态度、家庭成员之间的相处模式等,都会映射在儿童的记忆中,反映在儿童的情绪情感和行为上。父母和家庭对于儿童的影响是连续的、长期的过程,因此,为儿童创造一个良好的家庭氛围和心理环境对于儿童的成长具有深远的影响,在家庭中要有意识地避免脏乱和嘈杂,避免发生激烈的冲突,创造一个和谐、平等、充满爱的环境,这样的家庭氛围有利于儿童从中养成互助、互爱、谅解等良好的行为习惯,并从中获得安全感,保持良好、放松的情绪情感。

2. 幼儿园环境

在幼儿园里，儿童的社会化需要将得到重要的发展。对儿童来说，幼儿园是重要的生活环境和学习场所，在幼儿园的良好环境中，儿童会学会如何与人相处，如何控制自己任性、暴躁、羞怯、退缩等不利于社会交往的情绪。

在幼儿园里，儿童应能自由地表达自己的见解，有良好的同伴、师生关系，在集体中能感到温暖和愉快，所以，教师要为儿童创设一个包容、关爱、温馨的环境氛围。在游戏和一日活动中，教师应鼓励儿童积极主动地探索和表现，并以亲切平等的态度与他人交流。

此外，教师要时刻把儿童视为一个独立的人，给予他们足够的自由度，在情感上把他们当作成人一样尊重，在心理上把他们当作儿童来理解，经常与他们进行朋友似的沟通。在教育儿童时，尽量采用正面教育，多夸奖、鼓励和肯定儿童，这样儿童自然就会保持一个积极的情绪。

（二）成人的榜样示范作用

儿童年龄小、情绪不稳定，且模仿性、受暗示性强，成人的言行举止都会对儿童产生影响，因此，成人在儿童面前应保持健康积极的情绪，这对儿童积极情绪情感的培养有着潜移默化的作用，对儿童是良好的示范和感染。

实践表明，如果成人精神饱满、情绪情感积极向上，与之在一起的儿童也会随之表现出积极愉快的情绪，主动投入到活动或游戏之中，活动就能达到理想的效果。成人应努力控制自己忧伤、冲动等不良情绪，不让这些不良情绪在儿童面前表露出来，更不应该在面对儿童时喜怒无常，而应以积极的态度和饱满的情绪与儿童相处。

（三）通过文学艺术作品培养儿童的高级情感

文学艺术作品最富有感染力，也深为儿童所喜爱，选择适合儿童年龄特征的、优秀的儿童文学艺术作品，对培养儿童的高级社会情感有独到的作用。

通过欣赏艺术作品，儿童可以从艺术作品的元素中体会出丰富的情感，增强儿童的审美体验，不同的儿童个体在与同一幅作品的对话中会表现出不同的情感体验和感受，有的感觉很高兴，而有的却感觉悲伤难过。在艺术学习中，儿童对情感的需求是发自内心的，寻求情感上的满足是其学习的动力。教师应当以艺术为载体让儿童和艺术家的情感得以交流，同时也让自己和儿童的情感信息得以传递，儿童进而获得表达自己情感的机会，从而也获得审美的愉悦。

（四）让儿童在游戏中获得愉悦的情绪情感体验

儿童最基本最主要的活动就是玩游戏，玩游戏对儿童情绪情感的作用十分明显。在现实生活中，儿童经常处于被支配、从属的地位，在家里，他们要听父母的话，按照父母的要求去做；在幼儿园，要听老师的话，遵守幼儿园的各项规定。只有在游戏中，儿童才可以利用自己能利用的实物，做自己能做的动作，行使其改变环境的主动权，这种主动感的满足是在任何其他活动中都无法获得的。另外，在游戏中，儿童还可以不受压抑地自由表达自己的愿望，自己的情绪情感和态度能够自然地流露出来，由被动变为主动，从而感到愉快、自由、心情舒畅。

1. 实施主题系列活动

如今的儿童大多数是独生子女，缺少与他人分享快乐的体验，比较任性、爱发脾气、缺乏自信和独立性，在交往和学习中容易产生不良的情绪。为了培养儿童积极愉快的情绪，帮助其养成热情、乐观、友爱等良好的性格，教师可在幼儿园开展“我们都是好朋友”“会变的小情绪”“赶走小烦恼”“你的心情我能懂”等主题活动，通过在活动中的体验和感受，孩子们可以掌握解决问题和处理情绪矛盾的方法，从而增强其自信心和独立性。

案例放送

春游时，幼儿园老师带小朋友们去坐“鸭子船”，小朋友们都非常兴奋，唯独强强在岸边站着，怎么都不肯靠近湖边一步。

后来老师得知，强强小时候曾经不小心落过水，被救上来以后就开始怕水了。强强之所以怕水就是由于他落水时的恐惧对他产生的消极后果，如果不及时消除他对水的恐惧，其对落水的惧怕会延伸、扩展到一切与水有关的场景，造成非理智的恐惧反应。

老师建议家长带强强先到公园里的小水池边去玩，陪伴他由远及近、循序渐进的观赏水中的小鱼、岸边的风景，或者把做好的小纸船放到水中，逐步减轻强强对水的恐惧心理。

随后，老师组织相关主题活动，让儿童观赏大海和海底世界的图片和视频，让儿童说出去海边玩耍的愉悦感受，增加强强对海的了解，逐步改变其对水的偏见。周末，家长专门带着强强去海洋馆欣赏海底生物，陪伴并鼓励强强近距离的接触和感受水下的美丽。接着，老师又在“水中的安全自救”活动中，引导儿童探讨游泳和玩水的安全要求和注意事项，以及如果不慎落水，应该如何自救的常识。老师特别鼓励强强说说自己的体会和思考，把自己内心的恐惧和担忧说出来，并引导强强认识到，只要做好防护措施，提高自己的安全意识，水其实并不可怕。

2. 举办区域游戏活动

幼儿由于年龄小，自我调节能力差，很容易产生某种程度的焦虑或不满，而游戏正好可以帮助其从这些不愉快的情绪中得以释放和解脱，他们可以在游戏中宣泄情绪、开展想象，也可以从事自己向往的活动，学习与同伴交往的技巧，获得心理的满足，促进愉快等积极情绪的发展。

（五）关注日常教育细节

通过游戏活动，在培养儿童积极情绪的同时，成人还应在日常生活中注意儿童的动作、表情与声音的变化，以及时发现儿童的情绪变化，对其进行引导与帮助，孩子能够保持积极的情绪。

案例放送

有一段时间，当当总是不愿意上幼儿园，即使到了幼儿园，情绪也很不稳定，尤其是吃饭时，他更是无精打采。原来，他进餐速度比较慢，而老师给他盛的饭比较多，他吃不了又不敢说，这让他很焦虑，也影响了他上幼儿园的情绪。了解事情的原委后，老师便在每次为他盛饭时少盛一些，并适当延长了他的进餐时间，当他把饭吃完后，又及时表扬他的每一次进步，他因得到表扬而产生愉快的情绪，几天下来，他的情绪稳定了，也愿意上幼儿园了。

了解儿童情绪发展的特点是教育好儿童的重要前提，而培养儿童良好、积极向上的情绪更是一项艰巨的任务。成人要在重视儿童智能提高的同时，注重儿童非智力因素的提高，以促进儿童身心和谐、健康发展。

（六）引导儿童学会认识自己和他人的情绪情感

让儿童学会评价自己，逐步了解自己的长处和不足，同时，逐渐学会站在他人的角度考虑问题，这样，当遇到问题和挫折时，会有一种比较正确的态度，避免消极情绪的干扰。

首先，应引导儿童积极评价别人的情绪。让儿童明白每个人都有表达自己喜怒哀乐的权利，对同一事物每个人都会有自己的看法和感受，这些看法和感受可能与自己的不同，我们不能以自己的标准来要求别人。其次，要训练儿童从别人的语言、声音、仪表和行为等辨别情绪情感的能力，帮助他们能够做到善于“察言观色”，培养他们对情绪情感的敏感性（见图 8-5）。再次，要培养儿童控制自己情绪的能力，不能不顾别人的感受肆意表现自己的情绪。比如面对一个悲伤、痛苦的人，即便自己当时的心情正好处于一个良好的状态，也应该学会能够体谅他人此时的心情，恰如其分地表达自己的感受。最后，要注意引导儿童去体验别人的情绪情感。当别人高兴时你应为他高兴，当别人痛苦时，你应具有同情心，对别人进行安慰和关怀。

图 8-5 小兔子怎么了

二、学前儿童消极情绪情感的疏导策略

近年来，人们越来越认识到情绪对身体健康的影响，特别是某些心因性疾病，如心脑血管病及癌症的发生，主要是由于长期的消极情绪的影响，如焦虑、忧虑、紧张等，因此，学会调节自己的情绪对每个人来说，都是十分必要的。

儿童在成长过程中也存在情绪健康问题，如在很多儿童身上，不同程度地存在着焦虑情绪，长期的焦虑状态会直接影响到儿童的健康成长，因此，父母和老师要注意发现儿童的消极情绪，尽量帮助儿童保持一个健康的情绪情感。

（一）正确对待儿童的情绪行为，帮助儿童及时疏通和转移不良情绪

不良的生活环境容易造成儿童情绪发展不良，如对儿童的冷淡、粗暴容易造成儿童遇事畏缩、适应性差，处事不公正容易造成儿童嫉妒，溺爱容易造成儿童情绪激动等。每个

儿童在生活中都有可能发生冲突，受到挫折，从而表现出不良情绪，如面目肌肉紧张、坐立不安、睡眠不好等，为了避免儿童受到严重的不良情绪困扰，作为家长和老师一定要充分理解和正确对待儿童的发泄行为，不要让幼小的心灵总受到压抑，可以让儿童对老师、同伴诉说自己的感受，以此来引导儿童表达自己抑郁的情绪；也可以给儿童创设一个“情绪小屋”，让儿童有一个小空间，在那里与好朋友说说心中的小秘密，自由表达自己的情绪情感，或者自己静静的待一会儿，这些都有助于疏通和缓解儿童的不良情绪。另外，还要培养儿童多方面的兴趣，引导他们投入丰富多彩的活动，这也是帮助儿童转移不良情绪、学会积极发泄的有效方法，有利于儿童及时疏泄情绪，以平和的心态来面对矛盾和现实，与老师一起积极寻找解决问题的途径。

（二）不要给儿童造成过重的压力

很多家长和教师在孩子幼儿时期就安排过多的学习任务，或者经常将儿童与同龄小朋友进行比较，希望儿童能方方面面都很优秀，常常用高标准来要求儿童，这样做不但不利于儿童的正常发展，反而可能造成儿童产生紧张、焦虑、自卑等消极情绪，不利于儿童情绪情感的培养，因此，要适当减轻儿童的负担。

紧张和压抑是两种最有害的状态，而愉快则属于紧张释放的状态，因此，父母和教师有责任创设一种愉快的生活环境，儿童可以处于轻松、活跃、主动和摆脱束缚的状态，能够充分享受到生活的乐趣，同时，培养儿童广泛的兴趣爱好，也是减轻儿童紧张感让其保持愉快情绪的有效途径。

（三）帮助儿童消除情绪情感障碍，减少消极情绪的负面影响

当儿童由于情绪情感发展偏常引起情绪情感障碍时，及时采用有效的方法去消除儿童的情绪情感障碍十分必要，一方面，要帮助儿童改变认知方式，调整认知结构，帮助儿童对所遇问题有一个较为正确的认识；另一方面，应通过情感演示、行为练习等方法为儿童表达情感、学习良好的榜样创造条件。必要时，我们还可以请专业心理咨询人员，通过游戏疗法、行为疗法来矫正儿童的情绪情感障碍，儿童情绪情感才能得到健康的发展。

（四）帮助儿童控制不良情绪情感并教会儿童自我调节的有效方法

儿童的情绪情感世界并非总是晴空万里，他们也会因为突发、陌生或恐惧的事情而产生情感压力，也不同程度地存在着情绪情感问题，因此，成人要善于观察儿童的情绪情感变化，并用科学有效的方法帮助其进行控制。

1. 转移法

儿童很难控制自己的情绪情感，当爆发某种消极情绪之后，很难依靠自己从中抽离，此时，成人可以利用其他事物、活动等转移儿童的注意力，从而达到转移他们情绪的目的，如给其有趣的玩具、好吃的食物以及为其讲故事等，比如孩子哭时，对他说：“看这里这么多的泪水，我们正缺水呢，快来接住吧。”这时爸爸真的拿来一个杯子，孩子就破涕为笑，孩子的情绪也就转移了。又如，两三岁的儿童在商店柜台前哭着要买玩具，成人往往会说：“等一会儿，我给你找一个好玩儿的。”儿童也就跟着走了，可是有时此方法并不奏效，因为

成人说出的话仅仅只是为了在当时哄住儿童,回家后就忘记了自己的许诺,多次以后儿童就不再“受骗”了,所以,值得注意的是,当成人采用这种方法时,只要有许诺就一定要兑现,否则儿童对成人就会产生不信任感,引发儿童其他的情绪问题,当然,对于 4 岁以后的儿童,当他处于情绪困扰之时,可以采用精神的而非物质的转移方法。

案例放送

两岁的玲玲是个倔强的儿童,一天,跟爸爸在一起的她要去隔壁房间找正在工作的妈妈,爸爸伸出胳膊阻挡她,玲玲生气地把爸爸的胳膊推到一边,并且大发脾气开始哭闹,此时,爸爸向她传递了她必须和自己待在一起的信息,当她再次要去找妈妈时,爸爸又伸出胳膊阻挡,并且让玲玲玩他的胳膊,玩着玩着,两个人又玩起了猜拳的游戏,当玲玲推开爸爸的胳膊时,爸爸又拉着她的小手轻轻地摸自己的胡须,把她逗得哈哈大笑,玲玲也就忘记了要去找妈妈的强烈念头。

2. 自我调节法

当儿童出现不良情绪时,成人应引导他们去正确认识、分析情境,达到有效控制和调节情绪的目的。成人的任务不是一味地压抑、控制儿童的消极情绪,也不是一味地满足他们在消极情绪下提出的不合理要求,而是应该帮助他们学习选择对自己和他人都无伤害的方式去疏导和宣泄消极情绪。

3. 不良情绪发泄法

及时疏导不良情绪对于保持心理健康非常重要,儿童也同样如此。“说出来”的方法为儿童环节心理压力提供了支持和帮助,成人可通过多种方式为儿童提供机会诉说自己心中的感受,引导儿童表达自己的情绪,给他们适当的“发泄”机会。

4. 递减消除法

对儿童的消极情绪还可采用递减法来逐步疏导,即逐步减少会引起儿童消极情绪的物品、事情等,让儿童逐步适应。

5. 冷却法

当儿童情绪十分激动时,成人可以采取暂时置之不理的办法,让儿童慢慢平复,切忌对儿童大声喊“你再哭,我就打你”或“你哭什么,不准哭,赶快闭上嘴”等激烈的言辞,成人切忌跟着儿童一起激动,这样反而会使得儿童的情绪更加无法平复,无异于火上浇油,正所谓“没有观众看戏,演员也没劲儿”。

案例放送

一天,当当在午睡时要吃糖,老师不同意,当当便大哭起来,老师不为所动,用手机录下当当的尖叫声放给他听,当当听见声音后停止了哭闹,问:“谁在哭?”老师说:“是个不懂事的小朋友,他大哭大闹,吵得别人都睡不好觉,他做得对吗?”当当答:“不对。”老师问:“你愿意和他一样吗?”当当回答:“不愿意。”老师又说:“那就不要闹了。睡觉前吃糖牙齿会疼的,等睡醒后再给你吃,好不好?"当当平静地接受了老师的建议。

当儿童经常能以发脾气的方式满足自己的各种要求时,他就会建立起条件反射,一旦自己的需要得不到满足,就会以哭闹、发脾气等方式要挟成人,所以成人要在满足儿童合理要求的同时,帮助其端正认识,让其知道哪些要求是合理的,哪些要求是不合理的,应该通过正面、积极的方式来获得满足。

6. 正确运用暗示和强化

儿童的情绪情感在很大程度上会受到成人的暗示的影响。比如,有位家长在外人面前总是对自己的孩子加以肯定,说:"我们小妹摔倒了从来不哭。"她的孩子果真能很好地控制自己的情绪。另一位家长则常常对别人说"我们的孩子就是爱哭""他就是胆小"等类似的话语,这些话的言外之意无疑对孩子也是一种暗示,而且这种暗示容易使孩子养成消极情绪。

许多父母常常对儿童说"你不行""太笨了""没出息"等话语,经常处于这些负面暗示影响下,儿童的情绪会变得越来越消极,也没了活动的热情。相反,如果我们能善于利用表扬和肯定的强化影响,儿童就会对自己增强自信,心情也会非常愉悦,会更加有意识地向正面方向发展。如有个孩子平时画画并不太好,当他在幼儿园画的画第一次拿到奖品即一张小画片回家时,妈妈高兴地说:"太好了!孩子,我知道你能行,你画的大红花多么漂亮!"从此,孩子对美术产生了兴趣,而每次画完一张,都拿给妈妈看,妈妈总是说他画得好,有进步,孩子果然越画越好了。值得注意的是,成人的表扬不要一味用类似"你真乖""你真好"等空泛的词,一定要给儿童一个具体的缘由,让儿童知道自己做的哪些事、做的哪些动作是值得表扬的,这样也能让儿童对自己建立一个初步的自我认识,有利于儿童保持优点和努力改善缺点,保持积极向上的情绪情感状态。

7. 想象法

所谓想象法即遇到困难或挫折而伤心时,想想自己是"大姐姐""大哥哥""男子汉"或某个英雄人物等。随着儿童年龄增长,在正确的引导和培养下,孩子能学会恰当地调节自己的情绪和情感的表现方式。

儿童表现情绪情感的方式更多是在生活中学会的,因此,在生活中有必要教给孩子有意识地调节情绪及其表现方式的方法,让儿童能够客观地认识自己和他人的情绪情感表现,也懂得并学会自我调节的科学方法。

本章小结

学前期是儿童各种情绪情感的萌发和发展的重要时期,他们的喜怒哀乐对其行为和心理发展有直接的影响和支配作用。基本情绪包括哭、笑、恐惧和愤怒,情绪分为心境、激情和应激,高级情感分为道德感、理智感和美感。学前儿童情绪的主要特点是情绪的易冲动性、情绪的不稳定性和情绪的外露性,其情绪情感发展的趋势是逐渐深刻化、丰富化和社会化。作为未来的幼儿教师,我们应当认识并理解学前儿童的情绪情感发展特点,尊重儿童的情感需求,正确对待儿童的情感表达,走进儿童的情绪情感世界。

第八章　真题链接

思政小结

幼儿的情绪情感很不稳定。学生应当敏锐地觉察到幼儿的情绪状态，运用科学的方法调控幼儿的不良情绪。学生应具备高尚的道德情操和积极稳定的情绪状态，才能通过言传身教影响幼儿，培养他们的道德感和积极情感。

实习实训

“分离焦虑”的处理

一、实习实训目标

观察小班儿童分离焦虑的表现，运用恰当方案进行处理。

二、理论知识回顾

所谓分离焦虑是指幼儿第一次长时间与主要抚养者分离，进入幼儿园小班进行游戏、生活时所表现出的紧张、不安、恐惧等正常的焦虑情绪，具体表现为大声哭泣、依恋教师、依恋自带物、默坐、不正常进餐及不正常午睡等现象。

三、实训任务

(1) 实验准备：纸、笔，小班幼儿新入园的场景。

(2) 实验过程：在新入园的小班分别选择 2～3 个处于不同“分离焦虑”情绪状态的儿童，记录每个儿童的情绪和行为表现，选择适宜的方式进行持续干预。间隔 1 周后再对这几个孩子进行入园观察，记录他们情绪和行为表现，通过对比前后变化来研讨处理方法的有效性。

小班幼儿	干预前幼儿表现	干预方法	干预后幼儿表现
幼儿 A			
幼儿 B			
幼儿 C			

第九章
学前儿童的意志

章节导航

- 学前儿童的意志
  - 意志概述
    - 意志的概念
    - 意志行动的特征
    - 意志的品质
  - 学前儿童意志的发展
    - 学前儿童意志行动的萌芽
    - 学前儿童意志行动的发展
  - 学前儿童意志力的培养
    - 学前儿童意志力培养的原则
    - 学前儿童意志力培养的方法

学习目标

1. 掌握意志的基本含义和三个特征，理解构成意志品质的四种稳定因素。

2. 了解学前儿童意志活动在目的与动机、坚持性和自制能力三方面的发展状况及特点。

3. 理解培养学前儿童意志力的四个原则。

4. 基本掌握几种培养学前儿童良好意志品质的方法。

案例放送

海伦·凯勒——假如给我三天光明

海伦·凯勒(Helen Keller)于1880年6月27日出生在亚拉巴马州北部一个小城镇——塔斯喀姆比亚。她1.5岁时突患急性脑充血病，连日的高烧使她昏迷不醒，当她苏醒过来时，眼睛烧瞎了，耳朵烧聋了。

幼年的海伦·凯勒由于失去听觉，不能矫正发音的错误，她说话也含糊不清。对一个残疾人来说，世界是一片黑暗和寂静，在这样的情况下要学会读书、写字、说话，没有强大的记忆力，简直是不可能的事。

但是，海伦·凯勒没有向命运屈服。她为了能清楚地发音，用一根小绳系在一个金属棒上，叼在口中，另一端拿在手上，练习手口一心，写一个字，念一声。为了使写出来的字不至于歪歪扭扭，她还自制了一个木框，装配了一个滑轮练习写字，当然，安妮·莎莉文老师也付出了很大的努力，她让海伦将手放在自己的喉咙上，让海伦感受发声时震动的声音。而且海伦·凯勒还从莎莉文老师那里学会了认字，比如像鲜花、水、太阳等字，并认为爱就是那温暖的阳光。

在学习与记忆的过程中，海伦·凯勒只有一个信念，即她一定能够把自己所学习的知识记下来，从而成为一个有用的人。她每天坚持学习10个小时以上，经过长时间的刻苦学习，以及其拥有的一颗不屈不挠的心，她掌握了大量的知识，能熟练地背诵大量的诗词和名著的精彩片段。到后来，一本20万字的书，她用9个小时就能读完，并能记忆下来，说出每章每节的大意，还能把书中精彩的句、段、章节和自己对文章的独到见解在2小时之内写出来。海伦的记忆力已经大大超过了普通人的正常水平。

想一想：你觉得是什么力量在支持海伦·凯勒这么刻苦、努力地学习？

（资料来源：百度百科——海伦·凯勒. https://baike.baidu.com/item/海伦凯勒）

第一节 意志概述

一、意志的概念

所谓意志首先是人所特有的一种心理活动动力因素之一，能够对人的实践活动、认识活动产生重大影响。同时，意志也是构成人性格的主要特征，正如孟子所说："夫志，气之帅也。"这说明意志是人性格的重要组成部分。

爱因斯坦曾说过："伟大人物最明显的标志，乃是他的坚强意志，不管环境变换到何种地步，他的初衷与希望仍不会有丝毫的改变，而最终会克服障碍，以达到期望的目的。"由此可见，意志能够促进人有效地进行各种实践活动，是人实现成功的重要保证。美国心理学家推孟曾对千余名天才儿童的意志进行持续30年的跟踪研究，30年后在80名男性被试中，将最成功的前 20%和最不成功的前 20%进行对比，发现影响他们成功与否的因素并不是智商的高低，而是意志品质的不同，成就大的人都是对自己的工作和生活充满信心，能够努力克服工作和生活中的困难，且具有不屈不挠的精神的人，而成就低的人往往不具备这些品质。

综上所述，意志是构成个体性格的主要特征，是个体为了实现自己已确定的目的，不断调整并支配自己的行动从而克服种种困难的心理活动或过程，意志对人的认识活动和实践活动具有重大的意义和作用。

二、意志行动的特征

意志是人特有的心理活动和现象，同时意志和行动是密不可分的，个体的意志特征往往需要通过其实践活动，即意志行动表现出来。意志行动是一个人要达到目的的行动，是指个体主动调节和控制自身活动，克服心理上、情绪上的各种障碍以及主客观各种影响因素从而完成自觉确立的目标的行动。因此个体的意志特征往往可以从其意志行动中表现出来，不论是创新者的坚持不懈、革命者的持之以恒，还是失败者的"三天打鱼，两天晒网"，都表现着个体的意志。从意志的含义中可以看出，作为意志行动，其特征主要表现在三个方面，即目的明确性、随意动作性和克服困难性。

（一）目的明确性

个体的意志行动和目的是密不可分的，没有明确的目的就谈不上意志，个体自觉确定行动的目的是其意志最主要的特征，是行动的前提要求。一个人在从事实践活动之前，其意识里已经形成了关于此次活动的最终结果，正是因为自觉明确的目的和对活动的观念，个体才能按照目的进行活动，排除和制止不符合目的的行动。

个体离开了自觉目的，就没有意志行动可言；换言之，一个人的意志行动一定是伴随着自觉目的。行动的目的越明确、社会价值越高，个体的意志水平就越高，行动就更具针对性，从而行动的冲动性和盲目性就会减弱。

案例放送

乐高搭建——直升机

又到了"自主游戏"的时间，今天的建构区迎来了四位可爱的女娃娃——小澜、小怡、芝芝和俏俏。"领头"的小怡(小怡是一个比较有主见的小朋友，而且其他小朋友都愿意征求她的意见并且乐于和她交流)说道："今天我们来搭一个直升机吧。"其余三个小朋友都同意了小怡的提议。确定了今天的主题后，四个小朋友开始进行"分工"(大班的小朋友已经能够进行合作游戏)，机身由小怡来搭建，机翼由芝芝来搭建，螺旋桨由俏俏来搭建，而小澜负责监督和组装，明确了各自的任务以后，小朋友们便开始工作起来。

在搭建的过程中，芝芝受到了其他小朋友的"邀请"，要她去娃娃家"作客"，她回应道：

“我在和他们搭建直升机，不能和你去玩，等我搭建完再和你去玩行吗？”回绝了其他小朋友以后，芝芝便又开始搭建自己的机翼。十分钟以后，机身、机翼和螺旋桨的部分都已经搭建完毕了，大家把各自搭建好的部分放在一起，小澜便开始进行组装，这时小朋友们发现搭建的机翼比机身“宽”，拼出来的直升机显得很不协调，和小朋友们平时见到的不一样，细心的小澜首先发现了这一现象，她说道：“我们这个直升机搭错了，这个机翼应该小一点”，于是芝芝在大家的提示下把机翼调小了一些，这样机身和机翼刚好可以组合起来。于是在大家的共同努力下，一架直升机就搭建好了(图 9-1)。

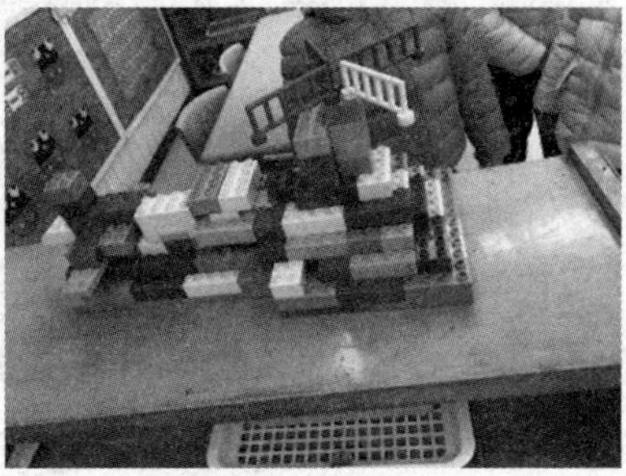

图 9-1 直升机搭建

案例分析：案例中的芝芝小朋友分配到的任务是搭建“机翼”，在搭建的过程中收到了其他小朋友的游戏邀请，这时芝芝小朋友知道自己当前的任务和游戏目的是搭建机翼，于是拒绝了其他小朋友的邀请，从这一举动我们能看到芝芝小朋友在游戏中具有明确的目的性；行动的目的越明确、社会价值越高，个体的意志水平就越高，行动就更具针对性，从而行动的冲动性和盲目性就会减弱，所以芝芝小朋友能够专注于自己的任务。

（资料来源：贵阳市六一幼儿园 李露老师）

（二）随意动作性

人的意志行动是由一系列动作所构成，而人的动作根据意志参与与否可分为不随意动作和随意动作。不随意动作是指个体不受意识支配而做出的一系列动作，比如排便、睡眠、个体的习惯性动作等，这些动作的发生不以人的意志为转移，同时这些动作发生之前并没有确定任何目的；随意动作是指个体有意识地完成、具有一定目的的动作，比如打篮球、弹钢琴、跳芭蕾、开火车、做课堂笔记等。

随意动作是意志行动发生的必要条件，没有随意动作的掌握，个体就无法进行意志行动。个体掌握了随意动作，就能够根据目的去组织、调节、支配一系列动作来进行复杂的活动。随意动作是意志行动的必要组成部分，但并不能说明意志行动中不包含自动化动作，虽然自动化动作和意志行动有区别（自动化的习惯性动作可能是不随意动作），但两者之间又是相互联系的（意志行动的动作必定是随意动作，而随意动作中有一部分是自动化的习惯性动作）。自动化动作可以更好地帮助人完成一些随意动作，实现意志行动。比如，跨栏运动员的起跑、跨栏动作以及最后的冲刺都是带有目的性的，但同时都具有自动化的性质，由此可以看出，自动化的习惯性动作和意志行动之间可以相互转化，自动化动作是随意动作多次重复、失去其自觉性转化来的，而已经形成的自动化动作在个体受到内、外部因素影响可能处于有意识的状态时从而会变成随意动作。

（三）克服困难性

人的意志行动往往不是一帆风顺的，在实现既定目的的过程中，总是需要个体去面对行动中的各种障碍，需调动自身积极性去克服困难和挫折。比如，平时“不费吹灰之力”完成的事，像拿筷子吃饭、端碗喝汤，这些就不是意志行动，而运动员某一次比赛失利后认真分析原因，敢于自我批评、自我反思，最终依靠自己努力的训练进而赢得比赛，这才是意志行动。所以，如果个体能够克服巨大的困难，则表明这个人的意志非常坚强；反之，面对一点挫折就逃避和退缩的人，其意志就很薄弱。人在实践活动中克服困难的努力程度是衡量这个人意志强弱的重要标志。

另一方面，个体在意志行动中遇到的困难可分为外部困难和内部困难，外部困难指的是在实现目的过程中所遇到的客观不利因素，比如恶劣的气候条件、匮乏的物质设备，也包括来自家庭、社会和他人的阻挠；而内部困难主要是指个人自身生理或心理方面的障碍，比如先天的身体疾病、负面情绪干扰、过度自信、经验不足等。外部困难和内部困难并不是分别作用于个体的，两者之间是相互影响、相互作用的。比如，平原地区的篮球运动员来高原地区比赛，自信心不足的球员更容易受到高原地区地势高、空气稀薄的客观自然因素的影响，这表明外部困难一般是通过内部困难作用于个体的。

案例放送

顽固的“大脚板”

今天在户外游戏时来了一位“新朋友”——大脚板(见图 9-2)。利用这种玩具进行游戏时需要三位小朋友同时踩上去，而且所有小朋友必须每次迈出相同的脚才能进行下去，否则的话就会有小朋友摔倒，这对孩子之间的合作以及自身的协调性有一定的考验。

图 9-2　大脚板

第九章　意志力——大脚板

有三位小朋友非常愿意挑战这个游戏，于是他们踏在了“大脚板”上。第一次尝试，三个小朋友“寸步难行”，每走一步都要摔倒，后来他们发现每次每个小朋友都要迈同一只脚才可以，于是进行了第二次尝试，这次尝试要比第一次好很多，但还是会有小朋友摔倒，这时有小朋友提出建议，我们需要找个可以扶着的东西来帮助我们，这样就不会摔倒了，于是他们进行了第三次游戏尝试，扶着墙来玩“大脚板”，孩子们这次尝试在墙的帮助下进行得非常成功。

目的明确性、随意动作性以及克服困难性作为意志行动的特征，是密切联系、不可分割的统一体。自觉明确目的是意志行动开展的前提；随意动作是意志行动能够顺利进行的手段和基础；克服困难是意志行动可以达到目的的核心。

三、意志的品质

意志品质是指构成意志的稳定因素，主要包括果断性、坚定性、独立性和自制力等。

（一）果断性

果断性是指一个人能够在分析利害关系的基础上及时、坚定地做出决定和执行决定的品质。果断不是轻率，两者有本质上的差别，果断是在充分、周密的思考基础上做出决定；而轻率则缺乏这样的思考过程。果断的人能够全面思考行动的目的和过程，慎重选择行动的方法，在行动时，毫不动摇地坚持自己的选择，敢作敢为；在紧急关头能够当机立断，不拖泥带水；当情况发生变化时，能够随机应变，立即停止已经做出的决定。

优柔寡断、瞻前顾后是和果断性相反的意志品质。优柔寡断者最明显的特点就是无休止的动机冲突，不论是做出决定还是执行决定，都处于动机斗争的状态，做决定时经常摇摆不定，顾虑重重；执行决定时无法坚持执行，遇到阻碍或困难就会重新思考已经做出的决定。优柔寡断者如果遇到紧急情况，经常仓促决定，无法冷静思考，作出选择后又后悔，甚至在执行决定时还会怀疑自己的选择是否正确。瞻前顾后的情况可能来自于个体的心理因素或受到其他外界因素的影响，比如内心对作出错误决定的恐惧；害怕承担风险、逃避责任的动机；生活等其他方面的压力会影响个体作决定的能力和思维；还有可能是缺少作出一个好决定的信息。最后一种情况下，瞻前顾后有时是可以被接受的，而且在一定情况下也许是明智的选择。

（二）坚定性

坚定性是指个体对自己决定合理性的长时间信任，并坚定不移地克服困难，为执行决定、达到目的而努力的品质。个体为达到目的不怕困难和挫折，百折不挠，既不被预订的方法所束缚，也不被欲望所阻碍，这就是坚定性的表现。

动摇、刚愎自用、执拗是和坚定性相反的意志品质。动摇是指个体遇到困难便怀疑、改变已经设定好的目的，这种人做事虎头蛇尾，遇到困难望而却步、见异思迁；刚愎自用、执拗是个体对自己不客观的评价，这种人盲目自信，不能理智分析当下局势，尽管知道当前局势对自己不利或自己行为是错的，也不会改变，独断专行。例如，西楚霸王项羽就是一个刚愎自用的人，韩信多次向其献计献策，项羽都不予采纳，于是韩信便投奔了刘邦，后来在垓下之战，韩信与项羽决战，此时项羽才知道韩信胸怀谋略，但此时想要拉拢他为时已晚。

（三）独立性

独立性是指个体有能力自己做出决定并执行这些决定，有责任并且愿意为自己的行为所产生的结果负责，而且深信自己的行为能够达成最终目标的品质。独立性不同于武断，武断是不听取他人意见和建议的表现，而且一意孤行；独立性则是在吸取和接受他人合理意见的基础上做出的判断。

与独立性相反的意志品质是受暗示性，受暗示性是指容易受到他人的影响，没有主见，容易盲目听从或跟随。易受暗示人的行为动机并不是来自于自身的观点和信念，而是完全听取他人的看法。

（四）自制力

自制力是指个体对自我的控制能力，能控制自己的情绪和行为的品质。在意志行动中，会出现一些与目标不一致的消极情绪、欲望的干扰，比如厌倦、偷懒、享乐主义等。自制力强的人会控制自我，排除那些与既定目标不符的干扰因素，克服一些消极的思想或情绪，为了崇高的目标，不仅能够忍受各种折磨和痛苦，而且还会在需要时视死如归，甚至甘愿放弃自己的生命。相反，缺乏自制力的人则表现出知错不改、意气行事、容易冲动等行为特点。

与自制力相反的是胆怯和任性，胆怯的人遇到困难就自乱阵脚、不敢向前，表现为胆小怕事；任性的人难以约束自己的行为，受情绪支配，常常出口伤人，行为放纵。

果断性、坚定性、独立性和自制力作为意志的品质，均有具体的内容，对于一个人的意志品质不能仅停留在抽象意义上的评价，我们应该结合每项品质的具体内容，从道德角度和社会角度分别加以评价。以上的四项意志品质是相互联系的，如果个体缺少任何一种品质，则会造成性格上的某种缺陷。

第二节　学前儿童意志的发展

案例放送

我要把“城堡”搭得更高

在幼儿园户外的建构区，一群中班的孩子在用圆凳搭建城堡，城堡越搭越高，已经超过小朋友的身高，已很难再把圆凳放上去，但小朋友们并没有放弃，尝试着踮起双脚，于是又搭了一层，但是再向上搭对小朋友来说就有些困难了，于是她们开始向老师求助:“老师老师，那个(已经搭建起来的城堡)太高了，您能帮我们放上去吗?”老师并没有直接去帮助她们，而是引导小朋友:“你们想一想、看一看周围是不是有一些东西可以帮你们站得更高，或者让你们变高呢?”于是孩子们把手里用来搭城堡的椅子垒高，然后站在椅子上一起合作把城堡搭得更高了(见图 9-3)……

（资料来源：贵阳市六一幼儿园　李露老师）

意志是一种复杂的高级心理机能，所以儿童的意志后于其他心理过程的发展。而意志行动作为一种比较抽象的过程很难直接进行观察，只能通过个体的行为来表现，与此同时，意志又要以语言为工具，因此，学前儿童意志的发生发展，与个体动作和语言的发生发展密切相关。

图 9-3 幼儿建构游戏——搭城堡

一、学前儿童意志行动的萌芽

意志行动是一项特殊的有意行动,需要个体能够自觉确定行动目的和参与行动过程,而且还要在行动过程中不断克服困难,因此,儿童自觉意志行动的发展需要一个漫长的过程。

初生的婴儿只有本能的反射性运动,如抓握和吮吸反射,当乳头碰到婴儿的嘴唇或面部,婴儿就会做出吃奶的吮吸动作。而当多次吮吸后,当乳头从嘴里滑落出来时,婴儿便能够迅速找到乳头的位置,由于得到了练习,这一行为比本能的吮吸动作又熟练了些。最初的习惯性动作,看起来是有目标的指引,但实际上引向目标的是一系列习惯了并且固定下来的连续动作,并不是动作开始时就已经确定了目的以及达到目的的方法,所以孩子最初的吮吸、抓握这些习惯性动作并不是意志行动。

当儿童成长到 4 个月左右时,出现了最初的有意性和目的性行为,并呈现出以下三个特点:①动作的循环和重复不再是由于之前动作本身的强化,而是有了自己最初的目的。比如,用手或脚去够或踢床上挂着的彩色小球,是为了看小球摆来摆去,也是为了获得动作经验。②动作不再是以婴儿自身的机能动作为中心,而是指向外界环境,开始对环境进行探索。比如,当一个物体从婴儿视线中消失后,他会继续注视该物体的去向并用眼神追踪。③初步预见自己的动作或行为造成的影响。婴儿最初重复动作是为了"有趣的事情",这种重复的有意性比较微弱,当他去寻找从眼前消失的东西时,仅凭借单一的视觉,而且时间很短、范围也比较小。当婴儿触摸到的一个物体掉落时,他不再仅把视线转向物体掉落的方向,而是会用手做出寻找、摸索的动作,这体现出幼儿知道用眼睛看是无法找到掉落的物体的,需要借助手部的动作。

8 个月左右的婴儿,其有意性动作的发展取得了较大的进步甚至可以说发生了质变,这时幼儿能够坚持一个目标,并且能为了达到这一目标而使用一定努力去排除一些障碍和困难。例如,婴儿正在看一个漂亮的娃娃,这时成人用一个物体挡住了他的视线,那么他一定会努力去挪开这个物体。

1 岁以后,婴儿的意志行动特征更加明显,这时的婴儿能够通过探索各种新方法来排除实现目的的过程中出现的困难,其中最常用的是试误法。比如,当玩具在离婴儿比较远的毯子上时，他首先想通过直接拿玩具的方式来获得，但失败了，经过不断地尝试后，偶然的机会他抓住了毯子的一角，扯动了毯子，于是就发现了毯子的运动同玩具运动之间的关系，便开始拖动毯子让玩具离自己近一些，最后拿到了玩具。这说明，婴儿在探索中能够用行动引起物体的一些变化，在不断摸索中会抛弃一些无用方法，只保留有效的方法。

1.5～2 岁的婴儿，其意志行动中不仅有了明确的目的，而且能够根据目的确定行动方法，这说明婴儿在实现目的的过程中不再通过之前试误或摸索的方式来创造方法。另外，语言的发生发展对这一阶段婴儿的意志发生有重要的意义，成人的语言和婴儿的语言在婴儿最初的意志行动中具有调节的作用，1.5～2 岁的婴儿经常模仿大人的语言来调节自己的行动。比如，当婴儿看到自己喜欢的玩具时会对自己说："家里有，不买。"

学前儿童意志行动的萌芽，就是在出生后头两年的成长过程中，随着生理、语言和认知的发展，在自身有意运动的基础上，经成人的教育引导而逐渐形成的。

二、学前儿童意志行动的发展

学前儿童的意志行动由于生理水平和个体心理活动发展水平的限制，处于发展的低级阶段，其意志过程往往表现为可观察到的意志行动，虽然学前儿童的意志行动发展内化程度不高，但是也能够从其意志行动中看到个体意志行动和意志品质的发展趋势和特点。学前儿童意志行动的发展一般包括三个方面，即行动目的与动机的发展、行动的坚持性的发展和行动的自制力的发展。

（一）行动目的与动机的发展

1. 自觉的行动目的开始形成

行动目的是意志行动的前提和重要组成部分。作为成年人，其行动目的往往有能力可以自觉确定，但对于学前儿童来讲，要达到自觉确定行动目的的程度则需要一个过程。

2～3 岁儿童的行动有了一定的目的性，他们往往是"行动的先导者"，常常不假思索就开始行动，没有在行动前预先提出行动目的，所以他们的行动往往是无迹可循的。

对于 3～4 岁的幼儿，其行动目的往往是成人外加给他们的，成人用具体的示范或者语言指示，帮助幼儿确定行动目的，引导幼儿按照指示和目的去做，帮助幼儿在实践活动中反复训练，达到行为强化的目的。

对于 4～5 岁的幼儿，其自觉的行动目的逐渐形成。这个时期的幼儿在成人的帮助下，逐渐学会提出行动目的，开始尝试在某些活动中独立确定行动任务和设想行动结果。比如，在绘画或游戏中，幼儿能够自己确定活动目的，选择自己喜欢的操作材料，确定自己的操作方法，但是他们的目的不够明确和具体，需要成人的引导和帮助。

对于 5～6 岁的幼儿，大部分已经可以提出比较明确和具体的行动目的。在熟悉的活动中，甚至能够确定行动任务和行动计划来帮助自己实现既定目的，任务和计划的可操作性也比较强。

从年龄特点来看，幼儿期是意志行动中目的逐渐形成的时期，但从个体发展的角度来看，幼儿末期意志行动独立程度的高低和独立性品质的形成与否，与成人的引导密切相关。如果成人能够启发幼儿自主提出行动目的，鼓励他们自己制订行动计划以及选择行动方法，这样幼儿意志行动的独立性就能够得到比较迅速的发展和提高。

案例放送

学习故事：做计划

观察对象：佑佑（大班） 观察者：蒋登宇

一、发生了什么

儿童近期相关信息：佑佑是一个思维非常活跃的女孩子，平时在活动中积极思考、踊跃发言，和班上的小朋友相处得也比较好。

今天上午在活动区玩耍，佑佑选择了她不经常玩的美工区，平常在活动区玩耍时佑佑总是会选择益智角、科学角和语言角，我很好奇这次她选择美工区会做什么，于是我就开始观察她。佑佑来到美工区，便拿起纸和笔画了起来，我问佑佑："佑佑，玩美工区需不需要制订计划？"佑佑才意识到自己没有做计划，便拿起笔在计划表上写上了自己的计划，边画边说："我要画一张爸爸妈妈的婚纱照。"佑佑只画了一个人，我问她："佑佑，婚纱照上只有一个人吗？"她说："应该还有爸爸还有我。"我又问到："婚纱照不应该是爸爸妈妈结婚时照的吗？那个时候怎么会有你？"佑佑说："我画的是有了我之后爸爸妈妈去拍婚纱照。"我继续追问："那除了要画你们三个之外还要画什么吗？"她想了一会儿说："对了，还要画一个伴娘，还可以画一些花瓣，然后还有灯，还有首饰，啊！我还可以给画装饰一下。"我回应道："嗯！我觉得这样的话你画的婚纱照会很漂亮，你来试一下吧！"(见图 9-4)

图 9-4 爸爸妈妈的婚纱照

二、学习了什么

（1）因为佑佑之前很少玩做计划的这三个区角，所以佑佑在如何规范、完整地制订计划这方面的经验有一些缺失。这次佑佑玩美工区，强化了她在做计划这方面的经验。

（2）佑佑之前在玩表演区的时候也做过计划，但是做得比较简单，这次通过教师的指导佑佑可以制订出更加完整、规范的计划了。

三、教师的关注、理解和回应策略

（1）做计划对大班孩子来说难度不是很大，但是当幼儿面对新活动时要想把计划制订得规范、清晰是比较困难的。大部分孩子在制订计划的时候要么过于简单，很快就完成了；要么就是很困难，超出了他们的能力范围，对佑佑来说，她之前在表演角制订的计划就是比较简单且容易完成的。

（2）在教师的引导下，佑佑可以制订出一份完整、规范的计划，而且在制订计划的过程中可以把之前学过的装饰画的技巧运用进去，佑佑的审美能力与创造能力也能够得到提高。

四、下一步该怎么做

(1) 鼓励佑佑去结构角、表演角和美工角这三个需要做计划的区角去玩，让佑佑有更多的机会去练习制订计划。

(2) 在佑佑制订计划的时候，教师要适时的给予比较细致的引导，鼓励佑佑做出规范、完整的计划并按照计划去玩区角活动。

2. 动机和目的的关系出现间接化

幼儿意志行动的动机和目的往往是一致的。游戏是幼儿主要的活动，在游戏中，动机和目的的关系就是直接、一致的。幼儿在进行游戏活动时，其动机是为了游戏，那么他要达到这个目的，行动的过程就是游戏过程本身。比如，幼儿玩"过家家"游戏，其动机是反映生活的过程，其目的也仅在于反映生活的这个过程，他并不追求游戏中的所有道具都是真的，这种与目的具有直接联系的动机称为直接动机。

但随着幼儿年龄的增长，其行动中就出现了动机和目的不一致的情况，比如学习和劳动活动。幼儿参加劳动活动，常常不是为了获得劳动成果，而是为了得到他人的称赞或者避免受人训斥，像这种与目的不一致且存在间接联系的动机被称为间接动机。

幼儿期行动动机和目的关系所发生的变化，是从以直接动机为主向以间接动机为主的趋势发展的。尤其是当幼儿正式进行学习和劳动活动后，其动机和目的关系往往是间接的，学习是目的，是预期的结果，但是学生并不是为了学习而学习，这就出现了动机与目的的间接关系。幼儿期是动机和目的关系开始出现间接化的时期。

3. 动机之间的主从关系逐渐形成

人的行动中难免会出现各种各样的动机，意志行动的特点之一是动机之间的主从关系。但对于婴儿来说，其动机之间不存在主从关系。比如，在完成选玩具的这个任务时，他们觉得每个玩具都好玩，都想要，此时如果告诉他们选定一个玩具后就要离开放玩具的房间去另外一个房间，那么婴儿在听到指示后，就会把玩具放回原处，继续挑选，而且如果不加以制止，则会一直挑选下去。

到了幼儿初期，幼儿的行动动机之间可以形成主从关系，这是因为动机开始过渡到以表象为主要表现形式。有实验证明，幼儿初期能够用表象形式的动机去激励自己的行动，这标志着行动动机之间的主从关系基本形成。实验要求 3～4 岁的幼儿去完成自己不感兴趣的一件事，即收拾一堆旧玩具，并告诉他们完成后可以获得一个新玩具。实验在三种条件下进行：第一种，口述任务；第二种，将新玩具展示给幼儿后立刻收起；第三种，将新玩具放在幼儿能够看到的地方，但在任务完成前不准去拿(见表 9-1)。从幼儿在不同条件下完成的百分比可以说明，在幼儿初期以感知形式出现的具体动机仍起着重要的作用，当到了幼儿中后期，动机的主从关系逐渐趋向稳定。

表 9-1　幼儿在不同条件下完成任务的百分比　　单位：%

条　件	完成任务的幼儿数
第 1 种	100
第 2 种	27
第 3 种	50

资料来源：陈帼眉.学前心理学[M].北京：人民教育出版社，2003.

4. 优势动机的性质逐渐变化

学前儿童意志行动的发生与动机的体系有密切关系，动机体系的形成与动机主从关系的稳定性有关，动机主从关系的稳定性则与优势动机的性质和特点有关系。幼儿期优势动机的发展特点表现为自觉形成的动机逐渐占优势，且有社会意义的动机逐渐占主要地位。下面我将结合两个实验对这两种特点加以解释和说明。

实验 1：要求幼儿在规定时间内控制自己不去看实验者指定的有趣物体。该实验研究的是在不同限制性动机的影响下，幼儿抑制自己直接愿望的情况（见表 9-2）。

表 9-2　幼儿在不同限制性动机的影响下抑制直接愿望的百分数　　单位：%

限制性动机的性质	3～5 岁（5 分钟之内）	5～7 岁（10 分钟之内）
成人的禁止	46.7	67
奖励	66.7	100
惩罚	60	80
个人言语	46.7	80

资料来源：陈帼眉.学前心理学[M].北京：人民教育出版社，2003.

3～5 岁的幼儿，主要靠外部条件（惩罚、奖励和成人的禁止）来抑制自己的直接愿望，而“个人语言”的作用还很弱；而对 5～7 岁的幼儿来说，虽然外部条件的动机作用仍然比较强，但是“个人语言”的作用显著提高，这表明幼儿动机的主从关系由外部的、被动的关系逐渐过渡到了内部的、主动的关系。

实验 2：一位苏联的教育家在研究幼儿是否会产生社会意义动机的实验里，用两种不同的理由要求幼儿完成“制作小旗”的任务，一是为其他儿童制作小旗，二是为自己的妈妈制作小旗，了解他们在活动过程中的实际动机（见表 9-3）。

表 9-3　幼儿完成“制作小旗”任务的百分数　　单位：%

任　务	为其他儿童制作			为妈妈制作		
实际动机	为制作过程	为自己	为别人	为制作过程	为自己	为妈妈
3～4 岁	0	21.4	78.6	71.4	28.6	0
4～5 岁	0	0	100	42.8	42.8	14.4
5～6.5 岁	0	0	100	13.3	66.7	20

资料来源：陈帼眉.学前心理学[M].北京：人民教育出版社，2003.

各年龄幼儿在完成“制作小旗”的任务时，“为其他儿童制作”的比例远高于“为妈妈制作”，这是因为幼儿能够理解为其他幼儿制作小旗的实际意义，能够将社会性动机和制作小旗这一任务联系起来，这种联系是幼儿所能理解的，显然，这种为其他幼儿制作小旗的社会性动机起着明显的激励作用。

（二）行动坚持性的发展

行动坚持性是衡量学前儿童意志发展的重要指标，所谓行动坚持性是指个体在较长时间内能够自觉按照既定目的去行动。通过研究学前儿童的坚持性，能够看出其行动目的和动机的发展水平及作用，又可以观测儿童克服困难的能力水平。学前儿童的坚持性随年龄的增长而提高，有研究证明，1.5～2 岁的儿童，已经出现了坚持性的萌芽，而 2 岁儿童已经能够接受坚持性的任务，2～6 岁，儿童的坚持性会随年龄的增长而提高。

陈帼眉等人(1982)进行了关于学前儿童智力活动方面的坚持性实验，该实验包括两个方案，方案一："找星星"实验，即要求被试从测试纸上的各种图形中依次找出五角星，用笔划掉；方案二："走迷津"实验，即要求用笔画线，从迷津图的中央按规则走出来。前者的重点在于研究学前儿童在克服由枯燥单调的活动引起的心理困难时的坚持性；而后者重点研究学前儿童克服智力困难时的坚持性(见表 9-4 和表 9-5)。

表 9-4 学前儿童在"找星星"实验中的坚持性分数

年龄组	被试人数	平均得分	标准差	标准误
4 岁	50	61.2	18.7	2.7
5 岁	50	74.1	15.1	2.2
6 岁	50	82.1	13.1	1.9

资料来源：陈帼眉.学前心理学[M].北京：人民教育出版社，2003.

表 9-5 学前儿童在"走迷津"实验中的坚持性分数

年龄组	被试人数	平均得分	标准差	标准误
4 岁	50	40.2	21.3	3.0
5 岁	50	62.75	22.42	3.2
6 岁	50	71.7	20.2	3.0

资料来源：陈帼眉.学前心理学[M].北京：人民教育出版社，2003.

结果表明，4、5、6 岁三个年龄段之间的表现有显著差异，这证明学前儿童的坚持性随着年龄增长有所提高；另外，4～5 岁是学前儿童坚持性发生明显变化的年龄，5 岁幼儿与 4 岁幼儿比较，前者的坚持性有明显提高。除此之外，李季湄(1985)对日本儿童坚持性的研究结果也证明 4～5 岁这一年龄段幼儿的坚持性变化最大。

（三）行动自制力的发展

自制力是意志行动的重要方面，贯穿意志行动的整个过程中。对于幼儿的意志行动来讲，自制力是一种重要的品质，而幼儿的自制力主要有两种表现形式，即抗拒诱惑和延迟满足。

所谓抗拒诱惑是指抑制自己，不利用一些机会去从事能够满足欲望但是被社会禁止的行为，它表现为无论是在有人还是没人的场合，都能够拒绝充满诱惑但被禁止的活动。

博顿等(1961)对 70 名 4 岁幼儿的抗诱惑能力进行了考察，结果表明，幼儿的抗诱惑能力与父母训练的方式相关。在研究中，采用两种方式训练幼儿的抗诱惑能力，一种是心理训练的方式，比如说教、父母对痛苦的描述、取消爱等；另一种是肉体训练的方式，比如打耳光、打屁股、推搡、责骂等。从实验效果来看，4 岁幼儿由于还不能理解父母的说教和父母态度上的细微变化，所以肉体训练即体罚较为见效，但是随着年龄的增长和认知能力的发展，心理训练的教育方式效果更好。

虽然体罚的效果较好，但是体罚作为不文明行为，被多数家长和教育工作者、心理咨询者所反对，体罚可能最初表现出来的教育效果比较好，但是对儿童未来的身心发展以及个性的成长不利，所以我们对幼儿的教育不应该依赖体罚，而是应该引导幼儿去遵守行为准则，抗拒诱惑。

所谓延迟满足是指个体为了获得长久利益而自愿放弃或延缓当前的享受，幼儿的这种延迟满足能力的形成是自制力发展的一种表现。沃尔特·米歇尔曾做过一个关于延迟满足的实验，发现 4 岁左右的幼儿能够为了自己喜欢的东西等待更长的时间，表明这一年龄段的大多数幼儿能够等待延迟的满足。

知识之窗

延迟满足实验

20 世纪 60 年代，美国斯坦福大学心理学教授沃尔特·米歇尔设计了一个著名的关于延迟满足的实验，这个实验是在斯坦福大学校园里的一间幼儿园开始的，研究人员找来数十名儿童，让他们每个人单独待在一个只有一张桌子和一把椅子的小房间里，在桌子上的托盘里有这些儿童爱吃的东西——棉花糖、曲奇或是饼干棒，然后研究人员告诉他们可以马上吃掉棉花糖，或者如果等研究人员回来时再吃的话，能再得到一颗棉花糖作为奖励，他们还可以按响桌子上的铃，研究人员听到铃声会马上返回。对这些孩子们来说，实验的过程颇为难熬，有的孩子为了不去看那诱惑人的棉花糖而捂住眼睛或是背转身体，还有一些孩子开始做一些小动作——踢桌子，拉自己的辫子，有的甚至用手去打棉花糖。结果，大多数的孩子坚持不到 3 分钟就放弃了，一些孩子甚至没有按铃就直接把糖吃掉了，另一些则盯着桌上的棉花糖，半分钟后按了铃，大约 1/3 的孩子成功延迟了自己对棉花糖的欲望，他们等到研究人员回来后兑现了奖励，差不多有 15 分钟的时间。

（资料来源：延迟满足.百度百科，https://baike.baidu.com/item/延迟满足.）

总的来说，学前儿童意志行动的发展水平是不高的，而且他们的意志行动还会受到诸如分心、活动的特点、同伴间的比较、成人的强化、儿童自身的态度等因素的影响，因此，成人要采用一些方法和策略去培养学前儿童意志力，以提高其意志力发展水平。

第三节　学前儿童意志力的培养

一、学前儿童意志力培养的原则

（一）理论联系实际的原则

学前儿童的意志力培养不应该只是理论上的呼吁，应该结合学前儿童意志的发展规律和特点来开展。另外，学前儿童意志力的培养应该具有针对性，在具体实施过程中应该关注到每个儿童的实际情况，具体情况具体分析，灵活运用所学的心理学、教育学等学科的理论，切忌照搬照抄。

（二）激励性原则

激励是一种能够促进学前儿童将外部动机转化为内部动机的有效手段，也是增强儿童自信心的一种手段。儿童自信心的增强，能够为个体各种动作和意志行动的发展提供有力的内部力量，家长和教师可以使用物质激励、语言激励、动作激励等方法，激发儿童的积极性，提高儿童的自信心，当儿童取得进步时，多鼓励孩子，这样能够让孩子获得成功的情感体验，增加他们的自信心，从而有利于培养儿童的意志力。当孩子失败时，非但没有得到鼓励，还被批评，这时的孩子就会失去活动的积极性，丧失了活动兴趣，所以这种情况下更需要成人的表扬和支持，帮助儿童克服眼前的困难。

（三）适度原则

学前儿童的身心处于发育阶段，其意志力的发展势必会受到身心发展的制约。学前儿童的心理承受力、坚持性、自制力、注意力等发展都是有限的，所以在培养幼儿的意志力时要根据个体心理发展的实际情况，应该逐步提高要求，由浅入深、由易到难。

（四）榜样原则

班杜拉的社会学习理论告诉我们，榜样对于学前儿童的行为发展是非常重要的，意志力作为学前儿童重要且复杂的一种心理活动，在培养过程中一定要重视榜样示范的作用。比如可以通过一些儿童感兴趣的主题鲜明的文学作品来鼓励幼儿进行学习，比如《龟兔赛跑》《小猫钓鱼》等具有榜样示范作用的文学作品，另外还可以选出班级中具有良好意志品质的幼儿作为大家学习的榜样。

二、学前儿童意志力培养的方法

幼儿园是培养学前儿童意志力的主要场所，日常生活、游戏活动、教学活动环节等都可视为培养学前儿童意志力的契机。同时也应认识到，学前儿童意志力的培养并不是幼儿教师单方面的任务，家长也应该担负起儿童意志力培养的重任。

（一）在日常生活中培养学前儿童的意志力

对学前儿童意志力的培养，必须从生活中的一些小细节着手。首先，教师可以在一日活动的自主游戏或者自由活动时间为幼儿制订一些规划和要求，引导幼儿去遵守。比如要求玩玩具的幼儿不能去争抢别人的玩具，取玩具时要一件一件取，不用的玩具要放回原处；看书的幼儿，要爱护图书，看书时要一页一页去翻，一次只能取一本书，看完一本后才能去拿另外一本，阅读时要保持安静，不能大声喧哗等；对于玩户外游戏的幼儿，不能对小朋友做危险动作，玩大型玩具时要排队等。其次，教师也可以在一日生活的某些环节提供竞争机会，竞争能够为幼儿提供表现的机会，尤其是大班的幼儿更喜欢竞争，教师要善于发现每个孩子的长处，对在竞争中表现好的小朋友可给予口头表扬或给予积极的暗示（如微笑、点头）或给予适当的物质奖励（如授予小红花等），以此培养幼儿的意志力。

另外，在劳动环节也能够培养幼儿的意志力，劳动既可以培养幼儿的独立能力，又能够锻炼幼儿的意志品质。教师可以利用各种机会让幼儿做一些力所能及的事情。比如，午睡起床时，可以组织幼儿自己穿衣服、整理床铺等；有条件的幼儿园还可以组织幼儿打理班级的菜园，做一些轻松但比较费时的劳动，比如剥豆子、择菜等。在劳动活动中，如果幼儿碰到困难，教师也不必立刻给予帮助，在保证幼儿安全的前提下可以让幼儿尝试自己去解决问题，在这样的处境下更有利于锻炼幼儿动手动脑的能力，培养幼儿的意志力。

（二）在游戏活动中培养学前儿童的意志力

在游戏活动中也能够体现幼儿的创造力和意志力，同时也是幼儿非常感兴趣的一种活动。幼儿在游戏中能够扮演某种角色，也会按照所扮演的角色来自觉规范行为，把社会规范转变为自己的规范。

在游戏中，教师要有意识地去投放一些能够磨炼幼儿意志的玩具。比如，镶嵌玩具、穿插玩具等，这些玩具一般色彩鲜明、结构简单，既能够吸引幼儿，但玩起来又需要一定的耐心；又比如雪花片、积木、拼图、建造模型、七巧板等，要想玩好这些玩具对孩子本身也具有一定的挑战性，有的需要幼儿按照一定的样子排列，具有较大的操作难度，就像前面提到的“直升机”和“大脚板”案例，幼儿在游戏中能够专注自己的任务和解决遇到的困难，在游戏中锻炼自己的意志力。有研究表明，区角游戏中玩具材料的投放十分重要，适宜的、充足的玩具材料对幼儿独立性、自我克制意识、创造力、自信心的培养具有十分重要的作用。

（三）在教学活动中培养学前儿童的意志力

在培养学前儿童意志力的同时也应关注每个领域的活动教学，应该从每个领域的教学内容中充分挖掘有利于幼儿意志训练的潜在因素，对幼儿的意志行为进行引导和鼓励。

例如，在引导幼儿阅读《机器人心里的蓝鸟》一书时，可以引导幼儿思考机器人带着小鸟都走过哪些地方呢？还可以对幼儿发起提问，虽然机器人遇到冰天雪地、险峻的大山和寒风，他有没有停止不前呢？通过这样提出问题，能够让幼儿去关注绘本中的机器人的坚持行为和意志行为，从而培养学前儿童的意志力。

教师还可以组织一些带有竞争性质的体育活动，比如走平衡木、跳绳、攀岩等。一方面可以幼儿努力克服困难，培养幼儿坚韧不拔的精神；另一方面可以培养幼儿坚强、勇敢的意志品质。

第九章 意志力绘本：机器人心里的蓝鸟

（四）在家园共育中培养学前儿童的意志力

《幼儿园教育指导纲要（试行）》中指出：“家庭是幼儿园重要的合作伙伴”，而家园共育也是目前学前教育发展的目标之一。因此，对学前儿童意志力的培养也需要家庭成员的帮助和付出。教师可以和家长进行沟通，让家长布置一些幼儿力所能及的家务，比如擦桌子、整理床铺、整理衣服、收拾玩具、扫地等任务。告诉家长在做事情时孩子一开始做不好没有关系，不要随便去批评或挖苦孩子，对待孩子要有耐心，这也是对孩子意志力培养的重要过程，让孩子学会用耐心和毅力去完成任务。

同时，在意志力锻炼过程中，要保持家园教育目的的一致性。现在很多学前儿童的在园生活是有规律的，但是一回到家中，在幼儿园中形成的良好行为便被家长的作息规律破坏了，一些幼儿教师反映，孩子在幼儿园形成的好习惯在过了一个周末后会全部被“打回原形”，所以在培养学前儿童意志力这个问题上，家长和幼儿教师一定要统一思想，合作共进，形成一股强大的教育合力。

学前儿童意志力的培养不是一蹴而就的，对学前儿童意志力的培养除了要按照上述几种方法之外，还要注意学前儿童的个体差异性以及意志力培养的实践性。本书所阐述的几种方法只是提供一个思路，在运用时既要考虑到方法实施的科学性，又要考虑到幼儿自身的接受能力以及一些客观因素的限制。总之，作为幼儿教师，在培养学前儿童意志力的过程中，除了要掌握科学正确的方法之外，还要考虑每个幼儿的性格特点，同时保持一定的耐心，因为学前教育本身就是一项复杂而漫长的工作。

本章小结

意志是人所特有的一种心理活动，对人的生产、实践活动具有重大影响。人的意志活动具有目的明确性、随意动作性和克服困难性三个主要特征。意志品质是指构成意志的稳定因素，主要包括果断性、坚定性、独立性和自制力，四者是相互联系、相互影响的，缺少任何一项都会造成个体性格上的某种缺陷。学前儿童正处于身心发展的初级阶段，其意志行动也正处于萌芽(0～2 岁)和发展(2～6 岁)阶段。幼儿教师对学前儿童意志的培养应该遵循理论联系实际、适度、激励和树立榜样的原则；在日常生活、游戏活动、教学活动中都可以培养学前儿童的意志力，应把握每一个意志力培养的机会，但同时也要注意与家长的沟通与交流，在家园共育中培养幼儿的意志力。

思政小结

在培养幼儿意志力的过程中，成人的榜样作用非常重要。学生应该具有不畏惧困难，坚持完成目标的精神。在幼儿教育中，应具有担当精神和奉献精神，善于利用一日生活培养幼儿的意志力，刻苦钻研幼儿喜闻乐见的游戏活动培养其意志力，舍得花时间与家长沟通共促幼儿发展。

实习实训

意志的品质

一、实习实训目标

通过对幼儿行为的观察，分析幼儿的意志品质。

二、理论知识回顾

意志品质主要包括以下 4 个方面。

（1）果断性。一个人能够在分析利害关系的基础上及时、坚定地做出决定和执行决定的品质。

（2）坚定性。个体对自己所做出的决定合理性的长时间信任，并坚定不移地克服困难，为执行决定、达到目的而努力。

（3）独立性。个体有能力自己做出决定并执行这些决定，且愿意为自己行为所产生的结果负责，同时深信自己的行为能够达成最终目标。

（4）自制力。个体对自我的控制能力，比如控制自己的情绪和行为的能力等。

三、实训任务

实验名称：幼儿意志品质的观察。

幼儿意志品质观察记录表

观察对象：	班级：
观察时间及地点：	观察者：
观察内容	

分析与评价

维　度	评　　价	幼 儿 表 现
果断性		
坚定性		
独立性		
自制力		

注：此表格用于幼儿意志品质的观察与分析，记录和分析时应该遵循客观的原则，根据观察到的幼儿行为进行分析，如果在观察的时间段内该幼儿的意志品质未能全部体现，应以实际观察到的行为进行分析，不可进行主观臆断。

第十章 学前儿童的个性

章节导航

- 学前儿童的个性
  - 学前儿童气质的发展
    - 气质的概述
    - 气质的类型
    - 学前儿童的气质与教育
  - 学前儿童性格的发展
    - 性格的概述
    - 学前儿童性格的萌芽
    - 幼儿性格的典型特点
    - 学前儿童良好性格的塑造
  - 学前儿童能力的发展
    - 能力的概述
    - 学前儿童能力的发展
    - 学前儿童能力的培养
  - 学前儿童自我意识的发展
    - 自我意识的概述
    - 学前儿童自我意识的发展
    - 学前儿童自我意识的培养

学习目标

1. 了解个性的相关概念和结构。

2. 掌握学前儿童气质、性格和自我意识发展的基本特点。

3. 掌握自我意识的概念与结构。

4. 初步具备根据学前儿童不同气质特点进行教育、塑造儿童良好性格、提高儿童意识水平的能力，掌握儿童能力培养的方法。

案例放送

在儿童、青少年甚至成人的身上，我们往往可以看到幼儿期的生活在人身上留下的痕迹。如有个二年级的小女孩，为了让其他小朋友跟她玩，就买了一些小玩具，并告诉周围的人，谁跟她玩就可以玩这些玩具，从她妈妈那儿得知，用玩具等来作为结交伙伴的手段的情况在她上幼儿园时就有，因为这个女孩长得非常矮小，所以在班里的玩伴较少，为了吸引小朋友和她一起玩，她就经常从家里拿些好玩的玩具，去“贿赂”那些在班里较有地位的孩子……俗话说“3岁看大，7岁看老”，你同意这个观点吗？

所谓个性指的是一个人比较稳定的，具有一定倾向性的各种心理特点或品质的独特组合，每个儿童都有自己的个性，个性是复杂的、多方面的、多层次的有机心理系统，它主要包括能力、气质、性格和自我意识等，其中，性格是个性心理特征的核心因素，它最能够体现出一个人的心理的个别差异。

第一节 学前儿童气质的发展

一、气质的概述

（一）什么是气质

在日常生活中，我们常常会评价一个人“有气质”“气质好”，这里所说的“气质”不同于我们心理学上所讲的气质，那么心理学上所讲的气质究竟是什么呢？气质是指一个人所特有的且主要由生物决定的比较稳定的心理活动动力特征，主要表现在心理活动的强度（反应的大小）、速度（反应的快慢）、稳定性（保持时间的长短）和指向性（倾向外部世界或倾向内部世界）等方面。这些相对稳定的心理活动动力特征相互作用，相互影响，逐渐形成个人风格。具有某种气质特点的人在不同的场合，不同的任务驱动下，都会表现出相对稳定的心理活动动力特征，比如一个行动缓慢的人，不管在什么场合下，做事总是慢慢悠悠，即使是马上迟到了也不例外，而有的人则雷厉风行，办事果断，动作迅速，即使还有多余的时间，也会在第一时间完成任务。

（二）气质的特点

1. 遗传性

气质是人格的重要组成单元，不仅受到外界环境的调节，也受到内在生物因素的影响，而且这种生物因素的影响要比外界环境的影响要大，这一点也得到了国内外心理学家的认同。关于双生子的研究表明，个体的情绪性、活动性和社交性等气质特征是在婴儿期就形成的，这些气质特征作为个性特质的组成部分，会伴随个体一生，甚至会遗传给下一代，另外，行为遗传学家关于双生子和收养子的研究也表明，儿童气质差异受遗传因素的影响，影响率达44%，而且这种气质的可遗传性可达57%。

2. 稳定性

气质作为人格发展开端，其发展具有稳定性，所谓“禀性难移”指的就是气质的稳定性。Caspi(2000)对儿童气质发展的研究表明，在3岁时，具有低控制行为表现的幼儿在成年后容易表现出易冲动、攻击性等行为；而具有抑制性行为表现的儿童在成年后则容易出现抑郁、多虑、孤僻、不善社交等特性，这说明幼儿早期的气质特征，随着年龄的增长基本保持稳定不变。幼儿的各种气质特征随着年龄的增长而发展，到五六岁时就已经相当稳定，表现出明显的倾向性了。比如，有的幼儿容易兴奋，早餐时间一边吃饭一边还和同伴嬉戏，在集中教学活动时间，老师正在讲解游戏规则，他就已经开始游戏活动了；而有的幼儿则非常安静，即使是户外游戏活动，他也安安静静地完成任务。

3. 可变性

虽然气质具有稳定性，但这并不意味着气质是一成不变的，在生活、教育和社会实践中所形成的各种个性特征，都会对气质产生一定程度的影响，即发生所谓的“掩蔽”现象，“掩蔽”现象是指一个人的气质类型没有发生改变，但形成了新的行为模式，表现出的气质特征与原来的不同。例如，教育经历会对一个人的气质产生巨大的影响，一个内向、安静、不善交流的男孩，在考上了师范专业之后，在师范院校进行专业的师范生素质训练后，会逐渐变得开朗、大胆、善于交流，另外，生活事件也可能对气质产生影响，如亲人去世，生活环境发生重大变化或仕途不顺等。

二、气质的类型

儿童气质的类型，根据不同的划分标准，可划分为多种类型，传统的气质类型是以高级神经活动为标准划分的，但除了传统的气质类型划分以外，还有其他的气质类型划分标准。

（一）传统的气质类型

古希腊医生希波克里特提出了传统的气质类型，他把气质分为胆汁质、多血质、黏液质和抑郁质四种类型，这四种气质类型恰好和巴甫洛夫发现的四种高级神经活动类型相吻合。

高级神经活动的强度、平衡性、灵活性三种特性的不同结合形成了四种神经活动类型，其中三种强行，一种弱型，强型分为平衡型和不平衡型，平衡型又分为灵活型和不灵活型。

(1) 兴奋型。强而不平衡的类型，容易形成兴奋的条件反射却不容易形成抑制性的条件反射，其气质特征表现为热情大胆、易冲动、性情急躁、反应迅速、难以约束、情绪体验强烈但持续时间不长。

(2) 活泼型。强而平衡又灵活的类型，其气质特征表现为活泼热情、灵活机智、反应迅速、交际能力强、心理活动维持时间不长。

(3) 安静型。强而平衡，但不灵活的类型，其气质特征表现为稳重冷静、安静、反应迟缓、有耐性、注意力难以转移、心理活动持续的时间较长。

（4）弱型。兴奋和抑制过程都很弱的类型，外部刺激对这类神经活动的儿童来说太强了，并且迅速消耗儿童精力，难以形成条件反射。其气质特征表现为敏感、畏缩、性情孤僻、优柔寡断、行动迟缓。

上述四种气质类型所体现的神经活动类型和气质特征表现，如表10-1所示。

表10-1　四种气质类型

气质类型	神经活动类型	气质特征
胆汁质	强、不平衡	热情大胆、易冲动、性情急躁、反应迅速、难以约束
多血质	强、平衡、灵活	活泼热情、灵活机智、反应迅速、好交际
黏液质	强、平衡、不灵活	稳重冷静、安静、反应迟缓
抑郁质	弱	敏感、畏缩、性情孤僻、迟缓

案例放送

案　例　1

她易于察觉别人不易察觉的事情，在实验中，两根铁丝本应是等长的，但实际上有极细微的差异，先后参加实验的10个同龄小朋友，只有她一个人注意到了这个差异。

她不喜欢说话，喜欢一个人玩，有时其他小朋友凑过来玩，她也不说话，只是厌烦地把他们推开，更不愿与陌生人接触。

她情绪不易外露，受到表扬时，也没什么表示；在幼儿园里遇到不高兴的事情，可以毫无表情，但回家后却对着妈妈哭。

她上课时很安静，总是一个姿势坐着；吃饭时，不管饭菜多么好，从不见她大口吃；午睡时，她总是把衣服一件件叠好放在椅子上，如果椅子稍微歪一点，她要把它放正，还要看上几眼，然后才躺下；起床时，穿衣动作也很慢。

她是偏抑郁质的儿童。

案　例　2

他性子很急，每次拿小人书，都是拿一大沓，而且翻得很快，即使新书也能很快看完；他喜欢活动量大的活动，每次玩创造性游戏，总是玩打仗；他是全班扔沙包扔得最远的一个。

他爱逞能，有一次全班小朋友正在排队，他突然跑出队伍，用力拉住正在转动的转椅。

他上课时坐不住，有时会随便站起来，或在椅子上乱动，常常发出叫声，即使老师对他有所示意，他仍然克制不住；对老师的提问常常没有听清楚就急着回答，因此常常答非所问。

他偏胆汁质。

案　例　3

他很能自制，从小班开始，下课后其他小朋友都出去玩了，他却不受影响，常常只剩下他一个还在画画，一直画到自己满意后才出去玩；看动画片时，有的小朋友哈哈大笑，他却只是平静地笑笑；本班的老师因事外出一个星期，回来后大多数孩子拉着老师的手，又说又笑，他却只是安静地在一旁看着老师；他如果受了委屈，半天情绪都不会好。

他上什么课都注意力集中，坐在他旁边的小朋友常常逗他，他也不予理会。

有一段时间里，他一直练跳绳，又有一段时间里，他一直练打羽毛球，他是全班较早学会一些活动项目的孩子。在坚持性的测查中，他坚持的时间比同班儿童长。

这个儿童偏黏液质。

案 例 4

她在班里跳绳比赛得了第一名，每次要跳舞，总是班里学得较快的；她理解事物快，上课积极举手发言，并基本上能作出较好的回答；她对感兴趣的课能长时间集中注意力，对不感兴趣的课则不集中注意力，甚至做小动作，但看见老师稍有示意，即能克制住自己；她能较快地适应不熟悉的环境，第一次上台报幕和第一次演出都能很好地完成任务；她喜欢和小朋友一起玩，从来不一个人单独玩，并很善于和小朋友交往，而且在游戏中常常当小领袖。

她偏多血质。

（资料来源：陈帼眉，冯晓霞，庞丽娟.学前儿童发展心理学[M].3 版. 北京：北京师范大学出版社，2013.）

（二）托马斯·切斯的气质类型

美国心理学家托马斯和切斯根据儿童活动水平、生理节律、注意分散度、对陌生人和新事物的反应、对外界环境的适应性、注意的广度和持久性、反应强度、对刺激的敏感性、心境的质量 9 个不同维度的基本情绪行为反应的不同组合，将儿童的气质类型划分为容易抚育型、困难抚育型和起动迟缓型三种。

1. 容易抚育型

40％的儿童属于困难教育型。他们饮食、睡眠等生理活动比较有规律，容易接受新事物和陌生人，容易适应新的环境，情绪总是愉悦的，对成人的交流行为反应迅速，容易得到成人的注意和关怀。

2. 困难抚育型

10％～15％的儿童属于困难抚育型。他们的饮食、睡眠不规律，不易适应新环境，情绪反应强烈，总是在哭，显得烦躁不安，甚至在游戏中也不愉快，需要消耗成人很大的精力才能接受爱抚。由于成人的抚爱常常得不到正面的反馈或收效甚微，导致亲子关系逐渐疏远。

3. 起动迟缓型

大约 15％的儿童属于这一类型。活动水平低，启动缓慢，对新事物的适应缓慢，但是如果成人坚持与他们积极交往，他们也会逐渐产生积极的反应。在没有外部压力的情况下，也会慢慢对新刺激感兴趣。

以上三种气质类型只占 65％，其余 35％的儿童不能简单地划分到容易抚育型、困难抚育型、起动迟缓型三种气质类型中的一种中，他们往往具有这三种气质类型特点中的两种或三种，属于混合型。

三、学前儿童的气质与教育

（一）了解学前儿童的气质特点

幼儿教师要针对性地对幼儿实施保育、教育，促进幼儿个性的健康发展，首先要了解幼儿的气质特点，教师可通过观察幼儿一日活动各个环节中所表现出来的行为方式和情感态度，如儿童活动的主动性，是否容易发脾气，容易激动，对新环境的适应能力等，并与气质类型的典型特征相对照，以确定儿童的气质类型。

（二）平等对待不同气质类型的幼儿

《教师职业道德规范》中明确指出，教师要关心爱护全体学生，尊重学生人格，平等公正地对待学生。教师、家长和幼儿同伴间的互动往往会受幼儿气质特点的影响，在师生互动中，胆汁质的幼儿热情大胆、容易冲动、性情急躁、难以约束自己，因此在互动过程中会让教师感到头疼；多血质的幼儿活泼热情、乖巧灵活、喜欢交际，较受到教师的青睐；黏液质的幼儿动作反应迟缓、安静，容易被忽视，而抑郁质的幼儿性情孤僻、敏感、畏缩、迟缓，教师在教育这类幼儿的过程中会感到无从下手。幼儿的这些气质差异，会导致教师对幼儿或多或少的有区别对待，这种对多血质幼儿的偏爱，对胆汁质幼儿的不喜欢，对黏液质幼儿的忽视，对抑郁质幼儿的无可奈何的差别对待，是有悖于教师职业道德要求的，因此，幼儿教师要尽量避免出现这种偏爱的情况，平等关注每一个幼儿，让幼儿感受到平等的爱。

（三）有针对性地进行培养

气质无好坏之分，各种气质类型都有自身的优缺点，但是极端的气质特征及其行为表现会对幼儿的人际关系和成长造成不良影响，因此，对于不同气质类型的儿童，可以有针对性地对其进行培养，了解幼儿的气质特征，采取有针对性的教育措施，发扬其优点，同时防止不良品质的产生，例如，对胆汁质的儿童，要培养其勇于进取、豪放的品质，防止其任性粗暴；对于多血质的儿童，要培养其活泼开朗的性格，防止粗枝大叶、虎头蛇尾；对黏液质的儿童，要培养其沉着冷静、积极探索、认真踏实的特点，防止墨守成规；对抑郁质儿童要培养其敏锐、机智的特征，防止疑虑、孤僻。

第二节　学前儿童性格的发展

一、性格的概述

（一）什么是性格

性格是一个人对现实的稳定的态度，以及与这种态度相应的、习惯化的行为方式中表现出来的心理特征。

态度是一个人对人、物或思想观念的一种反应倾向性，它是在后天生活中习得的。一个人对现实的态度，表现在他在生活中追求什么、拒绝什么，即表现在他都做了什么上面，比如有的人想当官，有的人却不愿意当官。而行为方式，就是这个人如何去做的体现，比如有的人热情好客，有的人却对人冷若冰霜，有的人工作兢兢业业，有的人工作时三天打鱼两天晒网，有的人遇事积极乐观，有的人遇事杞人忧天等。一个人的态度决定了他的行为方式，稳定的态度和与这种态度相适应的行为方式慢慢地成了习惯，就自然而然地表现出来了。比如一个勤奋的人，勤奋是他的性格特点，做事总是勤勤恳恳，别人看到他勤奋做事就觉得很自然，符合他的性格特点，而对于懒惰的人，如果别人看到他做事很勤奋，反而觉得很奇怪，无法理解，所以说，稳定的态度和习惯化的行为方式是统一的，人对现实的稳定的态度决定了他的行为方式，而习惯化的行为方式又体现了他对现实的态度。

性格是人在后天的社会生活实践中逐渐形成的，一旦性格形成便相对稳定，但是，性格的稳定性并不是说它是一成不变的，而是可塑的，性格在形成后，生活环境的重大变化也会使性格产生变化，如一个活泼开朗、喜欢交往的孩子，在遭遇家庭重大变故之后，可能性格会变得内向，害怕交往。

（二）性格的结构

性格是非常复杂的，一个人的性格是许多性格特征的独特结合，是许多性格特征的统一体，包括性格的态度特征、意志特征、情绪特征和理智特征。

1. 性格的态度特征

人对现实态度的性格特点包括如下几点。

（1）对待社会、集体和他人的性格特点。如集体主义或个人主义、同情或冷淡、忠诚或背叛、坦率或虚伪等。

（2）对待工作和学习等事情的性格特点。如创新或墨守成规、认真负责或马虎、勤劳或懒惰等。

（3）对待自己的性格特点。如谦虚或骄傲、自信或自卑、严于律己或任性放纵等。

2. 性格的意志特征

个人自觉调节自己行为，以符合社会准则的性格特点。

（1）对行为自觉控制水平的性格特点。如积极主动或被动行事、自制力强或不能自控等。

（2）在长期工作中表现出来的性格特点。如持之以恒或有始无终、坚韧不拔或举棋不定、固执或灵活等。

（3）在紧急情况下表现出来的性格特点。如勇敢或退缩、果断或犹疑、镇定或慌乱、顽强或软弱等。

3. 性格的情绪特征

（1）情绪的强度。即情绪对个体行为活动的感染程度和情绪受意志控制的程度，如有的人情绪高涨，富于激情，而有的人情绪比较克制，情绪平静、冷漠。

（2）情绪的稳定性。即外界条件变化使人的情绪产生的起伏和波动的程度，有的人在重大事情面前情绪比较稳定，容易控制，而有的人容易激动，情绪起伏大。

(3) 情绪的持久性。即情绪活动对身体、工作和生活影响的持久性，有的人遇见悲伤的事情，悲伤的情绪持续时间短，头一天还在难过，第二天就高高兴兴玩去了，而有的人会难过很长一段时间。

(4) 主导心境。即不同的主导心境在个体身上稳定表现的程度，如有的人经常开心愉悦，有的人则经常郁郁寡欢、心情低落。有的人性情平和，有的人却经常躁动不安。

4. 性格的理智特征

性格理智特征也称为人的认知风格，表现在人的认知活动方面的特点，如观察是否主动、是否有目的、是否快速精准；想象是否主动大胆；记忆是否主动自信；思维是否独立等。

（三）性格的类型

(1) 根据人的理智、情感、意志三者在性格结构中谁占优势，可把性格划分为理智型、情绪型和意志型。理智型的人，以冷静思考而行事，用理智来支配自身的行为；情绪型的人，往往不善于思考，感情丰富且行为常常受情绪左右，往往会不顾一切地做出极端的事情；意志型的人一般表现为行动目标明确，做事积极主动，并能坚持不懈。

(2) 根据人的心理活动倾向于外部还是内部，可把人们的性格分为外向型和内向型，这是国际上比较广泛应用的一种分类方式。外向型的人心理外向，对外界事物充满兴趣，活泼开朗，情感易于外露，待人处事不拘小节，但有时显得冲动；而内向型的人比较沉静冷漠，心理内向，情感深沉，待人处事严谨，性情孤僻，不善交际。

(3) 根据个体独立性程度，可把人们的性格划分为独立型和顺从型。独立型的人善于独立思考，不易受外来因素的干扰，能够独立地发现问题和解决问题，甚至喜欢将自己的观念强加于他人；而顺从型的人，易受外来因素的干扰，爱依赖别人，常不加思索地接受他人意见，应变能力较差，遇到事情时往往犹豫不决，他们往往对什么事情都人云亦云，一会儿往东，一会儿往西，常被人说成是“墙头草”。

（四）性格与气质的关系

性格与气质是既有区别又有联系的两种不同的个性心理特征，他们相互制约、相互影响。

1. 性格与气质的区别

气质是指一个人所特有的且主要由生物决定的比较稳定的心理活动动力特征，主要表现在心理活动的强度、速度、稳定性和指向性等方面，主要是先天获得的，无好坏之分，可塑性小；而性格是一个人对现实的稳定的态度，以及与这种态度相应的、习惯化的行为方式中表现出来的心理特征。性格更多地受社会生活条件的制约，主要是后天的，在社会评价上有好坏之分，可塑性较大。

2. 性格与气质的联系

性格与气质的联系不是单一的，而是相当密切复杂的。相同气质类型的人可能形成不同的性格特征，而性格特征相似的人也可能属于不同的气质类型。具体地说，性格与气质之间的相互影响有以下几种情况。

(1) 特定的气质类型容易形成某种性格特征,从而影响性格形成与发展的速度。当某种气质与性格切合度较高时,就有利于性格的形成与发展,相反会有碍于性格的形成与发展。如胆汁质的人容易形成勇敢和果断的性格特征,而黏液质的的人就难以形成此类性格。

(2) 不同的气质可以形成相同的性格特征,但会使性格特征具有不同的特点以及独特的色彩。例如,同是勤劳的性格特征,多血质的人表现出精神饱满,精力充沛,黏液质的人会表现出踏实肯干,认真仔细;同是乐于助人的性格特征,胆汁质的人在帮助别人时会弄得声势浩大,而黏液质的人在帮助别人时则往往是默默付出。

(3) 性格对气质有重要的调节作用,可以在一定程度上掩盖或改造气质,使气质符合现实生活的要求。如医生必须具有沉着冷静、胆大心细等性格特征,在严格的医生专业学习和训练中,这些性格逐渐形成,就会慢慢掩盖或改造胆汁质者易冲动、急躁的气质特征。

二、学前儿童性格的萌芽

儿童的性格不是一朝一夕形成的,而是在先天气质类型的基础上,在儿童与周围环境相互作用的过程中逐渐形成的。在儿童性格形成前的环境中,对其性格形成影响最重要的因素就是经常照顾他的人,即孩子的父母,一般来说,在儿童性格萌芽的过程中,亲子关系起着最重要的作用。母亲良好的照顾和爱抚,让儿童从小具有安全感,会形成良好的依恋关系,有助于良好性格的形成。儿童性格的最初表现是在婴儿期,而到了 3 岁左右,儿童出现了最初的性格方面的差异,主要表现在以下几个方面。

(一) 合群性

从儿童与同伴的相处中就可以看出儿童的性格出现了明显的差异,有的孩子喜欢和同伴一起玩耍,富有同情心,看到同伴难过会主动上前安慰,别的孩子有困难的时候也会主动伸出援手,发生争执时也较容易作出让步(见图 10-1)。而有的孩子则不太合群,喜欢一个人独自玩耍,不和同伴说话,还有的孩子喜欢哭闹,爱惹是生非,常表现出攻击性行为。

图 10-1　我来帮你系扣子

（二）独立性

婴儿期的孩子独立性较差，但是发展较快，到 2～3 岁时，孩子的独立性表现非常明显。我们常常听到孩子说“我自己来”，独立性强的孩子可以独自完成很多事情，如有的孩子 2 岁时就可以独自使用勺子吃饭，自己洗手，自己尝试洗袜子，可以一个人睡等，而有的孩子独立性较差，吃饭时要等妈妈喂饭，必须要妈妈的陪伴才能入睡。

（三）自制力

到了 3 岁左右，在正确的教育作用下，有的孩子已经掌握了初步的社会准则和行为规范，学会一些自我控制的方法，能够做到自我控制，如未经过别人的同意不随便拿人家的东西，不争抢玩具，在需求未得到满足时也不会无休止地哭闹；也有一些孩子自制力较差，不会自我控制，当需求得不到满足时，就大声哭泣，满地打滚，以此来要挟父母满足自己的需求。

（四）活动性

有的孩子活泼好动，精力充沛，总是对周围世界充满了好奇心，想要一探究竟；有的孩子则喜欢安静，喜欢一个人静静地看书看电视甚至一个人静静地做游戏。

三、幼儿性格的典型特点

幼儿性格的独特性和同一性是辩证统一的，虽然每个幼儿有自己独特的性格，但相同年龄的幼儿又会具有同样的性格特点。由于性格是在孩子后天生活实践中形成的，年龄越小，孩子之间的生活差异越小，年龄越大，孩子之间的生活差异也越大。幼儿期，由于孩子生活时间、生长发育和活动范围受限，其生活经历的同一性很大，因此，性格的共同性也很大，幼儿期典型的性格特点一般有以下几点。

（一）活泼好动

活泼好动是幼儿的天性，不管是何种性格的孩子都有此特点，即使是非常内向的孩子，在自己比较熟悉的环境或在和自己要好的同伴玩耍时，都会表现出活泼好动的天性，他们总是不停地做各种动作，不停地变换活动方式，一般来说，幼儿并不会因为持续不断的活动而感到疲劳，反而往往是因活动过于单调而引起厌倦，因此，我们常听到家长抱怨：“我们家孩子太调皮了，从一睁眼就无休止地乱跑”。其实我们可以利用幼儿活泼好动的性格特点，进而培养幼儿良好的品质，如幼儿喜欢跑跑跳跳，喜欢走来走去，喜欢搬东西，在成人的指导下容易形成勤快、爱劳动的品质；反之，如果经常限制幼儿的活动，什么事都是大人包办则可能会引起幼儿反感，进而可能会养成孩子懒惰的性格特点。

（二）好奇、好问

由于幼儿对现实世界缺乏认识，而且经验有限，因此对他们来说，很多东西都是新奇的，从而对现实世界充满了好奇心、探索欲，不管什么都想去看一看、摸一摸、动一动，常常出现我们所说的"破坏"行为，对于幼儿的这种好奇心，成人应当给予正面引导，这有利于培养幼儿的探索精神。

幼儿好问，他们脑袋里好像装着"十万个为什么"，总是不断地提问"蝌蚪的妈妈是谁，小蝌蚪为什么不像妈妈""大雁成群飞行时，为什么排成'一'字形或'人'字形""为什么秋天树叶会落下来"等问题。对于孩子的提问，要科学地作答，不能够全答，以留给幼儿思考的空间，激发幼儿的探索精神和求知欲，帮助其形成勤奋好学、积极进取的良好品格。切忌对幼儿的提问置之不理，甚至对幼儿的提问加以斥责，如责备孩子"别的小朋友都没问题，就你问题多"，这往往会将幼儿的好奇心和求知欲扼杀在摇篮里。

（三）模仿性强

模仿是幼儿的天性，是幼儿期成长的典型特点，幼儿往往在小班时表现尤为突出。幼儿模仿的对象可以是同伴，可以是幼儿园老师，也可以是父母，幼儿对父母和老师的模仿，是因为幼儿把他们当成自己的"偶像"，幼儿希望通过模仿快快长大，进入他们的世界；幼儿对同伴的模仿要比对成人的模仿更多，对同伴的模仿往往是社会性的行为，也是一种学习知识的行为，例如，在教学活动中，老师弹着琴，孩子们在唱歌，朱槿文坐在第一排，他用手在老师的椅子上打着节奏，甜甜坐在他旁边，看到后，也用手在老师的椅子上打着节奏，他们两个会心地笑着。这既是知识学习的模仿行为，也是社会交往中的模仿行为。

（四）易冲动

幼儿性格在情绪方面的表现就是情绪不稳定，好冲动。幼儿的情绪不稳定，常常会受到他人情绪的影响，比如小班幼儿看到别的小朋友在哭，他也哭了起来。幼儿的两种对立情绪，常常在短时间内相互转换，比如孩子正在大声地哭泣，这时成人给他做了一个鬼脸，孩子马上哈哈笑起来。幼小的儿童常常处于激动的情绪状态，完全不能控制自己的情绪，比如妈妈没收了孩子的玩具，他一下子就大声哭泣，满地打滚。

四、学前儿童良好性格的塑造

（一）在家庭教育中塑造儿童良好性格

1. 重视家庭教育在儿童良好性格塑造中的作用

家庭是儿童的第一所学校，家长是儿童的第一任教师，家庭教育具有开始时间早、持续时间长、连贯和个别教育的特点，对儿童性格形成具有先入为主和潜移默化的作用，是学校教育所不具备的。另外，父母良好的性格和家庭教育，容易培养儿童良好的性格，因此家长要高度重视家庭教育在儿童良好性格塑造中的作用，克服"树大自然直，孩子大了自然会懂事"的错误观点，积极树立性格教育的自觉意识，抓住儿童性格形成的关键期。

2. 营造良好的家庭氛围

所谓家庭氛围是指在一个家庭中家庭成员之间的关系及其所营造出的人际交往情境和氛围，它会直接影响儿童性格的形成。家庭氛围可分为融洽型和对抗型两种，儿童在不同的家庭氛围下成长，会形成不同的性格特点，融洽型家庭的氛围更融洽，亲子关系好，儿童更有安全感，更容易形成自信、活泼开朗、喜欢交往的性格；而对抗性的家庭，父母关系紧张，经常争吵甚至发生暴力，儿童情绪紧张焦虑，缺乏安全感，容易形成退缩、自卑、慌乱等不良性格。因此家长要密切关注家庭成员关系，重视亲子之间的交流互动，适时调整心理，对孩子提出适当的期望，并不断提升自身文化、思想、品德修养，营造良好的家庭氛围。

3. 建立民主型的家庭教养方式

父母对孩子的教养态度，对幼儿良好性格的形成和发展有着至关重要的作用。家庭教养方式包括民主型、专制型和放任型三种，民主型的家庭，父母慈祥、诚恳，善于和孩子交流，尊重孩子的天性，支持孩子的兴趣，鼓励幼儿做自己喜欢做的事情，满足幼儿的正当需求，同时又对孩子进行适当的控制，对孩子提出明确的目标和要求，在这样的家庭中，孩子的独立性、主动性、自我控制能力都有较好的发展。有研究发现，性格良好的儿童，尤其是优秀学生的家庭教养方式多是民主型，可见民主型教养方式能促进儿童良好性格的形成。

4. 对幼儿保持教育要求的一致性

在家庭教育中，总是出现各成员对孩子的要求不一致的现象，尤其是独生子女家庭，父母、爷爷奶奶、外公外婆都围着孩子转，而爷爷奶奶、外公外婆又对自己的孙子孙女过于溺爱，当孩子犯错时，父母要对孩子做出相应的惩罚，却被爷爷奶奶阻止，这往往会导致孩子不知所措，不知道自己做的到底是对是错，缺乏是非观念。

（二）在幼儿园教育中塑造儿童良好的性格

1. 加强养成教育

“播下一种行动，收获一种习惯，播下一种习惯，收获一种命运。”即行为养成习惯，习惯造就性格，性格决定命运。养成良好的行为习惯是幼儿学习的重要内容，也是良好性格形成的开始，因此幼儿园要加强养成教育。

（1）做好幼儿园一日生活组织

幼儿园一日生活活动都是培养幼儿良好习惯的重要途径，幼儿在遵守一日生活常规制度和执行各项规定的过程中，可以形成主动、有礼貌、自立等良好的行为习惯。如入园离园可以对幼儿进行礼貌教育，入园见到老师要说“老师早上好”，离园要跟老师说“老师再见”；在进餐环节教育幼儿要安静进餐，爱惜粮食，餐前洗手，餐后漱口。作为教师还要注意，在培养幼儿的良好习惯时要以身作则，为幼儿树立良好榜样，做到身教重于言传。

（2）组织好幼儿的游戏活动

游戏在儿童性格形成和发展中具有特别的意义。游戏是幼儿最喜欢的活动，幼儿在游戏中更能接受规则，有的儿童可能在日常生活中非常任性，但在游戏中，为了能够参与游戏，不被同伴排斥，他们会学着控制自己的性格缺点，接受规则，与同伴合作。

（3）在教育活动中养成良好习惯

利用故事、情景表演等幼儿喜欢的方式进行教育，培养幼儿的良好习惯。例如通过“谁扔的香蕉皮”“孔融让梨”等教学活动，让幼儿通过看视频和情景表演的方式养成不随地扔果皮纸屑以及尊老爱幼的良好品德。

2. 善待幼儿、因材施教

教师一方面要严格要求幼儿遵守常规，养成良好习惯；另一方面也要灵活对待幼儿的行为举止。幼儿年龄尚小，还不成熟，由于各种原因，有时会出现哭闹、无理、退缩、懒散等现象，甚至出现攻击行为。教师应正确对待孩子的这些行为，应了解这些行为背后的原因，并帮助他们改造各种不良习惯。

（三）树立良好的榜样

喜欢模仿是幼儿性格的典型特征，家长和教师的一言一行都会对幼儿性格产生潜移默化的影响。家长的言谈举止优雅，幼儿之间也会形成文明的交流方式，家长满口脏话，孩子也会无形中学会“爆粗口”；如果幼儿教师染了一头大红发，孩子回家也可能跟爸爸妈妈吵着要染红发。因此父母和老师都应当注意自己的言行举止，为幼儿树立良好的榜样。

第三节　学前儿童能力的发展

一、能力的概述

（一）什么是能力

我们在评价一个人时，常常会说这个人精明能干、足智多谋、德才兼备、多才多艺等，这其实是在评价一个人的能力。能力是直接影响人的活动效率，使人能够顺利完成某项任务所必需的个性心理特征。例如，人们要驾驶车辆，必须具备颜色的辨别能力和车辆驾驶操作能力，否则，就无法辨别红绿灯，无法正确驾驶车辆。虽然气质、性格等心理特征也会影响人的活动效率，但这并不是最直接最根本的因素，如贪玩会影响孩子顺利完成作业，但是在妈妈的监督下，他同样能够完成。

（二）能力的分类

心理学家根据不同的标准将能力划分为如下三大类。

1. 一般能力和特殊能力

根据能力影响范围的大小，可将能力分为一般能力与特殊能力。一般能力是指完成各种活动所需要的能力，它是人的认识活动中的一种具有多维结构的综合性能力，包括感知能力、记忆能力、思维能力、想象能力、言语能力等，我们称为智力，智力的核心是抽象概括能力，创造能力是智力的高级表现；特殊能力是指从事某些专门活动所必需的能力，例如数学能力、音乐能力、绘画能力等都属于特殊能力。

2. 模仿能力和创造能力

根据能力的主动性、独立性、创造性的不同，可将能力分为模仿能力与创造能力。模仿能力也叫再造能力，指人们通过观察别人的行为、活动，然后按照原有的模式进行活动，从而迅速掌握知识、适应环境的能力,这种能力符合学习活动的要求;创造能力是指能够改变、创新及超越寻常思考与活动,从而产生新思想,以及发现、创造新思想的能力。

3. 认知能力、操作能力、社交能力

根据能力影响的活动领域的不同,可将能力分为认知能力、操作能力与社交能力。认知能力是指人脑加工、存储和提取信息的能力,也就是我们所说的智力,如观察力、记忆力、想象力等;操作能力是指人们操作自己的肢体以完成各项活动的能力,如劳动能力、艺术表演能力、体育运动能力、实验操作能力等,操作能力是在操作技能的基础上发展起来的;而社交能力是指人们在社会交往活动中表现出来的能力,如组织管理能力、言语感染力、调解纠纷的能力、处理意外事故的能力等,这种能力对于组织团体以及促进人际交往和信息沟通有重要的作用。

二、学前儿童能力的发展

(一) 多种能力的显现和发展

1. 操作能力最早表现,并逐步发展

孩子一出生,就有了先天的抓握反射,在此基础上,经过反复的无意识抓握练习,孩子逐渐学会了有目的的抓握;长到 4、5 个月时,孩子出现了手眼协调,到 6、7 个月时孩子的手眼协调能力得到发展,手的灵活性也会越来越好;长到了 1 岁时,孩子的操作能力逐步发展起来,可以参与到大部分游戏中去了。

2. 模仿能力发展迅速

一般 18～24 个月的孩子开始出现延迟模仿,即可以对一段时间之前出现的他人行为进行模仿,延迟模仿可以是语言方面的,也可以是动作方面的。而随着延迟模仿能力的发展,幼儿的模仿能力也发展起来了。

第十章　操作能力:捞鱼游戏

3. 创造能力开始萌芽

儿童的创造能力发展较晚,创造力的水平较低。一般来说,到幼儿晚期,幼儿的创造力开始萌芽,而且对学前儿童的绘画、音乐、故事讲述及发散思维测验等方面的各种研究结果表明,随着幼儿年龄的增长,他们的幻想中创造性想象的成分随之增多,创造性想象的精细性也不断提高。

此外,学前儿童的语言能力、认识能力迅速发展,特殊能力开始有所表现。

(二) 学前儿童能力发展的特点

1. 智力发展迅速

儿童大脑的发育,是儿童智力发展的基础,对 7 岁前的儿童大脑发育的研究表明,7 岁时儿童的脑重已达 1 280 克,超过成人脑重(1 400 克)的 90%;另外,脑的高级中枢到 7 岁时已经基本成熟,这表明人出生之后几年的智力发展会非常迅速。布鲁姆(Bloom B,1960)关于智力发展的研究也证明了这一点,布鲁姆对他收集的 20 世纪前半期多种对儿童智力发展的纵向追踪材料和系统测验的数据进行分析总结，发现儿童智力发展有一定规律，布鲁姆以17岁少年的智力发展水平为最高点，假设其智力为100%，那么1岁的儿童为20%，4岁的儿童为50%，8岁的儿童为80%，13岁的儿童为92%，因此，儿童头四年智力水平发展最为迅速，但布鲁姆提出的只是一个假设，只能作为参考。

2. 出现能力差异

由于遗传、环境、教育以及幼儿主观因素的影响，幼儿的能力发展状况存在差异性，主要表现在以下几个方面。

(1) 能力类型存在差异

不同的幼儿具有不同的优势能力，如有的儿童记忆能力特别好，见过的字、听过的故事、唱过的歌曲很快就能记住；有的儿童语言表达能力很强，能够清晰连贯表达自己的想法；而有的儿童则操作能力很强，喜欢独立摆弄玩具、制作卡片、搭建造型等。

(2) 能力水平存在差异

我们通常说的人的能力有大小就是指能力发展水平上差异，有的人聪明，有的人愚笨，而大多数人属于正常。一般来说，人类智商呈正态分布。

(3) 能力表现早晚存在差异

能力表现早晚上的差异指的是有些人在少年儿童时期就表现出优异的能力，聪慧超群，这叫"人才早熟"，如我们熟知的唐代诗人白居易1岁开始识字，五六岁就可以即席赋诗，有些人的能力表现较晚，甚至到了晚年，能力才充分发挥出来，这叫"大器晚成"，如画家齐白石直到40岁才显露出杰出的绘画才能，而羽毛球运动员张宁30岁才终于获得奥运冠军。

三、学前儿童能力的培养

(一) 转变家庭教育观念

学前儿童的各种能力，是在儿童实践的过程中逐渐发展起来的，要培养学前儿童的能力，首先要转变溺爱型的家庭教养方式，尽量避免在许多事情上家长大包大揽，防止剥夺儿童实践的机会；其次，为儿童创造和谐宽松的家庭教育环境，鼓励孩子大胆尝试，在"犯错"的过程中习得各方面的能力。

案例放送

幼儿剥橘子

小班早点为幼儿准备的是橘子，小颖老师要求幼儿自己剥橘子，半数幼儿一听到要剥橘子，就说："老师，我剥不来。"有些幼儿用手指抠橘子皮，能剥橘子的幼儿只有4人，有3名幼儿不愿动手剥橘子。

分析：作为独生子女的他们在家备受家人的宠爱，很多事情时常被家长包办代替，缺乏一些生活能力上的锻炼机会。幼儿的年龄特点决定了他们小手肌肉群还不发达，个别幼儿对完成这项活动有一定的困难。老师在考虑幼儿活动时，应多创设锻炼孩子动手操作能力的游戏(见图10-2)，既可以增强幼儿的动手能力，也可以促进幼儿与同伴交往的能力。

图 10-2 大家一起剥橘子

（二）正确了解儿童能力发展水平

要培养儿童的能力，首先要对儿童的能力发展水平有一个了解，只有了解了儿童的能力发展水平，找到儿童能力的最近发展区，我们才能针对性地对儿童进行培养。从日常的观察中，我们可以对儿童的能力进行评估，但这种评估往往不够精确，为此心理学研究者设计了各种测验能力水平的工具，如一般能力倾向测验（GATB）、差别能力倾向测评（DAT）、智力测验等，智力测验工具使用最多的是比纳西蒙智力测验和韦克斯勒智力测验。但是由于被测者所生活的区域、文化、背景不同，测验过程容易受外界因素干扰等影响，即使使用测量工具得出的结果也不一定客观，因此对儿童能力的测试需采用能力测试工具，也要同时结合日常观察，采用多种方式了解儿童能力发展真实水平。

（三）根据儿童能力的个别差异因材施教

儿童能力的差异主要表现在能力的类型不一样，能力水平不一样，能力出现早晚不一样。根据儿童能力的差异采取不同的教育方法，针对具有特殊才能的孩子，我们要尽早发现，并及时关注培养，但同时要注意这类孩子的全面发展，不要过早专业化；对于能力发展较弱的儿童，要对他们进行个别化教育，并研究其发展落后的原因，“对症下药”，鼓励他们大胆尝试，促进其相关能力的发展；对于能力普通的孩子也要注意，因为这类孩子由于能力普通，数量大，容易被忽视，教师要公平对待每一个孩子，发现他们的闪光点，取长补短，使每个孩子都得到最好的发展。

（四）充分利用游戏培养幼儿能力

游戏是幼儿最喜欢的活动，也是幼儿园的基本活动，在游戏中可以培养幼儿的多种能力。教师要充分利用游戏活动培养幼儿的能力，如角色游戏“自助餐”通过“老板”“厨师”“服务员”“顾客”等角色的扮演，儿童模拟角色行为，相互之间进行交流沟通，可以提高幼儿的交往能力、语言能力、动手操作能力等。如在智力游戏“喊数抱团”中当听到数字几时，就要几个孩子抱在一起，如果有落单的孩子就结束游戏了，这个游戏不仅能培养幼儿的反应力以及对数字的认识，还能锻炼幼儿的身体。

第四节　学前儿童自我意识的发展

一、自我意识的概述

（一）什么是自我意识

自我意识这一概念，是美国心理学家詹姆斯（William James，1842—1910）在其编写的《心理学原理》一书当中提出来的，他认为“自我是个体所拥有的身体、特质、抱负、家庭、工作、财产、朋友等的总和”。

在现实生活中，我们常常听到人们说“我觉得我变老了”“我失恋了，好难过”“我今天没有偷吃东西哦”等，这种个体对自己身心状态和自己与周围现实之间的关系的认识，就是自我意识。

自我意识是人类特有的，动物不具有自我意识，如猫、狗、猴子等在照镜子时，要么在镜子上挠，要么对着镜子大吼大叫，好像要跟镜子里的自己打架，这说明他们并不知道镜子里的动物是自己，而人类在 1.5 岁左右就知道镜子里的人物是自己，开始有了最初的自我意识。

（二）自我意识的结构

自我意识包括知、情、意三个层次，自我意识是由自我认识、自我体验和自我控制三个子系统构成的，因此，自我意识也叫自我调节系统。

1. 自我认识

自我认识是自我意识的认知成分，是自我意识的首要成分，也是自我控制的基础，所谓自我认识是指个体对自己身心状态及活动的认识和评价，包括自我概念、自我观察、自我分析和自我评价。自我概念是一个人对自身存在的体验，是一个人通过经验、反省和他人的反馈，逐步加深对自身了解的过程；自我观察也称为自我内省，是指个体对自己心理活动的观察和分析，如“吾日三省吾身”中的“省”，就是自我观察；自我分析是在自我观察的基础上对自身各方面的情况进行综合分析，进而找出自己的优缺点；自我评价是在自我观察和自我分析的基础上对自己能力、品德、行为等方面做出的价值判断。

2. 自我体验

自我体验是自我意识的情感成分，是主观的我对客观的我所持有的情绪体验，自尊、自爱、自信、自卑、自傲等都是自我体验的具体表现。

3. 自我控制

自我控制是自我意识的意志成分，表现为个人对自己的行为、活动和态度的调节、监督和控制。自我控制是自我意识能动性的体现，它直接作用于个体行为的环节，是一个人自我教育、自我发展的重要机制。

二、学前儿童自我意识的发展

（一）学前儿童自我意识的发展阶段和特点

自我意识并不是与生俱来的，自婴儿出生后很长一段时间，个体只会观察、认识外部世界而没有自我意识，自我意识是在儿童生长发育的过程中慢慢形成的。

1. 自我感觉的发展（1 岁前）

1 岁以前的孩子还没有自我意识，他们还不能把自己和周围的事物区分开来，甚至连自己的手脚是自己身体的一部分都可能意识不到，如几个月大的孩子常常把手指往嘴里放，就像吃糖一样“吃”了起来，有时候孩子还会因把自己咬疼而大哭起来，这就是因为他还没有意识到自己的手指是自己身体的一部分，慢慢地，儿童发现咬自己的手指和咬其他的东西感觉不同，才意识到手脚是自己身体的一部分，这就是自我意识的最初级形式，即自我感觉。

2. 自我认识的发展（1～2 岁）

儿童对自己的认识，最重要的就是对自己形象的认识，阿姆斯特丹等人的“点红实验”对这个过程做了清晰地描述，在 3～24 个月大的婴儿毫无察觉的情况下，在其鼻子上涂一个无刺激红点，然后观察婴儿照镜子时的反应，研究者发现不同年龄的婴儿有不同的表现，5～8 个月婴儿对镜中自我的镜像很感兴趣，但分不清自己的镜像和他人的镜像，还认不出他自己，9～14 个月的孩子以为自己的动作能引起镜像的动作，会主动以自身动作与镜像相匹配，摸着自己的身体，并看着镜像微笑，15 个月后的孩子在自我意识问题上有了质的飞跃，他能明确意识到自己鼻子上的红点并立刻用手去摸或擦掉。研究者认为，2 岁左右的儿童能根据自己的面部特征的不同，来区分自己的形象和其他儿童的形象，抹掉属于自己的“红点”，说明他们已经认识到了自己的形象。

3. 自我意识的萌芽（2～3 岁）

自我意识的真正出现是和儿童语言的发展相联系的。在掌握了相关的词后，孩子学会像成人那样叫自己的名字了，如妈妈说：“小明，过来吃饭了”，他会说：“小明来了”，这时儿童只是把名字当作自己的信号，遇到别人和自己名字相同时就会感到困惑。

2～3 岁时，儿童掌握了“你”“我”等代名词，不再像以前一样称呼自己名字或“宝宝”了，掌握代名词“我”是儿童自我意识萌芽的最重要标志。刚开始儿童只能使用“我”“我的”等词汇，开始不让别人动自己的东西，慢慢地，孩子能够准确使用“我”来表达自己的愿望，如“我要吃糖”“我不想睡觉”等，这时就可以说孩子的自我意识开始产生了。

4. 自我意识各方面的发展

3 岁以后，孩子的自我评价能力逐渐发展起来，与此同时自我体验、自我控制能力也开始发展。

（二）学前儿童自我评价、自我体验、自我控制的发展

自我评价、自我体验和自我控制是幼儿期自我意识发展的主要表现，已有研究表明，

幼儿期自我意识的发展有基本的规律，即3～4岁，会出现幼儿从无自我评价到有自我评价的转变期，而且有自我评价后发展迅速；4～5岁，会出现幼儿从无自我控制到有自我控制的转变期，而且自我控制出现后发展迅速；而自我体验的发展则相对平稳。

1. 学前儿童自我评价的发展特点

(1) 从依从性评价发展到自己独立评价、对自己个别性评价和多面性的评价

3岁的孩子基本还没有自我评价的能力，部分3岁的孩子能自我评价，但是他们只能以他人的评价作为自我评价，这种自我评价被称为依从性自我评价；如他们在回答他们为什么是好孩子时说"妈妈说我是好孩子""老师说我是好孩子"等。

超过一半以上4岁左右的孩子能进行自我评价，但是他们的评价主要是从个别方面或局部来评价自己，如他们在回答他们为什么是好孩子时会说"我不说脏话""我自己穿衣服"等；5岁的孩子自我评价能力有了进一步发展，并能用几个实际例子来说明，如"星期六我帮妈妈扫地、擦桌子、洗碗"；到了6岁，孩子能从几个方面来评价自己，表现出自我评价的多面性，如有的孩子说："我是好孩子，到幼儿园见到老师主动问老师好，上课时举手回答问题，游戏时主动参与，游戏结束把材料放回原处。"

学前儿童自我评价的发展首先是依从于他人的评价，然后学会独立评价，接着会从某一个方面对自己评价，最后能从多方面对自己进行自我评价。

(2) 从对自己外部评价发展到对内在品质的评价

学前儿童对自己的评价基本上表现为对自己外部行为的评价，还难以深入到内在品质。到6岁左右，少部分孩子的自我评价开始涉及内在品质，但这只是自我评价从外部行为向内在品质过渡的中间状态，还不是真正对自己内在品质的自我评价。

(3) 从主观评价到理智评价

3～4岁幼儿的自我评价带有浓厚的主观情绪色彩，而不是从具体的事实出发，如我们问孩子谁最勤快时，大部分孩子都会说自己是最勤快的，但事实并非如此。到了4岁以后，幼儿能根据一定的道德规范来评价自己和他人的行为，如当问到："唐阿姨背着平平到王奶奶家，给王奶奶扫地、提水。你愿意做哪一个？"时，6岁的孩子会选择做唐阿姨，有的孩子会说："我愿意做唐阿姨。因为老奶奶老了，需要别人的帮助，我要帮干活，做好事"。再比如我们问幼儿："爸爸、妈妈和你共享一块糖，谁应该分得多？"时，4岁以上的孩子会说："爸爸妈妈工作忙，他们最辛苦，他们应该分得多。"

2. 学前儿童自我体验的发展的特点

(1) 自我体验发展水平逐渐提高

学前儿童自我体验的发展水平是逐渐在提高的。当我们问小朋友"张扬抢走了你的小汽车，而且他把小汽车弄坏了，你什么感受？"时，3岁的儿童基本说不清，不知道怎样用语言表达自己的内心体验；4岁的孩子已学会用语言表达自己的内心感受，他们会说"我不高兴""我生气"等；到了5～6岁时，儿童的内心体验会更加强烈，他们已学会使用一些修饰词，如"我很生气""张扬是大坏蛋"等。

(2) 从受暗示体验发展到独立体验

学前儿童的自我体验，受成人的暗示影响很大，年龄越小，受成人暗示的影响越大。如问幼儿："如果你做捂眼睛贴鼻子的游戏时，你私自拉下毛巾，你会觉得怎样?"时，对于3岁的儿童在无暗示时，几乎无自我体验，而在有暗示时(你做错了事觉得难为情吗?)，近30%的儿童有自我体验，随着年龄的增长，成人的暗示对儿童的自我体验影响作用会变小，到6岁时，成人的暗示已经对儿童的自我体验没什么作用了。

3. 学前儿童自我控制发展的特点

(1) 从受他人控制发展到自我控制

学前儿童的自我控制主要包括坚持性和自制力两个方面，学前儿童不管是坚持性还是自制力的发展水平都非常低，需要在成人的帮助下才能够自己控制自己，如让孩子看图画画，80%以上的5岁孩子需要在成人的监督下才能够坚持完成，到6岁时孩子的坚持性则较好，已能够独立完成作业。

(2) 从不会控制到开始使用控制策略

是否掌握自我控制的策略是学前儿童是否能够自我控制的重要因素，对小班的孩子来说，他们还不会有效地使用控制策略，随着年龄的增长他们逐渐学会了一些自我控制的策略，延迟满足的相关研究表明，有部分4～5岁的孩子能使用一些转移注意力的策略进行自我控制，例如小声唱歌、握紧双拳、把手藏在手臂里、睡觉等，而五六岁的孩子已经知道将诱惑物盖起来，从而不去碰实验中终止等待的信号。

第十章 延迟满足——棉花糖实验

三、学前儿童自我意识的培养

(一) 在家庭教育中培养学前儿童自我意识

学前儿童的自我意识是在其成长的过程中逐渐形成的，家庭是学前儿童的第一所学校，家庭教育会对学前儿童自我意识的发展产生影响，如家庭教育观念、家庭文化环境、家庭教育期望、家庭教育方式等。

首先，要树立爱的家庭教育观。现实生活中，很多儿童成了家长用来完成自己愿望的工具，为了孩子的学习和未来的"钱途"，为孩子请家庭教师并让孩子学钢琴、绘画、舞蹈等。父母应该注意的是，儿童不是物质的匮乏者，而是爱的饥渴者，父母必须树立爱的家庭教育观，了解儿童的内心情感世界，通过爱的教育，激发儿童爱自己、爱他人、爱集体的意识和情感。其次，营造多元的家庭评价环境。有的家庭在评价孩子时，只关注他的智力发展，而不重视孩子情感、态度、价值观的引导，但每个孩子是不一样的，加德纳的多元智力理论认为，每个人都存在着多种智力因素，父母在家庭教育中，既要关注儿童的兴趣爱好、情感态度、学习能力等方面的发展，也要关注孩子自尊心、自信心、独立性和道德素养等方面的发展。最后，建立民主的教养方式。父母与孩子的沟通对幼儿自我意识的发展有着显著的影响，父母在与孩子的沟通对话中，应当把自己当作孩子的伙伴、朋友，从而走进孩子的内心世界，做到更好地与孩子交流沟通。

（二）在幼儿园教育中培养学前儿童自我意识

1. 提高学前儿童自我评价能力

（1）教师对儿童的评价要实事求是、恰如其分

幼儿教师往往会对孩子做出一定的评价，把他们评价为聪明和愚蠢的、勤快和懒惰的、可爱和讨厌的等，虽然这些评价可能不准确，但是由于儿童的自我评价依赖于成人的评价，他们往往会自然地接受这种评价，因此幼儿教师要在全面了解儿童的基础上，发现幼儿身上的闪光点，对幼儿作出实事求是、恰如其分的评价。另外，对幼儿的自我评价也要做出及时的引导和调控，尤其是对自我评价过高或过低的儿童，尽量引导他们对自己作出全面的评价，既要看到自己的优点，也要看到自己的缺点。

（2）引导儿童进行自我评价，在交往中提高自我评价能力

进行自我评价与自我反思有助于孩子比较客观地认识自我，知道自己有何优点、有何缺点，进而调整自己的行为，形成良好的自我意识。教师要引导幼儿进行评价与自我评价，批评与自我批评，在别人对自己的表扬或批评中，学会客观地进行自我评价。

学前儿童的自我评价是在与成人或同伴的交往中形成的。学前儿童自我认识、自我评价是在交往活动的基础上产生和发展的，他们只有在交往活动中才能被观察、了解，从而产生评价，学前儿童在他人评价的基础上，逐渐内化，形成自我评价，因此、幼儿教师要提供宽松、愉悦的儿童交往环境，多开展游戏活动，鼓励幼儿大胆进行交往，提高自我评价能力。

案例放送

"夸赞日""反思日"

在"夸赞日"上，孩子们要说出自己做得好的事情，小红说："我喜欢唱歌"，说完便拍手唱起了儿歌，大家一致的掌声是对小红的肯定和表扬，小明一边展示自己的绘画作品一边说："我喜欢绘画，而且我认为我画得还是不错的"，大家给予肯定的掌声。老师还要求孩子要夸赞别人，小茜说："萌萌是我最好的朋友，她经常拿她的玩具和我一起玩"。在反思日上，孩子们要说说自己的缺点，小威说："我吃早餐时有点慢"，小萱说："我今天没有跟老师说早上好"。

（资料来源：葛礼云.幼儿园班级管理中幼儿自我意识的培养策略[J].新课程(教研版)，2017(10)：211.）

2. 增强学前儿童自信心

（1）赏识和信任，树立其自信心

心理学家认为，人在生理需求得到满足之后，人性中最根本的需要就是渴望得到赏识。教育家陶行知也指出，教育孩子的全部奥秘就是在于相信孩子和解放孩子。教师的言行对孩子自信心的树立有很大作用，因此教师平时要多鼓励幼儿，孩子能够感受到自己的力量，获得成就感，这种成就感的不断获得，会转化为孩子努力的内驱力，促使孩子获得成功，获得自信心。

(2) 注重实践,因材施教,激发起其自信心

自信心是在学前儿童的实践中培养起来的。教师要解放幼儿的头脑、双手,为孩子创造锻炼机会,如帮助老师分发碗筷,收拾餐具等。同时还要注意学前儿童的个别差异性,做到因材施教,每个孩子的实践能力是不一样的,有的能力强,有的能力弱,能力强的孩子我们可以给他布置难度大一点儿的任务,能力弱的孩子,可以给他布置难度小一点儿的任务,这样,不同能力的孩子在经过努力之后都可以完成任务,以激发其自信心。

3. 培养学前儿童自我控制的能力

(1) 树立榜样,引导幼儿自我控制

行为主义学家班杜拉等人的研究认为,榜样在儿童自我控制的发展中起重要作用。教师的一言一行都在幼儿的注意中,因此教师要时刻注意自己的言行举止,为幼儿树立良好榜样,以自己的言行带动幼儿的言行,注意发展幼儿自我控制能力。

(2) 利用游戏培养幼儿自控能力

自制力和坚持力是自我控制最重要的两个方面,而对自制力和坚持力的培养都可以利用游戏所起的作用。维果茨基认为,儿童最大的自制力源于游戏之中。游戏促使幼儿自愿遵守规则,并按照游戏的要求来调节游戏规则与他当下的愿望之间的矛盾。游戏对幼儿有巨大的诱惑力,幼儿为了参与游戏不得不遵守规则,控制自己的行为。

德国教育学家福禄贝尔认为,一个幼儿如果能够自觉地下决心,痛快地坚持游戏,直到筋疲力尽,那么以后必定会成为一个人格完整且果断有决心的人,将来也必定会为了自己和别人的幸福坚持奋斗甚至牺牲。教师可以为幼儿设计多种多样有趣的游戏,并不断变换游戏内容、形式、玩法,幼儿在游戏中遇到困难时,应为他们提供指导,鼓励他们坚持完成游戏,从而培养他们的坚持力。

案例放送

在游戏"猫捉老鼠"中培养自我控制能力

猫捉老鼠的游戏规则为小朋友一边念儿歌《老鼠》,一边一个一个从"老鼠洞"下钻过,一直念到"腊月初一"时,"猫"才可以开始捉"老鼠"。在游戏中有的孩子自制力较差,经常还没有念到"腊月初一","猫"就开始捉"老鼠"了,这时老师应叫停游戏,告知孩子必须要遵守游戏规则才能参与游戏。

(资料来源:李春燕,全国琴.利用游戏策略培养幼儿的自我控制能力[J].新课程·小学,2013(4):104)

(3) 指导幼儿学会情绪调节的技能

学前儿童还不会控制自己的情绪,教师可采用转移法、冷却法、消退法等帮助幼儿控制情绪。学前儿童情绪的表现方式多种多样,有的表现方式是不正确的,例如,孩子要吃糖的需求得不到满足时,他就会大哭大叫,甚至满地打滚。但在成人的教育下学前儿童会逐渐懂得,大哭大闹并不能满足目的,这时老师可以教给孩子反思法、自我说服法、想象法等调节情绪的手段。

本章小结

个性是复杂的系统，包括个性调控系统和个性心理特征两个方面。儿童的个性在3～6岁开始形成。儿童的气质类型分为胆汁质、多血质、黏液质、抑郁质四种，也有的研究者把气质分为容易抚养型、困难抚养型、启动迟缓型三种。儿童的气质发展具有遗传性、稳定性、可变性的特点，我们在教育中要注意了解每个孩子的气质类型，根据幼儿的气质类型开展针对性的教育。3岁前儿童的性格已经开始萌芽，幼儿的性格活泼好动、好奇好问、模仿性强、易冲动，要注意家园合作，在家庭教育和幼儿园教育中塑造幼儿良好的性格。幼儿智力迅速发展，并表现出智力发展的个体差异性，我们要尊重幼儿的个体差异性，多方面培养幼儿的能力。学前儿童自我意识的发展表现在自我评价、自我体验和自我控制等方面，幼儿教育要注意培养幼儿的自尊心、自信心，促进幼儿自我意识的发展。

第十章　真题链接

思政小结

每个人都具有独特的个性特点。学生应具备科学精神和道德准则，尊重每个幼儿的气质特点，塑造他们良好的性格，并助其形成积极的自我意识，因材施教，培养出自尊、自信、个性完善，能力各异的国之栋梁。

实习实训

自我控制

一、实习实训目标

通过延迟满足实验，了解幼儿自我控制的发展。

二、理论知识回顾

学前儿童自我控制发展有如下特点。

1. 从受他人控制发展到自我控制

学前儿童的自我控制主要包括坚持性和自制力两个方面，学前儿童不管是坚持性还是自制力的发展水平都非常低，需要在成人的引导下才能够做到自己控制自己。

2. 从不会控制到开始使用控制策略

是否掌握自我控制的策略是学前儿童是否能够做到自我控制的重要因素，对小班的孩子来说，他们还不会有效地使用控制策略，随着年龄的增长他们会逐渐学会一些自我控制的策略。

三、实训任务

(1) 实验名称：延迟满足实验。

(2) 实验准备：棉花糖、饼干若干、观察记录表。

(3) 指导语：小朋友们，现在你们面前有一块饼干或其他好吃的，如果你们现在吃，就只能吃一块，如果你们20分钟后吃，就能吃2块。

观察记录表

幼儿班级	幼儿表现	分析评价
小班幼儿		
中班幼儿		
大班幼儿		

第十一章
学前儿童的社会性

章节导航

- 学前儿童的社会性
  - 学前儿童性别角色的发展
    - 性别角色的概念
    - 学前儿童性别角色发展的阶段与特点
    - 影响学前儿童性别角色行为的因素
    - 性别角色的认知发展理论
    - 学前儿童的性别角色教育
  - 学前儿童的亲子交往
    - 亲子交往的概念
    - 亲子交往的重要性
    - 亲子依恋的发展
    - 亲子交往的途径
    - 亲子交往的影响因素
    - 良好亲子交往的培养策略
  - 学前儿童的同伴交往
    - 同伴交往的概念
    - 同伴交往的重要性
    - 同伴交往的特点
    - 同伴交往的影响因素
  - 学前儿童的师幼交往
    - 师幼交往的概念
    - 师幼交往的重要性
    - 师幼交往的类型
    - 师幼交往的特点
    - 建立良好师幼交往的策略

学习目标

1. 理解并掌握性别角色的概念及其发展阶段和特点。
2. 掌握亲子依恋的类型，能为建立良好亲子依恋提出具体对策。
3. 了解学前儿童同伴交往的特点和影响因素，掌握同伴交往中四种幼儿类型的表现。
4. 了解师幼交往的类型和特点，掌握在实践教学中建立优质师幼关系的方法。

案例放送

3岁多的小男孩儿常青对妈妈说:“妈妈,姐姐以后要变成妈妈,我以后要变成爸爸。”妈妈问:“为什么姐姐要变成妈妈,你要变成爸爸呢?”常青回答:“因为姐姐是女生,女生都要变成妈妈的,我是男生,所以我以后要变成爸爸呀! 妈妈,你知道了吗?”妈妈又问:“那妈妈以后要变成谁呢?”常青认真地回答:“妈妈以后要变成了奶奶呀!”

案例解析:在这个案例里面,常青这个小男孩已经有了明显的性别意识,并且知道了女孩儿、妈妈、奶奶是同一性别,而男孩儿、爸爸是同一性别。孩子有性别意识以后,家长要用科学的方法对孩子进行性别角色教育,帮助孩子过渡角色。

社会性是个体的一种心理特性,是指人们进行社会交往,建立人际关系,理解、掌握、遵守社会行为准则等的心理特性。儿童在刚出生时,是一个自然人,在与周围人群进行交往过程中,逐步形成符合社会要求的行为习惯、社会规范和特定人际关系,就逐渐成为一个社会人,儿童从自然人向社会人转变的过程就是儿童社会化的过程。社会化是个体在毕生发展过程中,个体与他人的关系中表现出来的认知、情感、态度和行为等随着年龄而发生的变化。儿童的社会性发展是儿童心理发展非常重要的方面,主要包括儿童对性别的认知发展、儿童与他人的人际关系的发展。学前儿童的人际关系主要有亲子关系、同伴关系和师幼关系。

第一节 学前儿童性别角色的发展

一、性别角色的概念

性别角色指社会对男性和女性在行为方式和态度上期望的总称,这种期望在孩子刚出生时就有所体现,并会一直持续下去。试想这样的场景,当婴儿的第一声啼哭从产房中传出来,焦急等待的家人最想了解的可能就是孩子的性别,是“大胖小子”还是“小千金”呢?在病房里面对着襁褓中的婴孩,父母亲人会根据孩子的性别对孩子进行评价,如果是男孩,人们倾向于用“结实”和“虎头虎脑”等力量性的词汇来形容;如果是女孩,则喜欢夸奖她“水灵”和“白白净净”等这些容貌上的特点。在随后的教养中,父母会给孩子购买适合其性别的衣服和玩具,给孩子梳不同的发型以及用不同的行为标准要求孩子,逐渐塑造着适合孩子性别特征的行为。

二、学前儿童性别角色发展的阶段与特点

儿童首先要认识自己的性别,知道男孩和女孩是不同的,然后才能进一步了解男孩和女孩不同的行为标准,根据自己的观察和成人的期望来塑造自己的行为。一般来说,儿童性别角色的发展经历了四个阶段,而对于学前儿童来说,主要经历了前三个发展阶段。

（一）认同自己的性别，初步掌握性别角色知识（2～3岁）

儿童能够区分男人和女人，说明他已经习得了性别概念，儿童的性别概念主要包括两方面的知识，一是对他人性别的认识，二是对自己性别的认识。一般而言，儿童对他人性别的认识要早于对自己性别的认识。大约在2岁时，儿童就能够说出他人的性别，但是要到3岁左右，绝大多数孩子才能准确说出自己是男孩还是女孩，在这一时期，孩子已经初步了解了性别角色的一些知识，例如，女孩子要穿漂亮的裙子，玩洋娃娃，而男孩子要玩汽车等。

（二）自我中心地认识性别角色（3～4岁）

这一阶段的儿童对性别角色的认识还不够明确，具有明显的自我中心的特点。他们能够正确分辨出男孩和女孩，并且逐渐积累了更多的性别角色知识，比如男孩和女孩在发型、穿衣、游戏和玩具等方面的不同。但是同时，他们又能够接受与性别角色不符的行为偏差，例如，有的家长给三四岁的男孩子留一根细长的辫子，或者在他额头上贴一颗红点作为装饰，这个年龄的男孩子不会觉得这种行为有什么不妥。

（三）刻板地认识性别角色（5～7岁）

在这一阶段，儿童对性别角色的认识向更深的层次发展，他们不仅认识到男孩和女孩在行为表现上有很多差异，而且开始了解男孩和女孩在心理上的差异，如男孩应该勇敢、坚强、大胆，女孩应该安静、温柔等。这个年龄的孩子对性别角色的认识具有刻板性，他们认为人们不应该违反自己的性别角色，否则会遭受嘲笑和惩罚。例如，一个男孩子总喜欢哭就会被同伴嘲笑和排斥，认为他像女孩子一样娇气。

三、影响学前儿童性别角色行为的因素

学前儿童如何获得性别角色行为？影响因素有哪些呢？我们可以从两大方面来考察，第一，生物因素，主要受性激素的影响；第二，社会因素，主要包括家庭教养方式、幼儿园教育、同伴交往、动画片和绘本等。

（一）生物因素

生物因素，主要指性激素（荷尔蒙），对学前儿童性别角色行为有一定影响。研究表明，在胎儿期雄性激素过多的女孩，在抚养过程中虽然没有教养不当，但其身上仍然具有假小子的特征，不喜欢玩洋娃娃，长大后喜欢高强度的体育活动，如打球、攀岩等。男孩气的女生和娘娘腔的男生在生活中屡见不鲜，他们的成长不可避免受到先天性生物因素的塑造。另外，除了不可随意改变的生物因素之外，社会因素特别是父母的教养方式，也对个体的性别行为的形成发挥了重要的作用。

（二）家庭教养方式

从孩子出生起，父母就开始塑造符合孩子性别的行为。父母是孩子性别角色的引导

者、强化者和模仿对象。父母会根据孩子的性别来布置房间和购买相应的衣服和玩具。随着孩子的长大，父母会用社会文化所认同的性别价值观来教育孩子，比如教育男孩子学会自立、坚强，而女孩子要安静、温柔等。而且父母本身就是孩子模仿的对象，在儿童认同自己的性别之后，就开始以同性别父母作为模仿对象，例如，女孩子会跟着母亲下厨做饭，做妈妈的小助手。男孩子则喜欢跟着爸爸修理家具，学得有模有样。在儿童表现出符合他们性别的行为时，父母及时给予强化，儿童的性别行为就会逐渐定型。

（三）幼儿园教育

幼儿园教育对儿童性别角色行为的形成也起到了促进作用。例如，在很多幼儿园，从小班开始就要求男女分开如厕，在做早操时要求男孩排成一队，女孩排成一队。生活中遇到体力活时，教师通常会请男孩子做。在做角色游戏时，孩子们会根据自己在生活中的观察，选择适合自己的角色，例如，男孩子喜欢玩建构区，当搬运工，而女孩子喜欢玩美甲屋和甜点屋。在游戏中，教师可以适时介入，让孩子体验不同的性别行为，例如，一群孩子在玩消防员救火的游戏，通常是男孩子扮演消防员，女孩子扮演困在火场的人，如果此时有女孩子希望扮演消防员，教师应当表示支持和赞赏。总之，教师有意无意的行为都会影响孩子对待性别差异的态度。

（四）同伴交往

学前儿童一般喜欢与同性别的伙伴交往和游戏，因为通常他们有相似的爱好和兴趣。例如，男孩子喜欢玩打枪和追逐等需要消耗很大体力的游戏，女孩子喜欢玩娃娃家和时装表演等体现生活乐趣和展示魅力的游戏。如果一个男孩或者女孩出现跟自己性别不相符合的行为，比如，男孩子喜欢穿漂亮的服装展示自己，而女孩子喜欢跟同伴追跑打闹，他们常常会被自己的同性群体排斥和拒绝，产生孤独感。在同伴交往过程中会有一种强大的力量，规范着儿童各自的性别行为。

（五）动画片

动画片在学前儿童的生活中占据重要地位，儿童在观看动画片时，会有意无意地模仿自己喜欢的人物形象，这些媒介也在很大程度上影响着儿童性别角色的形成。例如，《喜羊羊和灰太狼》是孩子非常喜欢观看的动画片，片中的喜羊羊和美羊羊在穿衣打扮、性格特点和兴趣爱好等方面都有明显的不同，喜羊羊代表传统的男性形象，被赋予智慧、勇敢和乐观等特点，而美羊羊代表传统的女性形象，表现出温柔、善良和娇弱的特点。另外，灰太狼需要"抓羊糊口"，红太狼则在家相夫教子，一旦灰太狼抓不到羊就要平底锅伺候。动画片中这些鲜明的形象深受孩子喜欢，也影响了孩子的性别角色观。

（六）绘本

绘本通过精美的图画和简单的文字传达思想，是对儿童进行教育的有效载体。学前教育专家非常推崇绘本的阅读，绘本中的男女主人公的形象会潜移默化地渗入儿童的生活中来。传统的故事书如《灰姑娘》《睡美人》和《豌豆公主》等存在着严重的性别刻板印象，例如，女性是美丽的、脆弱的，需要保护和拯救的；男性则是勇敢、坚强和主动的，这种男强女弱的性别形态会影响儿童的性别角色定位。随着两性平等观念的推进，绘本中折射的性别意识也在悄然发生改变，比如《小恩的秘密花园》就刻画了一个坚强的小姑娘只身来到陌生的城市，乐观面对生活的故事；而《威廉的洋娃娃》一书则描述了一个一直想要洋娃娃的男孩子威廉，他最终也实现了自己的心愿。

四、性别角色的认知发展理论

科尔伯格提出了一种关于性别角色形成的认知发展理论，他认为，儿童性别角色的发展要以认知的发展为前提，他们必须对性别角色行为有一定的了解之后，才会被社会期望所影响；另外，在参与自身性别社会化的过程中，儿童并不是被动的承受者，而是积极的参与者。儿童只有在认同自己的性别之后，才会积极地学习怎样使自己表现得更像一个男孩或女孩。科尔伯格认为，儿童对性别的认识需要经历以下三个阶段。

1. 性别认同

性别认同要求儿童具有简单的能力去识别自己是男孩还是女孩。到了 3 岁时，儿童已经能够确认自己和他人的性别，他们主要是根据个体外部的特征，如发型和衣着等来作出判断(见图 11-1)。例如，一位妈妈带着 2 岁的儿子去朋友家做客，期间，家里来了一个长头发的男人，妈妈让男孩叫他叔叔，男孩却大声反驳道：“他是阿姨，不是叔叔，他有长头发。”

2. 性别稳定性

所谓性别稳定性是指儿童对个体的性别保持稳定的认识，即一个人无论年轻还是年老，他/她的性别不会发生改变，儿童知道男孩长大后会成为男人，女孩长大后会变成女人。

3. 性别恒常性

所谓性别恒常性是指儿童知道尽管一个人的发型、衣着和从事的活动会发生改变，但他们的性别是保持不变的。5～7 岁的儿童处于性别恒常性的阶段，他们不再会被表面现象所欺骗，此时，孩子会从外表逐渐发展到从身体结构来判断一个人的性别(见图 11-2)。

图 11-1　从外表辨别男女

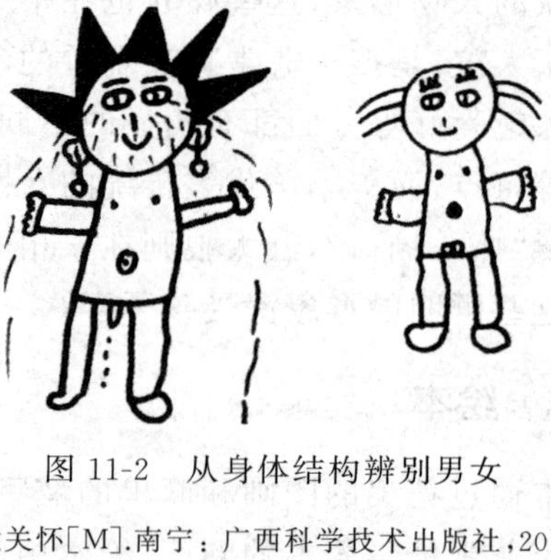

图 11-2　从身体结构辨别男女

(图片来源：胡萍.善解童贞 1——0～6 岁孩子的性发展与性关怀[M].南宁：广西科学技术出版社，2011.)

科尔伯格的认知发展理论虽然引起了研究者极大的注意，但是其依然缺乏充足的实验支持。另外，他认为性别恒常性的产生是儿童性别行为的先决条件，这个观点过于极端，因为 2 岁或 3 岁的儿童已经出现了明显的性别化行为，他们更倾向于选择适合自己性别的玩具、游戏和同性别伙伴。

五、学前儿童的性别角色教育

与其他心理机能的发展类似，儿童对自身性别的认同和性别角色的发展也存在一个关键期，因此，父母或其他养育者在帮助孩子度过性别角色发展的阶段时，需要注意以下几个方面。

（一）真心接纳孩子的性别

父母只有真诚地接纳孩子的性别，孩子才能够从内心里接纳自己。如果父母不喜欢孩子的性别，并且在孩子面前有意无意地流露甚至明确地表达出自己的失望，这会影响孩子对自身性别的接纳及其相应性别角色的形成。例如，在大部分农村地区，还存在重男轻女的观念，女孩子的降生有时对一个家庭来说并不是一件喜事，因为可能会影到家族传递香火，从“换君”“会领”和“领弟”等女孩子的名字中可以看出父母长辈对男孩的期待，在这样的家庭氛围中出生和成长，作为不被期待和接纳的生命体，女孩子学会接纳和欣赏自己的性别特征不是一件容易的事情。无论是男孩还是女孩，都是父母最好的宝贝，父母应该学会真心接纳和喜欢孩子的性别。

案例放送

为什么女孩没有小鸡鸡

一个 4 岁的小男孩发现男孩可以站着用鸡鸡尿尿，而女孩子要蹲着用屁股尿尿，就问妈妈：“妈妈，为什么男孩子有小鸡鸡，女孩子却没有呢？”这位妈妈回答说：“儿子，因为男孩子很勇敢、坚强、善良、乐于助人，而且热爱自己的爸爸妈妈，并且自己的事情自己做，圣诞老人觉得男孩子太棒了，就奖励给他一个鸡鸡！”

这位妈妈本是好意，希望儿子接纳和欣赏自身的性别，但她的回答会让孩子觉得“因为女孩子不棒，圣诞老人才没有奖励鸡鸡给她。”这种回答无疑贬低了女性，在孩子的心中埋下了男性优越、女性卑劣的错误观念，可能会对孩子今后的异性交往产生消极影响。

（资料来源：胡萍.善解童贞 1——0～6 岁孩子的性发展与性关怀[M].南宁：广西科学技术出版社，2011.）

（二）不可以用贬低异性性别的方式让孩子接纳自己的性别

大部分的父母把孩子看作手心里的宝贝，希望帮助孩子认识和接纳自己的性别，但是，在面对孩子对异性的好奇心以及他们提出的稀奇古怪的问题时，父母的回应方式尤为重要。父母不应该用贬低异性性别的方式来让孩子接纳自己的性别，面对孩子提出类似的问题时，只需要告诉他“男孩和女孩不一样，所以尿尿的地方也不一样”，根据孩子的年龄特点告知相应的生理知识，帮助孩子在接纳自身性别的同时了解他与异性之间的不同，学会尊重异性。

（三）帮助孩子建立性别图式

所谓性别图式是指一系列有关男女两性的观念、态度和期望。2 岁的孩子还不能非常确定自己的性别和选择适宜的服装和玩具用品，有的男孩子会特别喜欢女孩的东西，比如漂亮的发饰、裙子和鞋子等，他们也希望能打扮得像女孩子一样漂亮，得到大人的夸奖。成人需要在孩子开始性别认同的关键时期，让其了解男女两性不同的行为方式和人格特点等，并将这些逐渐内化，建立自己的性别图式。身教胜于言传，孩子在形成相应性别角色的关键时期，同性别父母的陪伴是胜于一切的，在一些家庭中，父亲的陪伴往往是缺失的，很少跟自己的儿子待在一起，儿子很难完成从认同母亲到认同父亲的转变，难以形成相应的性别图式，因此，父亲要多陪伴儿子，给孩子树立男性的榜样。

（四）不要跨性别教养孩子

第十一章 建立性别图示：爸爸的陪伴

科尔伯格认为，0～3 岁是孩子基本性别认同的时期，3 岁的儿童已经能够确认自己和他人的性别。如果在孩子 3 岁之前，父母对孩子进行长期的跨性别教养，比如，将女孩子当作男孩子养，给她剪很短的头发，穿男孩子的衣服等，这些行为将干扰孩子对自身性别特征的认识，无法建立统一协调的性别角色，甚至形成性别认同障碍。一些在童年时期被父母跨性别教养的孩子，在成年之后会出现与自己性别相违背的行为习惯，由于对自己的性别缺乏认同，一些人甚至变成同性恋或者想要改变自己的性别。

（五）适当满足孩子对异性行为的好奇心

孩子在 3～4 岁的年龄阶段，会对异性的行为感觉好奇，比如想体验穿异性服装的感觉，想体验异性小便的方式，或者想在游戏中扮演异性的角色等，当父母看到孩子出现类似的行为时，不应强行粗暴地干涉，也不应责备孩子，父母不妨适当地满足孩子对异性行为的好奇心，同时告知孩子男孩和女孩应有的行为表现，当这种好奇心被满足后，孩子的行为会自动停止，同时，孩子为了获得同性别伙伴群体的接纳，也会主动采取适合自身性别的行为。

（六）放手给孩子选择同伴的自由

有的父母不理解自己的儿子为什么喜欢跟女孩子打成一片，会担心他变得越来越女性化，便不断地鼓动儿子与男孩子一起玩。其实，孩子有选择自己同伴的权利，有时候孩子喜欢和同性伙伴玩耍，有时候喜欢和异性伙伴玩耍，父母的态度应该是顺其自然，给予孩子选择同伴的自由，无论是与同性伙伴还是异性伙伴玩耍，孩子都能从中锻炼自己的人际交往能力，父母要相信孩子，尊重孩子按照自己的意愿来选择同伴。

第二节 学前儿童的亲子交往

一、亲子交往的概念

亲子关系，广义上是指父母或其他主要抚养人与子女之间的关系，它是家庭中出现最早、持续最久、最为基本也最为重要的关系。本书中的"亲子"，主要对象指的是父母和子女，所以，亲子交往是指儿童与自己的父母(或其他主要抚养人)之间的交往。亲子交往是子女与父母之间建立情感的交往过程，是儿童早期生活中最主要的社会交往形式，亲子交往的质量对儿童的身心发展有着不可忽视的作用。

二、亲子交往的重要性

(一) 亲子交往对幼儿认知发展的作用

婴幼儿早期通过与父母的交往，可以促进其视觉、听觉等感觉器官和机能的发展，同时，通过与父母之间的游戏、交流等，他们认识了大量的生活物品，包括这些物品的名称、用法、注意事项等，学会了各类玩具的玩法，同时也在父母的引导下学会了说话，也学会了观察身边的人和物，培养了注意力和思维能力，提高了认知水平。与父母之间具有良好亲子交往的幼儿，往往容易产生强烈的好奇心、求知欲望，具有积极探索和主动解决问题的良好品质。

(二) 亲子交往对儿童人格发展的作用

幼儿人格的早期形成主要取决于父母，包括父母的思想观念、价值取向、为人处世的方式方法等，这些都会通过亲子互动，潜移默化地影响着幼儿。有些父母，如果性格是胆小怕事、优柔寡断的，那么通过亲子交往，父母的这种性格缺陷可能也会影响孩子。因此，要想发展儿童人格中的自主性，就应该有效地建立起民主的亲子交往形式。

(三) 亲子交往对儿童社会性发展的影响

俗话说，父母是孩子的第一任老师，其实，父母对孩子的教育多数时候都是在亲子交往过程中实现的，孩子通过与父母的亲子互动，学习着与他人交往的态度和技能。有研究表明，儿童 2 岁之前出现的社会交往行为源自于早期的亲子关系，良好的亲子关系可以促进儿童的社会交往，父母积极、正确的交往态度，会无形中传递给孩子，对孩子的亲社会行为及社交策略等的发展起到重要的作用(见图 11-3)。

(四) 亲子交往对儿童情绪情感发展的影响

情绪情感发展是儿童社会化的重要内容。家庭是儿童最先接触的小社会，是儿童早期社会化的重要场所。家庭中的父母作为儿童的直接抚育者，对儿童各个方面的发展都

图 11-3 快乐的亲子交往

起着不可替代的作用。亲子间的交往态度、互动方式,父母对孩子表现出来的关心、支持、鼓励,有利于孩子形成自信、信任他人等积极情感特点,有利于孩子积极情绪情感的获得和发展,有利于孩子自信心和自尊心的建立,也会影响孩子在与他人交往时对他人的态度和行为。调查研究表明,与父母之间亲子交往状况良好的幼儿,往往情绪情感较为稳定。

三、亲子依恋的发展

(一) 亲子依恋的含义

依恋一词是由英国心理学家鲍尔比(John Bowlby)最先提出来,是指母亲(或其他主要抚养者)与婴儿之间形成的一种情感上的比较稳定的心理联系。亲子依恋,主要是指婴儿与母亲之间建立起来的一种积极的、充满深情的感情联结,它对于儿童形成最初的信赖和不信赖的个性有着重要的影响。亲子依恋作为儿童早期最重要的社会关系,它的质量直接影响儿童情绪的健康发展以及健全人格的形成。

(二) 亲子依恋的阶段

鲍尔比认为孩子的依恋发展要经历如下四个阶段。

第一阶段:无差别的依恋阶段(0～3 个月)。这个阶段的婴儿对所有人都会做出相同的反应,没有对母亲形成偏爱。

第二阶段:依恋关系建立阶段(3～12 个月)。这个阶段的婴儿仍能接受陌生人的照顾,但是对人的反应开始有了区别,对熟悉的人尤其是母亲,逐渐显示出偏爱,更愿意与母亲亲近。

第三阶段:依恋关系确立阶段(12～24 个月)。这个阶段的婴儿对母亲及其主要看护人的偏爱明显,出现了陌生焦虑和分离焦虑,对陌生人回避。

第四阶段:互惠阶段(2 岁以后)。这个阶段的婴儿与依恋对象形成了一种互惠关系,2 岁的孩子已经能理解依恋对象离开的原因和行为,也能忍受与依恋对象的短暂分离,减少了分离焦虑。

案例放送

6个月的琪琪特别爱跟着妈妈，妈妈只要一离开就会哭闹，看到妈妈回来了就手舞足蹈；同时，琪琪对陌生人特别警惕，叔叔阿姨想亲近她，她就会大哭大喊。琪琪的妈妈很疑惑，为什么以前大大方方的琪琪现在变得羞怯而胆小呢？

琪琪的这种表现表明她已经与妈妈之间建立起了稳固的亲子依恋关系，与此同时也产生了陌生人焦虑情绪。琪琪的这些表现是这个年龄阶段儿童正常且常见的。所谓“亲子依恋”是儿童与主要抚养者(通常是母亲)之间最初的社会性联结，也是情感社会化的重要标志。依恋对儿童整个心理发展具有重大意义，儿童是否与母亲形成依恋及依恋的性质如何，直接影响儿童情绪情感、社会性行为、性格特征和与人交往的基本态度的形成。温馨的亲子关系能帮助儿童形成对父母和家庭环境的信任感，并由此推及他人和更广泛的外部世界。因此，琪琪的妈妈不必为琪琪的变化感到担心，应当理解并且尊重她的行为和情感需求，适时适度的陪伴她，让琪琪产生心理上的安全感，只有这样，琪琪才能逐渐愿意接纳陌生人，进而建立更为广泛而复杂的社会交往关系。

(三) 亲子依恋的类型

不同形式的依恋，是婴儿与母亲(或其他主要抚养者)在相互交往的过程中，相互作用而形成的，不同的研究者对其分类有着不同的观点。艾斯沃斯最早发明陌生情境测验，这是最经典的测量依恋的实验室方法。

知识之窗

陌生情境测验

陌生情境测验(strange situation test)也称“陌生情境技术”，是美国心理学家艾斯沃斯等提出来的测量婴儿依恋的方法，这个方法适用于2岁以下儿童。艾斯沃斯创设的陌生情境有8个情节组成，在这期间，儿童有时候与母亲在一起，有时候与一个陌生人在一起，有时候是与陌生人和母亲在一起，有时候是独自一个人(见表11-1)。

表11-1 陌生情境测验程序

情　　节	出现的人物	持续时间
1. 观察者把母亲和婴儿带进实验室，然后走开	母亲、婴儿、观察者	30秒
2. 母亲带婴儿自由探索环境	母亲、婴儿	3分
3. 陌生人进入房间，保持沉默(1分钟)，与母亲谈话(1分钟)，接近婴儿(1分钟)，然后母亲悄悄走开	母亲、婴儿、陌生人	3分
4. 第一个分离情节，母亲离开，如果婴儿忧虑，陌生人试图安慰；如果婴儿消极冷淡，陌生人努力让婴儿对玩具感兴趣	婴儿、陌生人	3分或更短

续表

情　　节	出现的人物	持续时间
5. 第一个重聚情境。母亲返回，陌生人离开；母亲问候、安慰婴儿；在最后阶段，母亲离开，说“再见”	母亲、婴儿	3 分或更长
6. 第二个分离情节。婴儿独自留下活动	婴儿	3 分或更短
7. 第二个分离情节的延续。陌生人返回，并调整行为，适应婴儿的反应	婴儿、陌生人	3 分或更短
8. 第二个重聚情境。母亲返回，问候婴儿，然后抱起婴儿，陌生人悄悄离开	母亲、婴儿	3 分

资料来源：刘新学，唐雪梅.学前心理学[M].2 版. 北京：北京师范大学出版社，2014.08.

根据陌生情境下婴儿与母亲分离与重聚时以及陌生人在场时的表现，艾斯沃斯把婴儿的依恋划分为安全型、回避型和矛盾型三种类型（见表 11-2）。

表 11-2　婴儿依恋类型

婴儿依恋类型	婴儿的行为表现
安全型依恋	母亲在身边时，很放心；母亲离开，会寻找母亲，有时会哭闹；母亲回来时，与母亲更亲，情绪也更容易稳定下来
反抗型依恋	与母亲分离时，会表现出强烈不安；母亲返回时，一方面试图寻求与母亲的亲近，另一方面，会抗拒来自母亲的安慰
回避型（无依恋型）	母亲在场不在场，婴儿的反应不大。母亲离开时，无特别紧张或忧虑表现；母亲返回时，往往不予理会

（四）形成安全型依恋的条件

婴儿与父母之间能否形成安全型依恋，主要取决于父母亲对待婴儿的态度及教养方式等。对于婴儿早期依恋的研究表明，母婴安全性依恋的建立将使婴儿获得安全感、信任感；相反，持续长久的母爱剥夺将会导致孩子心理缺陷与人格发展障碍的形成。在母婴依恋关系的建立中，社会性的刺激与应答性的环境比单纯的身体接触与生理满足更重要。20 世纪 40 年代对于孤儿院儿童的研究发现，由于社会性刺激的极度贫乏以及缺乏应答性的环境，儿童早期涌现出来的需求和种种感情表示，都因得不到及时的反馈而渐渐减弱。

据心理学研究表明，在孩子的哭闹中，仅有 30％出于生理需要，其余 70％出于心理需要。他们需要大人的关注，需要社会性的交流，需要母亲与他讲话，尽管他还无法听懂。假如因为从小失去父母，因而失去了应有的关怀与爱护，没有建立正常的依恋关系，就会形成他们的不安全感与不信任感。因此，要使儿童获得安全的依恋，父母必须经常关心儿童正在做什么，当儿童发出各种社会性信号时，应予以敏感的反应，以积极饱满的情绪与儿童交流，并经常主动地向儿童发出信号，不断地给儿童各种愉快刺激，如抚摸、亲吻、交谈、微笑、搂抱、鼓励等，通过这种亲子间的积极互动，促使儿童形成安全型依恋。

知识之窗

绒布妈妈——恒河猴代母实验

美国著名的心理学家哈洛做过一个恒河猴代母实验。哈洛和他的同事们把一只刚出生的婴猴放进一个隔离的笼子中养育，并用两个假猴子替代真母猴，一个假猴是用铁丝做的，叫"铁丝妈妈"，胸前安装了一个奶瓶，可以 24 小时提供奶水；而另一个假猴是用绒布做的，叫"绒布妈妈"，摸起来比较舒适和柔软。如果按照华生"有奶就是娘"的理论——孩子对爱的需求，源自于他对食物的需求，满足了他对食物的需求，就满足了他对爱的需求，那么婴猴一定会依恋"铁丝妈妈"。但实验结果出人意料，参与实验的婴猴，几乎所有时间里都挂在"绒布妈妈"身上，只有饥饿难耐时它才会跑到"铁丝妈妈"那里吃奶，但只要一吃饱，它就会迅速回到"绒布妈妈"怀里，有的婴猴甚至饿了也不愿过去，它们把身子挂在"绒布妈妈"身上，只把头探到"铁猴妈妈"那边吃奶，如图 11-4 所示。另外，当遇到威吓时，婴猴会跑到"绒布妈妈"身边；当把"绒布妈妈"拿走以后，婴猴会像疯了一样乱跑和惊叫。

图 11-4　恒河猴代母实验

（资料来源：哈洛的恒河猴实验，https://baike.so.com/doc/24249066－25259995.html 哈洛的恒河猴实验.）

四、亲子交往的途径

（一）行为交往

所谓行为交往主要是指孩子与父母通过共同活动的方式进行交流，多数情况下体现为与父母共同游戏。玩是孩子的天性，他们探索欲望强，喜欢接触社会、大自然，在与父母共同游戏的过程中，培养孩子与父母的共处意识，也可以提高他们与父母的亲子交往质量。所谓共处意识是指在与人交往的过程中，能够学会倾听、交流、互动，而非采用单一、机械、专制等交往方式,共处意识的形成,还会影响孩子与他人的交往质量。

(二)语言交往

所谓语言交往主要指孩子与父母通过语言交流的形式进行的交往活动,其中主要包括文明使用语言、孩子向家长询问问题、家长向孩子交流问题的看法、孩子遇到困难时寻求家长的帮助、家长向孩子征求意见等。亲子之间通过语言上的交流,有利于亲子关系的融洽,同时,还可以彼此交换意见和想法,能够促进高质量、深层次的亲子交往。亲子关系融洽,那么孩子长大后遇到问题也会比较主动和父母交流,与父母的相处和谐。

(三)情感交往

所谓情感交往是指孩子与父母的交往过程中,会产生"分享""共鸣""同情心"等情感上的体验。积极的情感体验能促进亲子关系的建立,使孩子获得情感上的满足,相反,消极的情感体验则可能导致亲子关系不良,无法满足孩子情感方面的需要。情感交流的内容很广泛,例如,当父母身体不舒服时,孩子是否能说些安慰的话或者做些力所能及的事情;家里有好吃的或好玩的东西时,是否能做到与父母共享等。

案例放送

相亲相爱的一家人

6 岁的思妍画了一幅画(见图 11-5)。思妍妈妈和思妍就这幅画展开了对话。

妈妈: 为什么画的是大公鸡带鸡宝宝呀?

思妍: 因为鸡妈妈出去很远的地方工作了,当然是鸡爸爸带鸡宝宝了,他们吃饱了,鸡爸爸就带鸡宝宝出去散步去了。

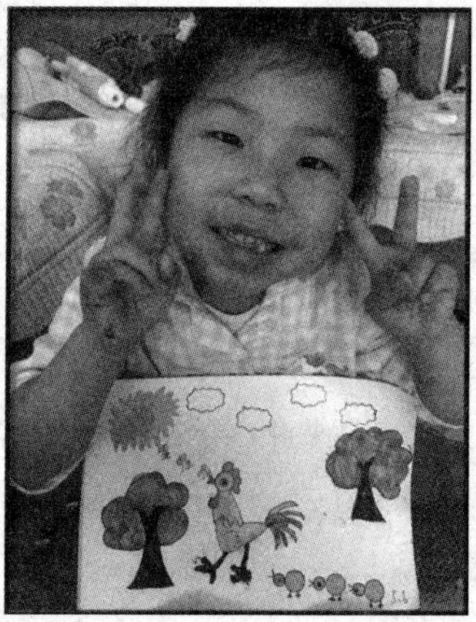

图 11-5　思妍和她的画

妈妈: 那鸡妈妈做什么工作呀?

思妍: 鸡妈妈去一个游乐场,来到滑滑梯上面,它在滑滑梯下面放了一个篮子。

妈妈: 鸡妈妈放一个篮子在滑滑梯下面干吗?

思妍: 因为鸡妈妈站在滑滑梯上面去下了很多很多的蛋,然后那个蛋就从滑滑梯上面直接滑到篮子去了呀。

妈妈: 啊……那接下来呢?

思妍: 那些鸡蛋还没有滑到篮子里面,有的就蹦出了小鸡。

思妍: 妈妈,鸡妈妈会飞吗?

妈妈: 嗯,会飞一点点,但不是飞得很高,因为它的身体体重太重了,所以不会飞很高。

思妍: 鸡妈妈费了好大的力气去提那个篮子,可是还是提不起来,它就飞回去叫鸡爸爸来提篮子。它说:"鸡爸爸,篮子太重我提不回来,你飞去把篮子提回来,我来照顾鸡宝宝们吧。"

妈妈: 鸡爸爸去提篮子了吗?

思妍：当然去了呀，它可是鸡爸爸嘞。它把篮子和蹦出来的那些小鸡都带回去了，之前那些鸡宝宝们都有了小鸡弟弟和小鸡妹妹，那些鸡哥哥和鸡姐姐很会照顾它们。它们一家人快乐地生活在一起。

五、亲子交往的影响因素

（一）来自父母方面的因素

1. 父母教养方式

所谓父母教养方式，是指父母在教育、抚养子女的日常活动中表现出来的一种行为倾向，是父母相对稳定的行为风格。家庭教养方式的不同在很大程度上影响着亲子交往的水平，不同的研究者对家庭教养方式进行了不同的划分。我国学者根据“权威”和“关爱”这两个维度，把父母教养方式划分为四个类型，即民主权威型、绝对权威型、娇惯溺爱型和忽视冷漠型。不同的教养方式，会表现出不同的教育行为，也会对孩子的发展产生不同的影响（见表 11-3）。

表 11-3 父母教养方式类型

类　型	父母的教育行为	孩子的行为表现
民主权威型	父母创设温馨、和谐、平等、宽松的家庭环境，关心孩子、理解孩子的感受，接纳孩子的行为，尊重孩子的兴趣爱好，尊重孩子的自由，注重引导孩子独立思考，培养孩子独立自主的性格，鼓励孩子按照自己的意愿尝试	孩子情绪稳定，性格乐观、积极，与人相处和谐，独立、自信、爱探索，遇到问题能主动想办法解决，善于与人沟通，人格各方面均得到较好的发展
绝对权威型	父母对孩子进行高压管制，严厉过多，否定多于肯定，缺乏宽容。父母经常批评、责骂孩子，要求孩子绝对服从	孩子独立性较差，往往产生自卑心理，不能很好地接纳自己，情绪不稳定，常产生恐惧和逆反心理，表现为逃避或反抗、胆怯或粗暴
娇惯溺爱型	父母把孩子的位置摆得太高，一切以孩子为中心，满足孩子的一切要求，对孩子过分照顾和保护	孩子依赖性较强，容易形成自私、懒惰、任性、神经质等不良性格，做事缺乏耐性，不适应集体生活，遇事优柔寡断或为所欲为，这种教养方式下长大的孩子往往对父母只知道索取，不知道回报，对父母没有感情
忽视冷漠型	父母与孩子接触极少，对孩子不管不问	孩子情绪不稳定，对人冷酷，富有攻击性。有些孩子探索性较差，但也有一些孩子会有较强的创造性

2. 父母其他因素

除了父母的教养方式外，来自教养人方面的其他因素也会影响亲子交往的质量，例如父母亲性格特点、母亲生育年龄、父母文化程度、父母职业等也可能会对亲子交往产生影响。

（二）来自环境的因素

1. 家庭环境氛围

环境因素中，最为重要的当属家庭环境氛围。心理学家对世界上20多个国家的10万名8～14岁的孩子进行过调查，让每个孩子写出十条“父母应该怎样做和不该怎样做”的事情，答案可归纳为如下10点：①孩子在场，父母不要吵架；②对每个孩子都要给予同样的爱；③任何时候都不要对孩子说谎；④父母之间要相互谦让，相互谅解；⑤父母与孩子之间要保持平等关系；⑥孩子的朋友来家做客时，要表示欢迎；⑦对孩子提出的问题，要尽量答复；⑧在外人面前，不要讲孩子的过错；⑨注意观察和表扬孩子的优点，不要过分强调孩子的缺点；⑩对孩子的爱要稳定，不要动不动就发脾气。以上十条标准，基本都是从家庭环境氛围的角度进行考虑的结果。父母在家庭环境方面要为儿童创设有利条件，注重亲子交往的质量，有利于孩子良好性格的形成。

2. 其他环境因素

除了家庭环境氛围的因素外，家庭的文化环境、家风、邻里关系、风俗文化、社区环境、地域、民族风俗等也会影响亲子关系的质量。

（三）来自幼儿的因素

除了家长和环境方面的因素外，幼儿自身的气质、性格、依恋水平、独立自主性等，都会对亲子交往产生重要的影响。由此看来，要想维护和谐的亲子交往氛围，父母与幼儿必须双方携手，共同努力，而父母在这一过程中，主要是担负着引导性的责任。

六、良好亲子交往的培养策略

1. 掌握科学的教养方式

家长的教养方式影响家长的教育行为，也会影响良好亲子互动的数量和质量。许多研究表明，家长的文化层次水平与亲子交往的状况密切相关。文化水平是家长素质的一部分，家长的素质影响着亲子交往的质量。家长掌握一定的知识并具备一定的文化素养是教育好子女的前提，也更能促进良好的亲子关系，一方面可以满足子女的求知欲望，树立家长在子女心目中的地位、威信，成为子女学习的榜样；另一方面，家长的文化水平又影响着他们对教育知识的理解、掌握和运用，影响着家庭交往的效果。因此要改善亲子关系，家长要不断自我提高，要树立科学的教育观念，养成良好的教育习惯。

2. 重视亲子养育和沟通，建立和谐的亲子关系

首先，尽可能亲自抚养和教育孩子。孩子有与父母在一起的强烈的心理需要，当这一需要得不到满足时，就容易产生感情饥饿和被遗弃感等不健康的心理。其次，注重日常生活中与孩子的沟通。父母与孩子之间在日常生活中的交谈是孩子生命中最重要的课程，一般认为，热情、敏感和权威性的家长培养的儿童，容易形成稳定的依恋并能与成人和同伴之间建立良好的关系。最后，父母即使再忙，也要抽空参与幼儿园的亲子活动，在活动中促进亲子之间良好的情感发展。父母千万不要忽视与孩子之间的沟通，这种沟通既包括言语、行为方面的,同时也包括情感方面的。

3. 积极回应孩子需求,促进良好的亲子交往

家长应多给孩子一些关注,适当、适时地满足孩子的需要,创造出良好的家庭氛围,从而促进亲子和谐交往。同时应注意,家长如果过分地满足孩子的需求,可能会造成孩子养成不良的生活习惯,因此家长应当把握好度,对孩子的教养要有耐心,根据家庭和孩子的实际情况去养育和关爱孩子。

第三节 学前儿童的同伴交往

一、同伴交往的概念

随着幼儿运动能力和交流技能的发展,幼儿的活动范围更广了,同伴成为幼儿除了父母以外最主要的交往对象。所谓同伴一般指的是儿童与之相处的具有相同社会认知能力的人,而同伴交往是指同伴之间"运用语言符号和非语言符号交换意见、传达思想、表达情感和需要的交流过程",在社会学上,同伴交往也指同伴之间"通过接触产生互相影响的过程"。可见,同伴交往是指同龄儿童之间或者心理水平相当的儿童之间的交往,它是儿童的基本需要,儿童在成长过程中与自己年龄相仿、社会地位和心理发展水平相当者交往,有利于分享经验、传递信息、沟通情感,更有利于在交流中相互启迪、建构知识,发展语言表达能力、思维能力和人际交往能力,如图 11-6 所示。

图 11-6 我和我的小伙伴

同伴交往与亲子交往相比更具有平等性的特点,因此,随着幼儿年龄的增长和心理成熟度的不断提高,同伴交往与其他交往形式中相比会显得愈加重要,甚至在某种程度上其重要性会超过亲子交往。正因如此,很多幼儿在进入幼儿园后不久,就会把很多精力和感情转移到小朋友身上,而似乎与父母"疏远"了,这是幼儿社会性发展的必经阶段。

二、同伴交往的重要性

同伴交往是幼儿社会化的重要途径。我国古代著名的思想家荀子认为:"人之初也,不能无群。"奥地利心理学家阿德勒认为:"假使一个儿童未曾学会交往合作之道,他必定会走向孤僻之途,并产生牢固的自卑情绪,严重影响他一生的发展。"马来西亚心理学家玛利亚尼·默德教授曾讲过:"孩子的社会交往能力直接影响他的学习成绩,优胜的社会交往能力能够提高幼儿的认知能力、感知能力及身体体能的发展。"可见同伴交往对孩子正常身心发展之重要,具体来说,学前儿童同伴交往的重要性一般可表现在以下几个方面。

（一）有利于幼儿良好个性的发展

研究表明，幼儿的同伴交往利于其尽早摆脱自我中心。自我中心是个体在发展早期自然具有的一种心理特征，实质是在幼儿发展的某一阶段，当社会化程度不高时，在行为上表现出来的自私、独霸、娇纵、不合作、不分享等特点。而同伴交往恰恰需要个体间的合作、共享、互助等积极行为，这些都是根治幼儿自我中心不良倾向的良药。在同伴交往中，双方处于平等的地位，需要关注对方的各种反应和态度，随着同伴交往活动的进行和同伴交往能力的提高，幼儿自我中心的不良特征会逐渐地减弱或消失。

（二）利于幼儿积极情绪情感的发展

同伴交往是个体发展的一种心理需要，即使在婴儿期，个体也总能积极地寻找同龄伙伴。马斯洛认为，安全感的需要、尊重的需要、归属和爱的需要是人类的基本需要，因此，幼儿也具有强烈地被同伴接纳和认可的归属需要，他们除了在亲子交往中得到这种需要的满足外，更多地可以在同伴交往中获得。幼儿在与同伴的交往过程中，往往更多地表现出愉快、兴奋和无拘无束地交谈，并且能够更轻松自主地投入各种活动中，这种交往活动使他们在感情上得到同伴的支持而产生安全感和责任感，而且对提高幼儿调节自我情感的能力及形成健康的情感都大有好处。

（三）促进幼儿亲社会行为发展

研究发现，在同伴交往中，受欢迎的幼儿与经常被拒绝的幼儿相比，其亲社会行为发生频率更高，同时，亲社会行为成为受欢迎幼儿的典型行为特征。库波恩等人研究发现，友好、发起活动、有幽默感、快乐、热情等这些行为和特征与最受欢迎的幼儿密切相关。弗伦奇和韦斯等人研究表明，幼儿受人欢迎的行为特征包括行为举止平静、善于与人合作、乐于帮助他人等。以上所提出的受欢迎幼儿所具备的一些特点，往往都是在与同伴交往的过程中逐渐形成的。

（四）促进幼儿社会认知的发展

同伴交往对幼儿的社会认知发展起到了极大的促进作用，幼儿的社会认知是指幼儿对自我、他人、环境、规范的认知。幼儿心理理论是一种重要的社会认知内容，许多研究表明，幼儿的同伴交往可以促进幼儿心理理论水平的提高。因为，幼儿在与同伴交往的过程中，为了获取成功的交往结果，幼儿必须尽量理解和推测同伴的观念和行为，站在对方的角度思考问题，这样自然地促进了幼儿社会认知中的重要内容——心理理论的发展。

（五）利于培养幼儿解决人际问题的能力

在同伴交往关系上，幼儿只有共同遵守规则才能确保建立良好的关系。必要的规则有助于促进幼儿自我意识和良好的道德品质的形成，幼儿和幼儿之间在交往中容易发生冲突，语言与肢体冲突成为幼儿同伴交往中存在的主要人际问题，而大多数孩子吵架的原因是因为对日常规则不明确而引起的，为了达到冲突双方的满意，幼儿之间通过争辩产生一定的规则，然后按规则执行，从而冲突得到解决。所以，老师在幼儿发生冲突时，应对幼儿的争吵现象不要急于干预，多暗中观察，让孩子们在争论中解决冲突，而当争论可能会演变为肢体冲突时，教师也要及时加以干预和引导，并提出一些合理的建议供他们参考。同时，面对幼儿交往中的争吵行为，教师还应该掌握一定的策略，及时地将争吵转化成积极正向的交往。

三、同伴交往的特点

（一）平等性

幼儿同伴交往与亲子交往和师幼交往相比，其平等性的特点更为明显。在亲子交往和师幼交往过程中，其交往对象往往是更具有权威特征的父母和老师，在这两种交往活动中，幼儿的更多交往行为表现为服从和认可，其平等性会受到一定影响，而在同伴交往中，由于交往对象是与自己年龄和社会地位等相差不多的人，因此平等性更好得以体现。

（二）多变性

幼儿由于年龄小，其很难找到固定的交往伙伴，往往根据心情、情境等变化性因素决定同伴交往的对象和时间，因此具有多变性的特点。

（三）自主性

同伴交往自主性的特点也是与亲子交往和师幼交往相比较而言的，亲子交往和师幼交往的对象往往都不是由儿童自己选择的，而是预先已经固定好的，然而同伴之间的交往却可以体现儿童的自主选择性。

四、同伴交往的影响因素

学前儿童同伴交往影响因素是多方面的，从幼儿同伴主体来看，可将幼儿同伴交往的影响因素归纳为外部因素和内部因素两方面。

（一）外部因素

1. 家庭因素

家是孩子出生后最温暖、最舒心的第一生长环境，家人给孩子营造了温馨、和谐的心理环境和丰富、开放的物质生活环境的同时，家庭环境、家庭成员的言行举止及家庭日常生活状态等也都直接或间接地影响着幼儿同伴交往的发展。

家庭因素对幼儿同伴交往的影响具体表现在以下几个方面。

第一，独生子女家庭模式影响幼儿的同伴交往。一是交往不足，孩子往往有较强的自我意识，喜欢独处，行事以自我为中心，很少考虑他人感受，不懂得关爱他人，责任感弱，表现为孤独退缩、对人淡漠且易于拒绝。二是交往时蛮横霸道、简单粗暴、狂妄自大且攻击性强。在活动游戏中不守规则，交往策略少且技能差，处理交往中出现的问题，往往以武力相威胁，常导致不欢而散，不会用其他方式解决交往问题。

第二，家长的人际交往因素影响幼儿同伴交往。家庭是幼儿主要的生活环境，是幼儿早期社会化过程中很具影响力的场所，家长的人际交往观念以及父母在人际交往中的认知因素、人格因素和情绪因素都会影响着幼儿同伴交往的发展。有些时候，孩子会模仿家长在其人际交往中表现出来的行为，与同伴进行交往。

第三，家庭里亲子交往的方式影响幼儿的同伴交往。亲子之间友好相处，父母与孩子经常进行积极的情绪情感交流，有利于培养幼儿良好的社会交往能力和同伴关系，而父母对孩子的高度控制和不当的教养方式，则会造成孩子容易出现攻击性行为及交往障碍。科学的亲子交往为幼儿同伴交往营造了良好环境，奠定了良好的同伴交往发展的基础。

第四，城市化生活方式影响幼儿的同伴交往。当前，我国城市化的进程十分迅速，当家庭搬入楼房，居住环境变成独门独户式的时候，幼儿间的同伴交往也被关在了门外。这种城市化生活方式使幼儿交往活动空间变小，许多幼儿的交往伙伴变成了电脑、电视和游戏机等，严重缺乏与同龄伙伴的交往时间和空间。

2. 幼儿园因素

幼儿园环境和教师教育观念、态度行为及教育措施等，都会对幼儿产生直接或间接的影响，具体表现为如下几点。

第一，幼儿园教学组织模式影响幼儿同伴交往。我国幼儿在园的大部分时间处在同龄班集体中，不同年龄同伴互动缺失，结果幼儿交往素质的发展空间受到了限制，另外幼儿园管理的制度化、规范化也限制了幼儿同伴交往，因此，从幼儿园层面来看，应该为幼儿创设更加开放、安全的同伴交往空间和机会，使其学会与不同年龄段的同伴进行交往。

第二，幼儿园教育资源的丰富程度影响幼儿同伴交往。当前我国幼儿园建设发展的过程中存在很多瓶颈问题，例如教学资源不足、公办园太少、城乡不平衡、空间布局不合理等问题普遍存在。受限的空间减少了幼儿室外共同活动的机会，场地、玩具满足不了幼儿需要的情况时有发生，面对这些矛盾，幼儿园方面除了汇集社会各界的物力财力外，幼儿教师也可以动动脑筋，辅助这一问题的协调解决。

第三，教师观念和教育行为对幼儿同伴交往的影响。教师教育的权威性容易使教师过于强调人的角色等级地位，难以正确树立以儿童为本的教育观，容易忽视幼儿的平等自由交往，轻视幼儿交往环境的创设等。因此，广大幼儿教师应加强学习，提高自身修养，从教育观念和行为上促进幼儿同伴交往质量的提高。

（二）内部因素

1. 个性心理因素

第十一章　同伴交往

个性心理因素会影响幼儿同伴交往。受遗传或自身个性特点影响，对同一问题的处理方式不同气质类型的幼儿会存在差异。胆汁质的幼儿性子急、脾气大、易冲动、不拘小节、不讲方式；多血质的幼儿活泼外向，善于与人交往；黏液质的幼儿属于慢热型，不急不躁，温顺好静，接受能力较弱；抑郁质的幼儿比较敏感，情感细腻，情绪多变。同伴交往中，活泼好动，大胆爱说的幼儿往往受欢迎；火气大、易冲动的幼儿常遭拒绝；而温顺好静、懦弱胆小的幼儿常常被忽视，久而久之失去交往信心，难以与同伴沟通协调。因此，幼儿的性格、气质、行为方式、处事风格等个性心理因素对同伴交往影响很大，家长和教师可以从培养幼儿良好个性特征的角度来改善其同伴交往质量。

2. 认知因素

有些幼儿缺乏对同伴交往的合理认知，把自己在家中与亲人的交往方式运用到同伴交往中，容易忽视伙伴间平等互助的交往原则，事事以自我为中心，稍不如意就满腹牢骚。因此，对于同伴交往认知存在偏差的幼儿，家长和教师应该多为其创造同伴交往的机会，并使其认识到，同伴交往是平等、互动、互助的，而非以他个人为中心的。

3. 情绪因素

情绪是影响幼儿同伴交往的重要因素。在同伴交往过程中只要一方情绪不佳，就难以沟通顺畅，在情绪冲动的状态下与同伴交往，很可能会出现意识狭窄，思想偏激，行为失当，极大地影响了同伴交往效果，因此，幼儿保持良好适度的情绪状态，是进行有效同伴交往的前提条件。

知识之窗

四种社交类型的儿童

在儿童的交往中，有些孩子特别受欢迎，有些孩子容易受排斥，也有一些孩子很普通，还有一些孩子在交往中存在一些问题，他们在情绪、能力、性格、交往主动性等方面都各有特点。庞丽娟(1991)采用现场提名法，对4～6岁儿童同伴交往的类型进行研究，结果表明，幼儿的社交地位已经分化，主要有受欢迎型、被拒绝型、被忽视型、一般型四种基本类型(见表11-4)。

表 11-4 四种类型的幼儿

类　型	行为表现特点
受欢迎型幼儿	他们情绪稳定，行为表现积极友好；能力较强；性格外向、活泼开朗，喜欢并善于交往；在交往中积极主动性较强；对自己的社交地位能正确评价。这类幼儿往往受到大多数同伴的喜爱
被拒绝型幼儿	他们情绪不太稳定，脾气急躁；能力较强，较聪明，比较会玩儿；性格外向，太过活泼好动，表现不友好；在交往中积极主动但又不善于交往。这类幼儿往往受到同伴的排斥和拒绝，对没有朋友一起玩儿不太在乎
被忽视型幼儿	他们情绪比较稳定，喜欢独处，积极行为与消极行为都较少；能力较弱；性格内向，胆小，不爱说话，好静，不爱交往；在交往中缺乏积极主动性。这类幼儿孤独感较重，对没有同伴与自己玩儿感到比较难过和不安
一般型幼儿	他们各方面表现中等情况，他们在群体中处于中间的位置。这类幼儿能够参与同伴交流，但是表现往往不是特别突出。他们对自己的社交地位能作出较准确的评价，对没有同伴儿一起玩儿这件事不难过者稍多

资料来源：张永红.学前儿童发展心理学[M].北京：高等教育出版社，2011：242.

幼儿期是幼儿进行社会化的重要时期，家长和教师要尽量帮助那些交友困难的幼儿，使他们逐渐被同伴接受。第一，在家庭方面，要营造和谐温馨的家庭环境，构建平等互助的亲子关系，幼儿对同伴交往会产生积极的心理期待。第二，在幼儿园方面，教师要关爱幼儿，创设轻松的心理氛围，传授幼儿交往的技巧，用游戏的方式指导幼儿的同伴交往。第三，家长和教师要做到以身示范，并在其人际交往中用自身关爱他人的行为来影响幼儿的同伴交往行为。第四，家长和教师要给幼儿创设更多的交往机会，在孩子交往过程中及时发现存在交友困难问题的幼儿的长处，并给予及时的鼓励或表扬，提高这些孩子的自信心以及他们在同伴心目中的地位。第五，家长和教师要团结协作，互相支持和配合，通过有效的教育活动促进幼儿改变同伴关系并能够提高幼儿的同伴交往能力。

第四节　学前儿童的师幼交往

一、师幼交往的概念

师幼交往是指教师与幼儿之间通过信息交流、情感沟通而形成的人际交往形式。师幼交往是学前教育过程中最基本、最重要的组成部分，它贯穿于幼儿一日生活的各个环节，是幼儿园各项教育目标得以实现的重要保障，是促进幼儿健康成长的重要因素。《幼儿园教育指导纲要（试行）》提出，“以关怀、接纳、尊重的态度与幼儿交往，耐心倾听，努力理解幼儿的想法和感受，支持、鼓励他们大胆探索与表达。”“关注幼儿在活动中的表现和反应，敏感地觉察他们的需要，及时以适当的方式应答，形成合作探究式的师生互动。”这些表述体现了《纲要》对师幼交往的特别关注。

由此可见，在良好的师幼交往关系中，教师充当幼儿发展过程中的观察者、支持者、引导者的角色。在教育活动中，教师应与幼儿平等地交流互动，热爱并尊重每一个幼儿。同时，幼儿与教师应能建立起一定的情感依恋关系，双方应彼此接纳，彼此认同，共同提高。

二、师幼交往的重要性

良好的师幼交往关系是教师与幼儿进行情感沟通的桥梁，是保证幼儿园教育教学活动顺利开展的重要条件，对幼儿的认知活动、情绪情感过程、社会性发展和心理健康成长有着积极的影响。

（一）良好的师幼交往关系有利于促进幼儿认知发展

和谐融洽的师幼交往过程，能够为幼儿提供有利于其认知发展的氛围，激发幼儿认知的积极性和主动性；能够为幼儿提供有利于发展的情感氛围，在引导幼儿学习知识和技能的过程中，幼儿心情愉快、情绪饱满，也有利于幼儿认知能力的发展。

（二）良好的师幼交往关系有利于促进儿童情绪情感的发展

教师是幼儿在园学习和活动过程中，对其影响最大也是其最在意的人，因而在良好的师幼交往和互动中，幼儿可以感受到来自教师的关注、关爱、呵护，有利于幼儿从教师那里获得温暖、安全、归属感等积极的情绪情感体验。相反，如果师幼关系不良，则容易导致幼儿产生退缩、胆怯、自卑等消极情感体验。因此，师幼交往质量的高低直接影响着幼儿情绪情感的发展状况。

（三）良好的师幼交往关系有利于促进幼儿良好个性的发展

积极良好的师幼关系中，教师对幼儿的尊重、关怀和细心照顾对于幼儿形成积极的情绪，获得安全感、发展自信心都是必不可少的。研究表明，那些经常感受到教师的支持和帮助的幼儿更具有强烈的学习动机，对自己的能力更自信，更容易形成良好的个性特征。

（四）良好的师幼交往关系有利于促进幼儿社会性发展

在和谐融洽的师幼关系中，幼儿能够通过观察和模仿学会关心、分享、同情等社会行为，拓宽自身的社会认知，学习一定的社会行为规范；另外，教师对幼儿的尊重、关心和鼓励也有利于幼儿自尊水平的发展；而且在良好的师幼关系中，教师对待幼儿的方式和态度也会直接影响幼儿同伴交往的主动性和态度，教师在师幼交往中处理得好也能够帮助幼儿更好地处理人际交往问题，促进幼儿人际交往能力的发展。

（五）良好的师幼交往关系能促进幼儿园教育教学质量的提高

师幼互动的质量是衡量幼儿园教育教学质量的重要标准。通过良好的师生互动，教师可以更加深入地对幼儿进行了解，从而能够把握幼儿的身心发展特点，更好地进行有针对性的教育和指导。教师应在与幼儿的互动中不断地反思和完善自己的教学理念，切实履行好教育者的职责。

（六）良好的师幼交往关系有利于家园的共同发展

良好的师幼交往关系不仅能促进幼儿和教师自身认识水平的发展，也能促使家长观念进行转变。在良好师幼交往情境下，家长参与幼儿园活动的积极性会提高，他们会主动地为幼儿的学习提供各种资源，有利于拉近家园之间的距离，从而有效地促进家园良性互动，实现教育的优势互补。

三、师幼交往的类型

姜勇和庞丽娟(2004)从师幼交往的目的、宽容性、情感性、发现意识、方式等五个维度，将师幼交往划分为严厉型、灌输型、开放学习型和民主型四个类型(见表11-5)。

表 11-5 师幼交往的类型

类　型	教师的行为	对幼儿的影响
严厉型	教师占据着比较强势的地位，对待幼儿态度严厉，较为苛刻，缺少对幼儿的情感支持，批评、责罚的行为较多	幼儿生性好动，对一切充满了好奇，喜欢问为什么，教师如果对幼儿的错误过于严厉地批评，甚至打骂，幼儿容易失去自尊心和自信心，越来越害怕教师，久而久之甚至产生逆反心理
灌输型	教师重视知识传授，很少根据幼儿的情况调整教育活动，在集体教育中总是教师说教的多	教师在教育活动中很少考虑幼儿的感受和接受水平，教学效果不好；同时幼儿的自主探索行为受到了限制，不利于孩子的发展
开放学习型	教师不仅重视幼儿知识的获得，同时也注意鼓励幼儿自主探索、自我发现	幼儿与教师处可以通过共同的游戏和活动进行学习和交流，幼儿获得了集体归属感，同时社会性、个性也得到了发展
民主型	教师更重视幼儿的全面发展，并能理解和尊重幼儿的兴趣和需要。民主型师幼交往是最为理想的一种师幼交往类型	幼儿得到充分尊重，能感受到平等和谐的师幼关系，可在教师的引导下得到全面发展

四、师幼交往的特点

（一）教育性

教育性是师幼交往的首要特征。师幼交往过程中，随时随处都会渗透着教师对幼儿的教育理念，因此，师幼交往与幼儿的其他人际交往形式相比，其教育性特征更明显一些。

（二）交互性和连续性

师幼交往的交互性主要体现在师幼双方的自主交流上，尤其在教育教学过程中的师幼交往，交互性更为明显。师幼交往的连续性主要体现为，师幼交往活动贯穿于幼儿园教育教学和活动的每一个环节之中，是一个连续的整体。师幼互动双方之间不断地相互影响，循环往复。

（三）网络性

师幼间的互动不仅限于该师幼之间的相互作用，还会影响教育中其他人与幼儿的交往，呈现一种网状关系。从横向看，师幼互动会影响该教师与其他幼儿、该幼儿与其他教师以及该幼儿与其他幼儿的互动；从纵向看，师幼互动还会影响以后师幼双方的互动、该教师和该幼儿以后与其他幼儿和其他老师的互动。

（四）组织化与非正式化相结合

师幼之间的交往，既有预成性的，即教育教学活动计划之内的，例如，教师与幼儿在集体教学活动中的互动、游戏中的互动等，也有教育教学计划之外临时发起的，例如，教师在幼儿游戏时必要的临时介入等，因此，师幼交往是一种正式与非正式并存的交往形式。

（五）非一一对应性

师幼交往中教师与幼儿的人数比例存在很大差异，往往几位幼儿配备一位教师，因此，师幼交往与亲子交往和同伴交往不同，教师与幼儿之间必然形成一位教师与多位幼儿交往的局面。

五、建立良好师幼交往的策略

良好师幼交往的关键在于教师，因此教师努力提高个人专业素养和职业修养是非常重要的事情，要想建立和维护良好的师幼交往关系，教师可以从如下几个方面入手。

（一）教师要树立科学的教育理念

教师应该以科学、正确的教育理念来指导自己的教育行为。在教师与幼儿交往的过程中，双方应该是“同等重要，互为主体”的，教师和幼儿两个主体之间相对均衡地发生作用。教师应把自己定位成幼儿心声的倾听者、幼儿行为的观察者和分析者以及幼儿发展的支持者和引导者，这样，师幼之间才能建立起融洽和谐的交往关系。

（二）营造和谐宽松的师幼互动氛围

《幼儿园教育指导纲要（试行）》中指出，“幼儿园应为幼儿提供健康、丰富的生活和活动环境，满足他们多方面发展的需要。”在幼儿园教育教学活动中，教师应为幼儿创设一个宽松自主、和谐愉快的环境，幼儿能够在活动中主动积极地参与、探索和尝试，并能愉快健康地发展。同时，和谐良好的氛围能够为幼儿提供更多的积极交往的机会，激发幼儿与教师交往的愿望和行为。例如，教师可组织幼儿开展一些简单手工制作活动，在合作和分享的过程中，促进教师和幼儿、幼儿和幼儿之间的积极情感的发展（见图 11-7）。

图 11-7　分享自制的糖葫芦

第十一章　师幼互动

（三）理解、接纳幼儿，尊重幼儿个体差异

《幼儿园教育指导纲要（试行）》中指出，“尊重幼儿在发展水平、能力、经验、学习方式等方面的个体差异，因人施教，努力使每一个幼儿都能获得满足和成功”。教师理解、接纳的态度是建立良好师幼交往关系的法宝。我们要知道，每一位幼儿都是具有独特潜能和发展特质的个体，他们在性格、能力、气质上有着自己独特的特点，教师在与幼儿交往的过程中，要尊重每一位幼儿的人格和权利，尊重他们的个体差异，理解、接纳幼儿，使每一位幼儿都有被关注、被重视的受尊重感，心理上获得积极愉悦的情绪体验，只有这样，才能在师

幼之间建立起深厚的感情，幼儿才会更加主动积极地参与各种活动，实现和谐全面的发展。

（四）关注幼儿的需求，积极进行适宜引导

蒙台梭利强调，教师必须培养自己观察幼儿的愿望和能力，这样才能了解他们、教育他们。教师对幼儿的观察，不仅是去看，还要去倾听、去询问、去思考。通过观察，教师才能尝试和探索更适合的指导方式，才能有更合适的师幼互动对策。而且，幼儿的想法、行为和成人是不同的，教师通过观察，可以对幼儿有更深入细致的了解，从而进行积极有效的沟通。因此，教师要随时注意观察幼儿的表现和反应，设身处地地站在幼儿的角度去看待问题、思考问题，感受他们的需求，随时发现并抓住教育契机，并及时地采取相应的教育措施。

案例放送

在幼儿园里，有个简单的模仿游戏很受孩子们的欢迎，那就是"请你跟我这样做……我就跟你这样做……"。可有一天，我正带着孩子在玩这个游戏，琳琳突然站起来说："老师，我不想像你那样做!"我一听愣住了，马上停下来问她："为什么?"她摇摇头说："就是不想！我想做和老师不一样的动作。"听完后，我想，如果强行拒绝琳琳，她一定不想继续玩下去了。于是，我说："那好，琳琳就和老师做不一样的动作吧。"游戏又开始了，琳琳做的每一个动作都和我不一样，我拍手，她就做舞姿动作；我做小山羊，她就学花猫……慢慢地好多小朋友低声说着："老师，我也不想跟你做一样的。"看到孩子们对游戏规则变化比较感兴趣，我说："好，我们把儿歌改成'请你跟我这样做，我不跟你这样做'。每个小朋友的动作都要跟老师的不一样。"游戏重新开始，孩子们表现得特别认真，他们创新了许多平时没有的动作。我看到了这样的变化比单纯的模仿更吸引孩子的注意力，能带动每一个孩子都参与游戏，而且孩子的反应能力、想象力和创造力都得到了发展。游戏结束后，孩子们仍然十分兴奋，都说："老师，这样真好玩!"

在这个案例中的幼儿老师，面对琳琳这个调皮的孩子提出的问题，不但没有批评，而且这位教师还尊重了琳琳的想法，为孩子们提供了展示自己的机会，给一个班的孩子带来了出其不意的快乐，也最大限度地培养了儿童的创造力。

（资料来源：罗秋英.学前儿童心理学[M].上海：复旦大学出版社，2017：177.）

总之，师幼交往贯穿于幼儿园一日活动的始终，良好的师幼关系是师幼之间互为主体的情感交流，是幼儿园教育教学活动顺利开展的重要保障。幼儿教师应该在把握好自身角色定位、关爱并尊重每一位幼儿需求的前提下，加强自身道德和职业修养，探索建立和谐师幼关系的技巧，使幼儿在与教师进行积极有效的互动中获得全面和谐的发展。除了教师的努力之外，幼儿也需要积极主动与教师交往，努力培养自己的良好个性特征和社会交往技能，家长要给予其必要的帮助和引导。

本章小结

社会性是个体的一种心理特性，是指人们进行社会交往，建立人际关系，理解、掌握、遵守社会行为准则等的心理特性。儿童的社会性发展是儿童心理发展非常重要的方面，主要包括儿童对性别的认知发展、儿童与他人的人际关系的发展。学前儿童的人际关系

主要有亲子关系、同伴关系和师幼关系。儿童对性别的认识需要经历性别认同、性别稳定性和性别恒常性三个阶段。依恋指母亲(或其他主要抚养者)与婴儿之间形成的一种情感上的比较稳定的心理联系。依恋有安全型、回避型和矛盾型三种类型。同伴交往的特点有平等性、多变性、自主性。师幼交往的特点有教育性、交互性和连续性、网络性、组织化与非正式化相结合、非一一对应性。

第十一章　真题链接

思政小结

师幼交往是幼儿社会交往的重要方面。幼儿教育工作细致、琐碎,学生应具备高尚的道德情操,坚定的职业方向,时刻关注幼儿需求,对幼儿常怀包容和爱。还应提高专业素质,多为幼儿创设同伴交往环境,用专业知识辐射亲子教育,为家庭教育提供有效指导,提高幼儿社会交往能力。

实习实训

同伴关系测量

一、实习实训目标

了解幼儿同伴群体中每个幼儿在群体中的地位和同伴关系。

二、理论知识回顾

学前儿童的同伴交往是指同龄儿童之间或者心理水平相当的儿童之间的交往。同伴交往是幼儿社会化的重要途径。在同伴交往中,可将幼儿分为四种类型,即受欢迎型幼儿、被拒绝型幼儿、被忽视型幼儿和一般型幼儿。

三、实训任务

1. 实验名称

同伴关系测量。

2. 研究对象

幼儿园大班 5～6 岁幼儿。

3. 研究方法

运用现场提名法来研究。每个小朋友分别进行正向提名(提出 3 个喜欢者)和负向提名(提出 3 个不喜欢者)。

4. 实施步骤

采取个别施测的方式,在幼儿集体自由活动时进行。主试选取活动室的一角,按随机抽取的方式,逐一叫过每一个幼儿并向其提问。根据主试的提示语分别说出自己喜欢的 3 个同伴和不喜欢的 3 个同伴名字。主试和被试谈话时说“为什么喜欢或不喜欢他呢?”主试逐项作好记录。

5. 测量记录表

同伴关系测量记录表

姓名：________ 年龄：________ 班级：________ 时间：________

序号	提名要求	同伴姓名	提 名 理 由	记分
1	喜欢			
2	喜欢			
3	喜欢			
4	不喜欢			
5	不喜欢			
6	不喜欢			

6. 评分方法

采用非加权记分法，即在给提名确定分值时，不考虑幼儿被提名顺序的不同，给不同顺序的提名赋予相同的分值，具体地说，就是将第一、第二、第三正向提名都记为1分；而将第一、第二、第三负向提名都记为−1分。

7. 结果统计分析

根据正提名分和负提名分，可以划分出处于不同社交地位的幼儿。具体方法是：先将某班幼儿各自所得的正提名分和负提名分分别转换为标准分数，然后再按下列分类标准确定其类型。

班级幼儿被提名记录总表

班级：____________ 时间：____________

序号	幼儿名字	性别	正提名分	正提名标准分	负提名分	负提名标准分	社交类型
1							
2							
3							
4							
5							
6							
7							
8							
9							

社交类型划分标准

幼儿类型	正提名标准分	负提名标准分
1. 受欢迎型幼儿	≥1.0	≤0
2. 被拒绝型幼儿	≤0	≥1.0
3. 被忽视型幼儿	≤−0.5	≤−0.5
4. 一般型幼儿	上述分类余下的幼儿	

8. 结果运用

通过施测得出来的结果，我们要客观对待。家长和老师要认识到幼儿期是幼儿进行社会化的重要时期，家长和教师要尽量创设条件帮助那些交友困难的幼儿，用游戏的方式指导幼儿的同伴交往，给幼儿创设更多的交往机会，在交往过程中及时发现交友困难幼儿的长处，及时给予鼓励、表扬，提高这些孩子的自信心，家长和教师要团结协作，互相支持和配合，通过有效的教育活动促进幼儿改善同伴关系、共同提高幼儿的同伴交往能力。

9. 注意事项

(1) 施测前，先由班上老师介绍主试给幼儿，之后与幼儿一起活动、游戏，目的在于使幼儿熟悉主试，消除幼儿的陌生感和紧张、不安，待与幼儿充分熟悉、幼儿都将注意力转向自己的活动时，再进行提问。

(2) 在施测时，主试要选取活动室的一角，在这个地方既能使幼儿看到全班所有同伴，又能避免其他小朋友听到，不至于使被试者紧张、担心，同时还能避免其他小朋友、老师等来回走动、活动、拿取玩具等的影响。

(3) 提问时，要先让每一个幼儿看看全班小朋友，然后再回答，并且在正式提问前，还要检查幼儿对问话的理解，以确保其真正理解所提问问题和知道如何作答。

(4) 数据的整理、统计、分析需要在任课老师的指导下完成。

(5) 研究结果的运用要客观，解释要科学合理，要注意保护好孩子的隐私。

第十二章
学前儿童的心理健康

章节导航

- 学前儿童的心理健康
  - 学前儿童心理健康概述
    - 心理健康概述
    - 学前儿童心理健康概述
    - 心理健康的标准
  - 学前儿童主要的心理问题
    - 口吃
    - 语言发育迟缓
    - 多动症
    - 自闭症
    - 攻击性行为
    - 吃手指
  - 学前儿童心理健康维护
    - 学前儿童心理健康辅导途径
    - 学前儿童心理咨询与治疗简介

学习目标

1. 了解儿童心理健康的概念。
2. 理解学前儿童心理发展中容易出现的问题或障碍，如口吃、多动、自闭等。
3. 学会运用心理学方法维护儿童的心理健康。

案例放送

华华是个4岁的幼儿，最近半年出现口吃现象，表现为情绪激动，一说话就出现重复某个词、言语断断续续、紧张时就更说不出来话等现象。虽然经常提醒、纠正，但收效很小。华华的父母及直系亲属的言语能力均属正常，他的听觉、发音等器官及相关的言语系统经医院检查也无异常。但华华的父亲脾气暴躁，对他要求严格。

引起华华口吃的诱因是其自身紧张与父母不恰当的教育方式。患口吃的现象已经造成华华变得十分沉默、自卑。你有什么针对口吃的教育建议吗?

第一节　学前儿童心理健康概述

一、心理健康概述

世界卫生组织前总干事马勒博士曾说过:“有了健康不等于拥有了一切，但没了健康就真没了一切。”健康不再是一个人身体上的“毫发无损”，而是注重个人在生理、心理和社会性的和谐发展的一种状态。它对个人的发展有着特殊的意义，本节将对学前儿童心理健康和心理健康的标准进行系统介绍。

(一) 健康

较早时期人们普遍认为“健康”就是没有疾病、伤害和障碍。在1948年世界卫生组织对健康进行了首次定义，即“健康不仅是躯体没有疾病，而且要在生理、心理以及社会适应等方面都要保持优良状态”。

随着社会的发展，许多学者又延伸了健康的内涵，认为“健康不仅是没有疾病，而是身心以及社会功能，动态的完好状态”。这个概念突出了“动态性”，说明了我们的健康不是停留到某个时间段上，而是能有效地应对不断变化的环境。例如，一个人在风平浪静的环境下，能较好地保持自己的健康状态，可当遇到较大的冲击时，如其不能很好应对，那么他的健康状态就会出现停滞甚至倒退。

案例放送

小丽是个大二的学生，有一次和班里一个同学发生了争执，她并没有积极地去解决，而是在一旁委屈地哭起来，然后愤怒地把自己的书扔得满教室都是，并指着与其争吵的同学说:“你等着，我这个星期就回家告诉我哥哥，看他不收拾你。”

案例分析: 小丽的做法就是一种典型的心理极度不成熟的表现，也就是说心理状态与年龄、行为极其不符。一个20多岁的女孩处理事情和幼儿园的小朋友没什么区别，遇到问题，并没有好好地去解决沟通，而是自暴自弃，这就是一种不健康的状态。

2003年，有学者提出，一个真正健康的人应该是“身体健康、心理健康、社会功能良好以及道德健康”。而巴西学者马丁斯在他的研究中发现那些贪污犯罪、道德败坏的罪犯们，易患癌症、脑出血以及精神性疾病，其健康状态远远低于正常人，所以说道德健康也是健康的一个重要衡量标准。

（二）心理健康的概念

第三届国际心理卫生大会(1946)认为心理健康是个体在智力、身体和情绪上相统一，适应环境，人际关系和谐，有幸福感的状态。

我国学者将心理健康定义为心理健康是指一种持续发展的积极的心理状态，在这种状态下主体能对社会作出良好的适应，能充分发挥身心潜能。

虽然目前对心理健康的定义各有不同，但总的来说，我们普遍认为“健康”不再局限于身体上的健康，而是生理、心理的良好发展。心理健康不是绝对的，而是相对的，一个人偶尔出现的行为失常并不代表不健康，心理健康应该是动态发展而又相对稳定的状态。

二、学前儿童心理健康概述

美国 0～3 岁任务联合机构(0～3 Task Force)把学前儿童心理健康定义为婴幼儿良好的情绪体验与表达、积极的社会关系与内外一致的行为表现。

三、心理健康的标准

心理健康标准是抽象概念的具体化，是衡量一个人是否健康的尺子，不同的心理学家有不同的衡量标准。

1. 马斯洛的十标准

美国心理学家马斯洛提出要判断一个人是否达到心理健康应具备以下十条标准：①充分的安全感；②充分了解自己，并对自己的能力作适当的评估；③生活的目标切合实际；④与现实的环境保持接触；⑤能保持人格的完整与和谐；⑥具有从经验中学习的能力；⑦能保持良好的人际关系；⑧适度的情绪表达与控制；⑨在不违背社会规范的条件下，对个人的基本需求作恰当的满足；⑩在集体要求的前提下，较好地发挥自己的个性。

2. 许又新的三标准

许又新认为要判断一个人心理是否健康，可以从以下三个方面去衡量：①个人的主观体验，例如情绪状态、是否正确看待自己；②社会功能，例如个人的工作或学习效率；③发展状态，注重个人的成长过程。

3. 学前儿童心理健康的标准

关于学前儿童心理健康的标准，研究者们也有不同的描述，但总体上包括以下几个方面。

(1) 智力发展正常

所谓智力是指一个人认识、理解客观事物并运用知识经验来解决问题的能力，包括观察力、注意力、记忆力、想象力和思维能力。

智力正常是一个人正常生活和心理健康的最基本的要求和首要标准，一般来说，我们认为正常的智力是 80～120，70 以下属于智力低下，120 以上属于智力超常。如果一个人智力低下或者智力发展阻滞，那么心理健康就无从谈起，但智商高的人也不能保证其心理健康，一个人只有确保其注意力、记忆力、思维能力、想象力等处于正常水平，其才能有效地自我调适与适应社会。

(2) 情绪稳定，反应适度

所谓情绪指的是人对客观事物是否符合需要所产生的一种主观体验，情绪的变化与反应应和现实状况相符合。比如，一个人遇到高兴的事情时，他的行为表现应该是笑或手舞足蹈。情绪对身体的健康发展有重要影响，《黄帝内经》记载，忧伤肺、思伤脾、怒伤肝、恐伤肾，因此不健康情绪会使人得病，例如，林黛玉是个敏感多疑的人，见花落泪，见物伤感，长期的消极情绪最终使其香消玉殒。

情绪影响着学前儿童的社会交往和学习，学前儿童只有拥有良好积极的情绪反应，才能在不同的情境条件下表现出适当的情绪，从而拥有积极的情绪体验，并能准确地识别他人的情绪。

(3) 良好的人际关系

所谓人际关系是指人们在共同的活动当中，彼此为寻求满足各种需要而建立起来的一种心理关系。人际关系是衡量心理健康的重要标志之一，其表现为乐于与人交往，即有稳定而广泛的人际关系，可以用尊重、平等、信任、友爱、宽容的积极态度和他人相处，在交往中保持独立而完整的人格，能客观评价别人和自己，善于取长补短，宽以待人，拥有积极的交往态度与交往动机。个体只有通过与人交流，才能获得爱与归属感。学前儿童良好的人际关系表现为与父母有良好的依恋关系，乐于与同伴交往，并在交往过程中表现出亲社会行为，如分享、合作、互助与安慰等。心理健康状况不佳的儿童在同伴中表现得不是很友善，较冷漠且不关心别人，在群体活动中往往独自一人，不参与其他同伴的活动，甚至在同伴和老师的邀请下也不愿意参与；而且当与同伴发生争执的时候，容易冲动，表现出攻击性行为。

(4) 行为统一协调

与人生各个阶段的生理发展相对应的是人的心理行为，从而形成了不同年龄阶段独特的心理行为模式。心理健康的人还应具有与年龄、角色相应的行为特征，如果一个人的心理行为经常严重偏离自己的年龄特征，一般都是心理不健康的表现。例如，1 岁之前的婴儿一看见东西，往往将其抓住并放进嘴里，但一个 5 岁的儿童也经常出现这样的现象就是心理不健康的表现。

(5) 意志健全

所谓意志是指人有意识、有目的、有计划地调节和支配自己行为的心理过程。心理健康的儿童总是有意识、有目的地进行各项活动，遇到困难时，不会因为挫折而灰心，不会为困难而吓倒，善于克制自己的情绪，以免轻举妄动，并能保持长时间的专注去实现既定目标；而意志不健全的儿童挫折承受能力差，惧怕困难，做事三心二意，注意力不集中，且缺乏自控力。

一般来说，对于学前儿童的心理健康标准，人们更多关注他们的情绪和人际关系，心理健康或不健康是相对而言的，因此，要以发展的眼光来看待一个儿童的心理状况。

第二节　学前儿童主要的心理问题

学前儿童的心理健康问题，主要包括口吃、多动、恐惧、发育迟缓、肥胖、自闭倾向、攻击性行为等，这些问题对儿童的心理健康发展影响极大，需引起家长和幼儿教育人员的重视。

一、口吃

口吃是常见的语言节奏障碍，口吃的发生并非因发音器官或神经系统有缺陷，而是与心理状态有密切关系。美国口吃研究基金会曾经作过一项统计，发现有 25% 的学前儿童都在不同阶段出现过，口吃出现的年龄以 2～4 岁为多，口吃的高发期为 3～4 岁。

（一）口吃的表现

有口吃的儿童大都性格内向、自卑、羞怯、退缩且情绪易急躁冲动。

口吃表现为正常的语言节律受阻，无法控制地重复某些字音或词句，发音延长或停顿，而且常伴有跺脚、挤眼、歪嘴等动作，才能费力地将字拼出。

（二）口吃产生的原因

1. 精神创伤

受到突如其来的惊吓，例如看了恐怖的电影，听了可怕的故事和父母言语的威胁如“不听话，就扔掉”等；来到陌生的环境，久久不能适应；父母离异，家庭破裂，失去温暖等。

2. 模仿

幼儿喜欢模仿，看到患有口吃的人时，因觉得滑稽可笑而加以模仿，却不知一旦养成习惯便不易消除。

3. 父母不当的教养方式

父母对幼儿的教育过于严厉，尤其是当孩子发音不准且说话不流利的时候，表现出过分的急躁与指责，从而给孩子造成心理压力，导致口吃。

4. 疾病

大脑皮质功能受损而发生口吃，例如幼儿患百日咳、流行性感冒、猩红热等传染病，或脑部受创伤等。

（三）对策

1. 为孩子创设宽松的言语氛围，解除孩子的紧张情绪

许多患口吃的儿童，往往比较胆小、内向，所以家长与教师在引导其说话时，应该语气平和，不要训斥，教育孩子说话时不要急躁，想好后再慢慢说出。要创设宽松的言语氛围，促进其言语能力的发展，例如，父母或教师可以选择孩子感兴趣的故事和孩子一起讨论，对孩子说话的每一点进步，都应及时给予强化、鼓励。

2. 教育孩子不模仿别人的口吃

学前儿童早期学习的特点是好奇与模仿。我们经常发现幼儿在接触到异于常人的行为时，因好奇往往会出现模仿的现象，例如，看到跛脚或患有口吃的人时，因觉得滑稽可笑而加以模仿，却不知一旦养成习惯便不易消除。家长及教师一旦发现幼儿模仿口吃的现象，应该及时制止，正确引导幼儿言语的发展。

3. 采用多种形式进行语言训练

针对幼儿口吃的现象，可以采用多种形式去发展其言语能力，例如，读儿歌、唱歌、变换方言等。当幼儿出现口吃现象时，鼓励幼儿用喜爱的方式表达出自己的想法，例如，“补全妈妈的句子”“把它唱出来”“画下来讲给妈妈听”等。

二、语言发育迟缓

语言发育迟缓是指儿童口头表达能力及语言理解能力显著低于同年龄段儿童的正常水平，常伴有精神发育迟缓，是一种儿童常见的言语障碍。

（一）语言发育迟缓的表现

语言发育迟缓在临床上分为表达性语言障碍和感受性语言障碍两种，前者能理解语言但不能表达，后者对语言的理解和表达均受限制。就语言发育迟缓来说一般在孩子 2 岁左右是发病的高峰期，患儿表现为语言沟通障碍或社会适应能力低下，并且常面临认知、读写、计算等方面的诸多困难。

（二）语言发育迟缓的原因

导致幼儿患有语言发育迟缓的原因有听力障碍，例如患有先天性聋哑等；还有没有良好的语言环境，缺乏沟通与交流及家庭因素，如父母长期处于忙碌或争吵状态，不顾及患者内心感受与情感需求等。

（三）对策

1. 家庭指导

加强亲子间的情感交流，增加陪伴孩子的机会，耐心地与患儿沟通与交流。

2. 强化训练

加强语言训练，创造鼓励的情境，使患儿产生说话的乐趣，消除其恐惧情绪。

✦ 案例放送

语言发育迟缓

李某某，女孩，现2岁9个月，至今词汇量少，会说简单称呼语及叠音字，不会说短句及长句，吐字不清晰，能识别简单颜色，能指认简单实物，能说出简单图片，可与人目光对视，能听懂并执行指令，叫名有反应，喜欢看动画片，会独自吃饭，能控制大小便。

1. 背景资料

该女孩语言发育迟缓，父母工作繁忙，主要由姥姥对其进行教育；对李某体格检查和神经系统检查均属正常。

2. 案例分析

年龄为2岁9个月，词汇量少，仅会说简单称呼语及叠音字，不会说短句及长句，吐字不清晰，姥姥为防止孩子哭闹，就给其看动画片，剥夺了孩子与人的交流权利，孩子在语言的发育关键期，丧失了语言发育的能力。

3. 对策和建议

(1) 家庭指导。加强亲子间的情感交流，增加陪伴孩子的机会，不让孩子过多接触电子产品。

(2) 强化训练。加强语言训练，创造鼓励的情境，使患儿产生说话的乐趣，消除其恐惧情绪。

三、多动症

多动症又称为注意缺陷与多动障碍（ADHD）或轻微的脑功能失调，是儿童期常见的一类心理障碍。这类患儿的智力正常或基本正常，但学习、行为及情绪方面有缺陷，主要表现为注意力不集中，注意短暂，活动过多，情绪易冲动，学习成绩普遍较差，在家庭及学校均难与人相处，日常生活中常常使家长和教师感到没有办法。据统计，中国儿童多动症的患病率在3%～13%，男孩多于女孩，早产儿及剖宫产儿患多动症的概率较高，大约在60%以上。多动症一般在7岁之前就会表现出来。

（一）多动症的表现

1. 注意障碍

表现为与年龄和发育水平不相称的注意力水平，如注意维持时间短暂，易受外界干扰，做事易放弃，即使是感兴趣的事也没办法集中注意力。

2. 活动过度

患有多动症的幼儿，其无论在课堂上还是课下都表现出不能静坐、小动作过多以及无法安心地完成一件事等问题，极容易打乱正常的学习和生活秩序。

3. 冲动性

多动症患者其在情绪上和行为上都具有冲动性，一旦没有得到满足，会表现出尖叫、摔东西和攻击他人等现象。

4. 学习困难

多动症患者由于很难维持注意力，因而在课堂上没有办法安心听课和完成学习任务，所以学业成绩较差。

5. 神经系统发育异常

多动症患者在精细动作、协调性、平衡性和空间知觉等方面发育较差。如对指运动、系鞋带和扣纽扣等动作都不能很好完成，骑自行车和分辨方向困难，少数患者还伴有语言发育延迟、语言表达能力差、智力偏低等问题。

知识之窗

好动≠多动

常有家长发现孩子有活泼好动，注意力不集中，自我控制力很差，很难安静，特别调皮等问题，家长通常感到焦虑，甚至担心孩子是不是得了多动症？

活泼好动是幼儿的天性，与幼儿的好奇心密切相关。皮亚杰把幼儿的好动定义为探索，其目的是促进其认知的发展。为帮助家长进一步了解孩子的行为，清楚好动和多动的区别，家长可以使用 Conners’s 简明症状问卷(归因方式问卷 Atributional style questionnaire, ASQ)，Conners 儿童行为量表是美国学者 Conners 于 1969 年编制的，适用于 3～17 岁儿童行为测量，是目前国际上使用最为广泛的儿童多动症评估量表。

Conners 简明症状问卷（ASQ）

- 活动过多，一刻不停。(　　)
- 兴奋激动，容易冲动。(　　)
- 惹恼其他儿童。(　　)
- 做事不能有始有终。(　　)
- 坐立不安。(　　)
- 注意力不易集中，容易分心。(　　)
- 必须立即满足其要求，否则容易灰心丧气。(　　)
- 情绪变化迅速、剧烈。(　　)
- 容易哭泣、喊叫。(　　)
- 勃然大怒，或出现意料不到的行为。(　　)

说明：

(1) 程度项的记分法。无，记 0 分；稍有，记 1 分；较多，记 2 分；很多，记 3 分。

(2) 本量表一般作多动症筛查用。≥10 分为阳性，有诊断意义，可作进一步检查确诊。

好动和多动还是有很大的区别的，主要有以下几点：第一，行为有无目的性。好动的幼儿其行为是有一定的目的的。第二，有无兴趣爱好。好动的幼儿有兴趣爱好，在感兴趣的事物面前，其注意持续时间较长。第三，是否有自制力。正常的好动儿童能够因时间、地点和环境因素的限制约束自己的行为，比如在家里爱动，外出时能控制自己的行为，特别是到了一个陌生的环境中，孩子能够根据大人的要求保持安静，不乱走动。而多动症儿童常常冲动盲目，不听大人的要求，不分场合地表现出多动、冲动甚至破坏行为，缺乏自我控制能力。

（资料来源：张平.好动≠多动[J].教子有方，2018.12(4)：6-7；刘艳新.孩子，你慢慢来——对一例多动症儿童的个案辅导及反思[J]. 中小学心理健康教育，2017(8)：50-52.）

（二）多动症产生的原因

1. 遗传

家系研究、双生子和寄养子的研究均证实遗传因素是 ADHD 的重要发病因素。Banerjee 等通过家系研究发现，ADHD 儿童的父母与同胞发生 ADHD 的风险较对照组增加 2～8 倍。

2. 饮食

刘永春等人的研究表明铅过量、低锌血症有可能是多动症的致病因素之一，在其研究中发现，ADHD 组的血铅水平明显高于正常儿童组，而血铜、铁、钙、锌的水平明显低于正常儿童组，铅对神经系统发育具有不可逆的损害，而锌对脑的正常发育及维持神经系统的正常功能有重要作用。

3. 家庭

研究显示父母不良教养方式和母亲吸烟、饮酒等不良行为与儿童 ADHD 的发生有密切的关系。Kate L. (2007)研究显示孕期吸烟、饮酒的母亲，其子女患 ADHD 的可能性明显高于没有吸烟、饮酒嗜好的母亲。

（三）多动症的矫治方法

1. 认知引导

可通过游戏方式，设置场景、情节，并引导患儿进行角色扮演，加深幼儿对某一角色的认知，同时，也可在游戏中加强幼儿的注意力锻炼，帮助患儿有效交流，游戏可设置一些简单问题，在患儿遇到问题的过程中，引导其分析、解决问题。在引导过程中，可为幼儿展示不同情绪的图像资料，引导幼儿进行识别，并帮助患儿以深呼吸、听音乐等方式控制愤怒。

2. 行为干预

可通过正负强化给予幼儿行为矫正干预，若幼儿表现较好，可给予其正强化，以适当物质、精神奖励鼓励其行为，若幼儿出现消极表现，可予以负强化，以取消奖励、延迟承诺等方式，使其认识到自我的错误，并转变行为。若患儿出现过激行为，情绪难以平复，可行隔离干预，待幼儿情况稳定后，告知其隔离原因，使其对自我错误行为有一定认知。

3. 感觉统合训练

感觉统合训练是指基于儿童的神经需要，引导其对感觉刺激作适当反应的训练。此训练提供前庭（重力与运动）、本体感觉（肌肉与感觉）及触觉等刺激的全身运动，其目的不在于增强运动技能，而是改善大脑处理感觉信息、组织并构成感觉信息的方法。感觉统合训练对于多动症儿童的运动协调、情绪稳定、注意力改善有重要作用。多动症儿童大多精力旺盛、活动过多，感觉统合训练一方面可以为多动症儿童的多余精力提供释放途径；另一方面，通过这些活动，可以锻炼儿童的动作协调能力，促使其大脑统合功能的完善，使儿童对外界刺激做出适当反应，增强其自主控制行为的能力。

4. 药物治疗

药物能改善患者注意缺陷，降低活动水平，可一定程度地提高学习成绩。一般来说药物治疗多动症首选中枢兴奋剂，目前国内主要是哌甲酯及其控释片，中枢兴奋剂仅限于6岁以上患者使用，因有中枢兴奋作用，晚上不宜使用。

（四）多动症儿童的教育策略

注意力发展缺陷儿童注意力持续时间短，爱做小动作，自我控制能力差。作为幼儿园教师，应该注意做到以下几点。

1. 不要随意给幼儿“贴标签”

许多老师会不自觉地对多动的幼儿提出批评，孩子的头脑中会形成“我是多动儿”的概念，影响幼儿自信心的建立。

2. 不要孤立幼儿

要使幼儿感到集体生活的快乐，与同伴们共同学习，共同游戏，共同成长，共同感受集体的温暖。

3. 宽容“多动儿”

老师对这些孩子要更加宽容，不能经常批评他们，对于他们的过错或努力不能视而不见，不能得过且过，不是严重的错误，尽量少对其进行批评教育。看到他们的点滴进步，或做得好的一面，要多鼓励，多表扬，使他们意识到老师无时无刻地关注着他的进步。

4. 培养其注意力

每个孩子都有其感兴趣的东西，我们要投其所好，抓住这些幼儿感兴趣的事物，鼓励他们认真观察，有意识地培养他们的注意力。

案例放送

多动的小苏苏

苏某，6岁，大班儿童，该孩子从幼儿时起，自控力就明显低于同龄儿童，常常先行动后思考，从不考虑行动后果，做事缺乏条理性，容易激怒，爱发脾气，倔强，好冲动。他想要的东西父母不能满足时，便大喊大叫，甚至在地上打滚，不服从约束，有时还会突然做出一些危险举动。在班上,他总是表现得比别人兴奋些,不能认真听老师讲课,时常在老师讲话时发出一些怪叫声或用手和其他东西敲击桌椅,甚至离开位子而在活动室里到处走动。晚上睡觉总是不安稳,不停地来回翻动,久久不能入睡。和同伴游戏时,常为一些小事与别人争吵,爱和别人顶嘴,没说几句,冲上去就动手打人,常因为打架被老师批评。为此,父母伤透了脑筋。

1. 背景资料

该患儿是独生子,足月出生,孕期正常;幼时生长发育良好;父母均为单位干部,对孩子要求比较严格。

体格检查和神经系统检查无异常发现,脑电图检查正常。

2. 案例分析

起病诱因是不恰当的教育方式,其主要临床表现为精力显得特别充足,好冲动,好恶作剧;注意力不集中,好动,以致影响患儿自身的正常活动和生活,起病后病程无进行性加重。

根据以上资料评测,可考虑是儿童多动症。好动和多动是有区别的(见表 12-1)。

表 12-1 好动与多动的区别

多动儿童	好动儿童
活动杂乱、无目的	活动有时盲目,有时有序
在各种活动中都表现出多动、注意力不集中	只在某一个活动或某一个场合下有多动表现
多动不分场合,一些举动难为人们所理解	即使特别淘气,其举动也不离奇,能为人们所理解
不能专注某一项活动,没有什么活动内容能使他们安静下来投入进去	对感兴趣的活动,如玩玩具、看儿童动画片则能安静地玩很久或看完电视

3. 对策与建议

对儿童多动症的治疗,主要采取药物治疗、行为管理等方法。

(1) 药物治疗。对多动症明显且严重影响集体活动和生活者,可考虑用药物疗法,这是最常用和最传统的方法。其疗效有积极的方面,但也有副作用,因此需要在医生的指导下谨慎用药。

(2) 行为管理。主要通过行为矫正的方法,采用一些适合儿童的认识活动来改善儿童的注意力,并通过已安排好的一定的训练程序,减少儿童的过多活动和不良行为。具体方法包括代币管制训练、契约管理、合理的惩罚策略以及与家庭相结合的条件管理等。

(资料来源:傅宏.学前儿童心理健康[M].南京:南京师范大学出版社,2002.)

四、自闭症

自闭症,又称为孤独症,是一种较为严重的发展障碍,在社会交往能力、语言能力上表现极弱,该病男女发病率差异显著,一般认为男孩的发病率是女孩的 4～5 倍。

(一) 自闭症的表现

1. 社会交往障碍

一般表现为不与他人交流或缺乏交流技巧,对集体生活环境不适应、与父母亲之间缺乏安全依恋关系等；对人表现出不感兴趣或冷漠，喜欢独来独往；其突然间的行为，例如拍人、抱人不是为了与人联系，而仅仅是一个个动作；对某些物品表现出强烈的依恋。

2. 语言交流障碍

语言发育落后，语言应用能力低，不愿意说话，常用手势来表达自己的愿望和要求，会出现尖叫现象。

3. 重复刻板行为

在较长的时间里只专注于某一种或几种游戏，如玩同样的玩具，单调地摆放积木，吃同样的饭菜，出门要走相同的路线等，强烈要求保持环境的现状，不肯改变所处的环境和生活行为习惯。

（二）自闭症产生的原因

1. 遗传因素

对双胞胎和家族患者量化分析显示，自闭症的遗传可能性大于90%。Piven等(1997)研究结果表明高发自闭症家族的家属中，社交、交往缺陷和刻板行为发生率较高。

2. 脑部受损

《科学》杂志于2004年6月26日报道，法国和意大利的科学家最近研究指出大脑细胞有异是导致自闭症的因素，脑电发生异常变化导致许多抗社交行为，大脑中控制疼痛、愉快等心理反应的系统出现问题时往往会伴随着社交行为的缺陷。

（三）对策

1. 药物治疗

到目前为止，人类虽然还没有研发出治疗自闭症的特效药，但是存在一些能缓解症状的药物，比如说盐酸氟苯丙胺能降低自闭症患儿血中血清素的浓度，羟吗啡酮能有效降低攻击、自伤行为。

2. 心理疗法

可用行为疗法，主要用于不适应行为的调整，如多动、攻击、愤怒等；也可用游戏疗法，减轻自闭症儿童的情绪障碍和不安，发掘自闭症儿童的创造力。

3. 家庭疗法

创设宽松的家庭氛围，父母与患者共同面对现实，对孩子不能完成的行为给予耐心指导，通过反复练习，帮助幼儿学习。

4. 感觉统合训练

通过训练个体的感官，以不同的感觉通路从环境中获得信息输入大脑，使大脑和身体都得到相互协调的学习。

五、攻击性行为

学前儿童的攻击性行为是一种伤害他人或他物的行为，心理学家哈特普把攻击分为敌意性攻击和工具性攻击两种。有资料表明，70%的暴力少年犯在儿童期就被认为有攻击性行为，因此，对儿童攻击性行为必须予以重视。

（一）攻击性行为的表现

1. 攻击性行为频繁

主要表现为为了玩具和其他物品而争吵、打架，行为更多是直接争夺或破坏玩具或物品。

2. 身体攻击出现较多

幼儿的攻击更多依靠身体的攻击，而不是言语的攻击，主要原因是学前儿童言语能力发展晚于动作能力。

3. 攻击性行为存在明显的性别差异

男孩比女孩更多地怂恿和更多地卷入攻击性事件，男孩比女孩更容易在受到攻击以后发起报复行为，碰到对方是男性比对方是女性时更容易发生攻击性行为。

（二）攻击性行为产生的原因

1. 父母的惩罚

父母不当的教育方式，如对孩子犯错的行为，不管什么原因总是采用打、骂等不当行为。有研究表明，惩罚能抑制非攻击性幼儿的攻击性，却不能抑制攻击性幼儿的攻击性，反而加重他们的攻击性行为。

2. 模仿

大众传播媒介中有时会出现大量的攻击行为，幼儿通过观察，从而习得该行为。例如《喜羊羊与灰太狼》动画片中红太狼用平底锅打灰太狼的画面。

3. 强化

当幼儿出现攻击性行为时，教师或父母不加制止或听之任之，就相当于强化了幼儿的侵犯行为。

4. 挫折

挫折是产生攻击性行为的直接原因。个体在活动过程中遇到障碍或干扰，其目的不能实现或需要不能得到满足时往往容易情绪激动，从而导致攻击性行为。

（三）对策

1. 避免不良的家庭教育方法

家长要意识到自身的言行对幼儿产生的影响，在教育时要尽量避免打骂等行为，进而避免幼儿从父母身上模仿攻击性行为。

2. 控制大众媒介产生的影响

为幼儿选择高质量的图书或视频资源，防止不良行为对幼儿产生影响。

3. 提高幼儿的自控能力和交往技能

幼儿时常发生攻击性行为，是因为其情绪易激动，有自己的想法不会和同伴协商等。

父母与教师应帮助幼儿学会合理宣泄情绪及正确与他人沟通的方法。

案例放送

小黄的攻击性行为

黄某，男，5.5 岁，幼儿园大班孩子。黄某性格开朗，有时会撒谎，好惹事，和小朋友不能友好相处，经常欺负别人，如晨练时，别的小朋友按要求在踏步，他却一会儿停下来，一会儿又转个圈，还朝别的小朋友撞去，结果自己也差一点摔跤，老师及时制止了他。很快，在老师带小朋友活动时，他又开始了他的"花式"走步，并又一次地朝另一个小朋友撞去，老师问他为什么这么做，他说是自己不小心，老师说他是故意的，他说老师看错了。又如小朋友们上厕所，他从后面将一个小朋友推倒了，其他小朋友纷纷指责他，他只当没听见，照常洗他的手，老师批评他，他说是那个小朋友走路太慢了，自己小便都来不及了。有一次，妈妈邀请几个同事和朋友各自带着孩子去郊游，黄某一路上不断和别的孩子吵架，还动手打人，当别的孩子被他打哭后，他只当没看见，似乎这事与他无关，弄得妈妈很尴尬。

1. 背景资料

黄某是第一胎，独生子，母亲怀孕期间身体健康，足月顺产，自小身体健康强壮。父母是个体户，工作忙，无暇顾及孩子的教育。放学后，孩子常一个人独自在店门前自由玩耍。妈妈的教育方式是说理，爸爸对他的教育则多采用严厉的态度。脑电图检查正常。

2. 案例分析

患儿黄某为 5.5 岁男孩，起病的主要原因是不当的教育方式。主要临床症状是经常挑起事端，与人相处常产生冲突，经常打架或故意伤害他人；经常坐立不安，容易冲动，比较粗心，显得比同龄孩子活动量大得多；起病后病程呈进行性加重，病期已三年。根据以上情况，可以考虑为儿童攻击性行为。

3. 对策与建议

治疗的方法包括三个层次，即针对具体行为的操作学习治疗、针对同伴关系的社交技能训练、针对家庭过程的父母行为管理训练等。

（资料来源：傅宏.学前儿童心理健康[M].南京：南京师范大学出版社，2002.）

六、吃手指

幼儿吃手指的行为从出生 6 个月就开始了，到 1.5～2 岁时最常见，但是如果年龄较大的儿童仍有吃手指的行为则反映其发展中出现一定心理问题。吃手指是指幼儿经常不自觉地吸吮手指、咬手指甲等，有心理学家曾经统计，90％的正常婴儿有吃手指的习惯，5％的 4 岁儿童仍保持这种行为，6～11 岁儿童中有 2％存在吃手指的问题。

（一）吃手指的原因

幼儿吃手指行为主要与幼儿情绪紧张有关，特别是在紧张、焦虑不安时会加剧吃手指的行为。

（二）对策

对于 1～2 岁的幼儿，出现吃手指的行为是正常的发展需要，只需注意卫生即可。而对于年龄超过 4 岁的幼儿仍有吃手指的习惯，就需要采取适当的方法进行矫治。

1. 宽松的家庭氛围

给孩子创造宽松温暖的家庭氛围，不要过多地惩罚和训斥幼儿，避免加剧幼儿心理上的紧张和恐惧。

2. 转移注意力

当发现孩子有吃手指的行为时，不要一味盯着或马上打幼儿的手，这样会加重幼儿吃手指的行为，我们应该用转移注意力的方式，如和幼儿一起读故事书等。

3. 挖掘幼儿吃手指的原因

家长与教师要挖掘幼儿吃手的具体原因，是模仿还是紧张等，然后帮其慢慢克服与纠正吃手指的习惯。

第三节　学前儿童心理健康维护

一、学前儿童心理健康辅导途径

（一）创设良好环境

《幼儿园教育指导纲要（试行）》指出，“环境是重要的教育资源，应通过环境的创设和利用，有效地促进幼儿的发展。”

1. 温馨的家庭环境

良好的家庭环境对幼儿个性的形成和健康的心理状态有着重要的影响。家庭是孩子成长的第一环境，其对孩子成长有着不可替代的影响。而父母是孩子的第一任教师，影响着孩子认知能力、社会交往与心理健康等方面的发展，父母的学识是指导学前儿童认识活动和认识能力发展的必要条件，而父母的行为也影响学前儿童的社会性行为，如学前儿童通过与父母的交往，学会分享、谦让、协商、帮助、友爱、尊敬长辈、关心他人等亲社会行为，相反，也可通过模仿父母学会打人、骂人、咬人等攻击性行为。董奇、夏勇等（1993）的研究表明再婚家庭儿童在亲子关系、同伴关系、阅读和学校表现等特定领域明显差于完整家庭的儿童。

总之，学前儿童的发展起步于家庭环境的方方面面，因此，我们应该努力地创设良好的家庭环境，促进学前儿童的心理健康发展。首先，父母应发挥其主动性与孩子间建立起良好的亲子关系，时刻关注孩子的情绪情感变化，对孩子的需求给予及时的反馈，并建立良好依恋关系；其次，父母要时刻注意自己言行，做好正确示范；最后，应建立民主型家庭教养方式，采用这种家庭教养方式时，父母对孩子往往表现出支持、合作和积极肯定、热情、接纳，这样的家庭环境可以使学前儿童的个性、情绪状态、行为与社会交往等诸多方面都得到良好的发展，从而促进其心理健康发展。

2. 良好幼儿园环境的创设

幼儿园是学前儿童走出家庭和接触社会的主要场所，是其发展社会关系的重要场地，在这个环境中，教师与同伴都影响着学前儿童心理健康的发展。有研究表明，教师在学生心中有着权威的地位，教师的行为方式、价值观等都会对学生产生潜移默化的影响，并且这种影响难以通过其他方式取代。例如，Heyman、Dweck 和 Cain(1992)的研究表明，年幼学生当受到教师消极评价时，容易出现自责与无助感。美国学者 Wiftv 提出，教师的人格影响儿童的心理健康，在情绪不稳定教师所任教的班级里，出现人格障碍的学生人数也相应较多。在儿童的成长过程中，同伴也是重要的支持系统之一，同伴的看法与接纳直接影响儿童对自我的认识与评价，当得到同伴的认可时，儿童会表现出积极的行为与社会性交往，如受到同伴的冷落、排斥时，儿童会表现出消极的行为，从而阻碍其身心和社会性发展。

幼儿园环境影响着学前儿童的社会性适应、情绪情感、社会行为等，因此，幼儿园要创设有利于学前儿童心理健康发展的环境，首先，为学前儿童创设开放、接纳的环境，使幼儿愿意来幼儿园、愿意与教师亲近；其次，为学前儿童营造一种温暖、关爱、民主和平等的心理环境，时刻关注幼儿，给予其支持与鼓励；再次，帮助被拒绝型儿童和被忽视型儿童建立良好的同伴交往；最后，提高幼儿教师自身的心理素质，掌握相应的心理卫生、心理诊断、心理治疗等知识，并有效地运用到工作中去。

（二）进行心理健康教育

根据幼儿的身心发展规律与学习特点，进行有目的有计划的心理健康活动，帮助幼儿树立健康意识，更好的认识自己和发展自己。幼儿园的心理健康教育不只是增加一日活动环节，也不是替代原有的活动，而是渗透于幼儿园日常活动的各个环节，例如，有意识地通过游戏活动引导幼儿学会根据游戏的主题与规则等，去合理进行游戏角色分配和克服游戏过程中所遇到的困难，从而促进其自我意识的发展和合群情感的发展以及社会化和个性化的协调发展。利用幼儿园区角活动进行随机教育。另外，设立过家家、搭房子等活动，使儿童在共同合作中锻炼协作意识，感受集体荣誉感。

（三）家园共育

台湾心理学家张春兴指出，个体的心理健康问题，根源于家庭，形成于社会，表现于学校。对学前儿童来说家庭和幼儿园是其重要的生活和学习场所，对培养其良好的心理发展和行为习惯的养成有着重要影响。对学前儿童的心理健康辅导，需要家庭与幼儿园相互配合，同步辅导。首先，幼儿园可利用家长座谈会、家长观摩活动、经验交流等活动帮助家长改进其教育方式，形成正确的教育观念；其次，可定期开展与学前儿童心理健康辅导相关的主题活动，宣传各种学前儿童心理健康知识，让家长意识到自己的言行会成为学前儿童模仿的对象；最后，家长和教师之间要做到教育的一致性，避免学前儿童心理和行为的表现出现不一致的情况。例如，我们时常发现某些幼儿在家里与在幼儿园的表现大不一样，这是由于家长和教师不同的教育态度和理念所造成的。总之，幼儿园与家庭要充分配合，为学前儿童的身心发展创设良好的条件。

二、学前儿童心理咨询与治疗简介

学前儿童心理健康教育重在预防，但也不能忽视心理咨询和治疗方法的使用。学前儿童成长发展过程中的大部分问题能够通过心理健康教育活动得到预防，通过家长和教师的关爱与辅导加以解决。但仍有一小部分儿童的心理健康严重受损，需要及时采取心理咨询和治疗。因此，教师应对学前儿童心理咨询和治疗的方法有所了解，及时发现和帮助有心理问题和心理障碍的儿童。

（一）沙盘游戏疗法

沙盘游戏疗法是一种以荣格心理学原理为基础，由多拉·卡尔夫发展创立的心理治疗方法。沙盘游戏的起源可以追溯到20世纪初，其最初创意源于1910年威尔斯的“地板游戏”；英国的儿童心理治疗家玛格丽特·洛温菲尔德在此基础上发明了“游戏王国技术”；20世纪60年代，多拉·卡尔夫把“游戏王国技术”与荣格的分析心理学相结合，同时借鉴了中国的哲学文化思想，最终创立了“沙盘游戏疗法”（见图12-1）。

图12-1　沙盘游戏疗法

沙盘游戏疗法在儿童治疗中有着明显优势，其特别适用于喜爱游戏，但语言表达能力弱的学前儿童。首先，儿童喜欢沙，几乎所有的幼儿都有玩沙、推沙等经历，对沙具有某种特殊的情感；其次，游戏是儿童的天性，游戏中包含着天性的恢复和阻碍。因此，沙盘游戏为幼儿提供了治疗与治愈的条件和机会。

沙盘游戏疗法能为儿童提供一个“自由与受保护”的空间，在这里儿童通过象征、隐喻的形式不仅可以再现出与创伤经历相关的情景，同时也可以宣泄出与创伤经历相关的复杂情感，通过沙盘游戏的投射，较好地显现儿童内在世界，进而激发治愈过程和人格发展。

（二）行为治疗

行为治疗的概念最早由斯金纳和利得斯莱于20世纪50年代提出，其理论来自巴甫洛夫的经典条件反射、斯金纳的操作条件反射和班杜拉的社会学习理论。行为主义认为,人的一切心理现象和行为都是环境塑造的结果,而且行为是可以通过教育有所改变的。总之,行为治疗是以减轻或改善患者不良行为为目标,是一种疗效较好的儿童心理治疗方法。

1. 强化法

所谓强化是指紧随特定行为之后给予某种刺激作为强化物,增加行为再次发生的频率。很多幼儿都有过这样的体验,很害怕上讲台发言,一上台就哆嗦,不过当站在讲台上发言的行为得到教师表扬时,我们就会随着上讲台次数的增加,紧张感也慢慢消失。

2. 示范法

我们很多行为的习得不仅是在课堂上,对榜样的观察与模仿也是学习的重要方式。模仿学习的机制是替代强化,替代强化是班杜拉社会学习理论的重要学习方式,是指学习者因榜样的行为受到强化而自己也间接受到强化。例如"榜样的力量是无穷的""杀鸡儆猴"等。

3. 全身松弛法

全身松弛法主要是指通过改变肌肉紧张,减轻肌肉紧张引起的酸痛,以应对情绪上的紧张、不安、焦虑和气愤。其主要是让训练者学会接受自身生理状况的信息,辨认肌肉紧张、放松的感觉,对肌肉做"紧张——坚持——放松"的练习,从紧张与放松的感觉对比中学会放松,如每次大汗淋漓的跑完步,就会有身心舒畅的感觉。

4. 系统脱敏法

系统脱敏疗法(systematic desensitization)又称交互抑制法,是由美国学者沃尔帕创立和发展的。这种方法主要是诱导求治者缓慢地暴露出导致神经症焦虑、恐惧的情境,并通过心理的放松状态来对抗这种焦虑情绪,从而达到消除焦虑或恐惧的目的。

知识之窗

系统脱敏疗法

系统脱敏疗法的基本原理是让一个原可引起微弱焦虑的刺激,在求助者面前重复暴露,同时求助者以全身放松予以对抗,从而通过这一刺激达到消除焦虑或恐惧的目的。系统脱敏疗法源于对动物的实验性神经症的研究,20 世纪 40 年代末期,精神病学家沃尔普(J.Wolpe)在实验室中电击小铁笼中的猫,每次电击之前先制造一系列强烈的声响,多次实验之后,只要听到强烈响声或看见那只铁笼,即使不受电击,猫都会出现明显的自主神经反应。他将这只猫禁食几天,然后送回放有鲜鱼的铁笼,虽然猫极度饥饿,却不肯食用鲜鱼。在铁笼外面甚至是在实验室隔壁的房间里,猫的进食欲望仍受不同程度的抑制。沃尔普认为,这是猫对实验环境产生了泛化的防御性条件反射的缘故,即产生了实验性神经症。

沃尔普想了个办法来帮助猫克服这些"症状"。他首先将猫放在离实验室很远的地方,此时在猫的眼里实验室只是依稀可见,因而猫只出现轻微的焦虑恐惧反应。这时给猫喂食，猫虽能进食但起初并不十分自然，不过待一会儿便能恢复常态，自如地进食了。到了下次该进食的时候，沃尔普把猫向实验方向挪近一段，这时猫又会出现一些轻微的焦虑恐惧反应，沃尔普立即给猫喂食。同第一次一样，猫起初进食时不太自然，但不久便适应了。沃尔普让猫渐渐接近实验室，最后，猫回到铁笼也能平静生活了，换句话说，猫的焦虑和恐惧已被"治愈"。

沃尔普认为这是交互抑制的作用。饥饿的猫进食后得到一种满足和快意，这种满足和快意可以抑制焦虑紧张反应，不过这种抑制能力是非常有限的，通常只能对付比较轻微的焦虑。所以沃尔普采用由远及近、循序渐进的办法，每次只增加一点焦虑，逐步增加，最终达到最严重的程度。而对于人类来说，肌肉松弛技术就有对抗焦虑的作用，于是沃尔普以全身松弛代替食物作用，以想象自己暴露于可怕的刺激物面前代替实际暴露，创建了系统脱敏疗法。

（资料来源：郭念锋.心理咨询师（二级）[M].北京：民族出版社，2005.）

（三）认知疗法

认知行为疗法是通过改变思维和行为的方法来改变不良认知，达到消除不良情绪和行为的心理治疗方法。其中有代表性的是美国心理学家阿尔波特·埃利斯的合理情绪疗法。

合理情绪疗法也被称为 ABC 理论，该理论认为个体之所以产生消极情绪与不合理的行为是由其认知决定的，其中 A 是诱发事件，是个体遇到的主要事件，B 是指个体在遇到诱发事件后，对事件的看法、解释和评价即信念，而 C 则是指在这个事件后个体的情绪和行为结果。

艾利斯认为生活中的事件本身并不会直接引起个体的情绪和行为反应，而是个体对这一事件的态度和理念才会引发最终的反应，人们对某个事件的看法、解释不同，情绪反应也就不同。

人有许多非理性的观点，例如"我认为等于别人认为""我对她那么好，她也必须对我那么好"等。不合理的信念有以下三个特征，即绝对化的要求、过分概括化的理念和糟糕透顶的观念。因此，指出个体的非理性信念，建立理性的自我意识是解决问题的关键。

本章小结

通过本章学习，我们了解到学前儿童心理健康的概念，即婴幼儿有良好的情绪体验与表达、积极的社会关系与内外一致的行为表现。心理健康的标准表现为智力发展正常、情绪稳定、反应适度、良好的人际关系、行为统一协调与意志健全等。了解到学前儿童心理发展中容易出现的问题或障碍，如口吃、多动、恐惧、发育迟缓、肥胖、自闭倾向、攻击性行为等。家长和幼儿教育人员应学会区分口吃与语言发育迟缓、好动与多动症等行为的差异及其产生的原因，这些问题对儿童的心理健康发展影响极大，需引起重视。了解了几种维护儿童的心理健康的心理学方法，如强化法、示范法和认知法等。

思政小结

幼儿的心理健康问题表现各异，诸如语言发育迟缓、多动症等，程度有轻重之分。学生可在儿童康复科和其他特殊儿童机构参与社会实践和志愿服务，将理论知识结合在实践中，更加全面真实地了解幼儿心理问题的成因和表现，以绵薄之力奉献社会。

实习实训

学前儿童攻击性行为

一、实习实训目标

通过观察，了解不同阶段幼儿的攻击性行为并分析其原因。

二、理论知识回顾

学前儿童的攻击性行为是指一种伤害他人或他物的行为，心理学家哈特普把攻击分为敌意性攻击和工具性攻击。

学前儿童攻击性行为发展的特点包括：①攻击性行为频繁；②身体攻击出现较多；③攻击性行为存在明显的性别差异。

三、实训任务

观察学前儿童在课堂上或游戏与区角活动时发生的攻击性行为，从而了解学前儿童的攻击性行为主要有哪些，并学会分析其原因和特点。

观察记录表

幼儿班级	幼儿表现	原因和特点
小班幼儿		
中班幼儿		
大班幼儿		

参考文献

[1] Banerjee T.D. Middlelon F. Faraone S.V.Environmental risk factors for attention-deficit hyperactivity disorder[J].Acta Paediatrica,2007,96(9): 1269-1274.

[2] Kate L. Peter, A. H. Marianne B. M. et al. Effects of low birth weight, maternal smoking in pregnancy and social class on the phenotypic manifestation of Attention Deficit Hyperactivity Disorder and associated antisocial behaviour: investigation in a clinical sample[J].BMC Psychiatry, 2007,7(26): 1-8.

[3] 彭聃龄. 普通心理学[M]. 4 版. 北京: 北京师范大学出版集团,2012.

[4] 林崇德. 发展心理学[M]. 北京: 人民教育出版社,2009.

[5] 刘新学,唐雪梅. 学前心理学[M]. 2 版. 北京: 北京师范大学出版社,2014.

[6] 陈帼眉. 学前心理学[M]. 北京: 北京师范大学出版社,2015.

[7] 桑标. 当代儿童发展心理学[M]. 上海: 上海教育出版社,2003.

[8] 李映春. 综合心理行为干预对注意缺陷多动障碍儿童的有效性[J]. 妇幼健康,2019(7): 90.

[9] 林崇德. 心理学大词典[M]. 上海: 上海教育出版社,2003.

[10] 杨治良. 漫谈人类记忆的研究[J]. 心理科学,2011(1): 249-250.

[11] 刘颖,苏巧玲. 医学心理学[M]. 北京: 中国华侨出版社,1997.

[12] 黄希庭. 心理学导论[M]. 北京: 人民教育出版社,2007.

[13] 边玉芳. 刻意还是无意记忆更有效——儿童无意记忆和有意记忆实验[J]. 中小学心理健康教育,2013(20): 34-35.

[14] 徐捷,曾金霞. 儿童发展[M]. 北京: 高等教育出版社,2016.

[15] 刘燕忠,苏彤. 幼儿心理学[M]. 武汉: 武汉大学出版社,2011.

[16] 陈帼眉,冯晓霞,庞丽娟. 新世纪高等学校教材·学前教育专业系列教材: 学前儿童发展心理学[M]. 3 版. 北京: 北京师范大学出版社,2013.

[17] 边玉芳. 心理学经典实验书系: 儿童心理学[M]. 杭州: 浙江教育出版社,2016.

[18] 贺红山,刘慕霞. 学前儿童发展心理学[M]. 长沙: 湖南大学出版社,2016.

[19] 吴家凡. 性格的优点与弱点[M]. 北京: 中国华侨出版社,2003.

[20] 张明浩,陈欣颖,陆祖宏. 气质的遗传因素: 基因多态性研究[J]. 心理发展与教育,2010(2): 215-224.

[21] 薛维峰. 性格分类理论与模型的简要综述[J]. 科技信息,2013(13): 489.

[22] 陈雪英. 略论儿童良好性格的塑造[J]. 教育探究,1997(6): 21-22.

[23] 张清雅,王忠岱. 塑造重于改造—谈孩子良好性格的培养[J]. 教育艺术,2012(9): 31.

[24] 桂楠,李娟. 儿童模仿行为研究[J]. 教育教学论坛,2016(33): 259-260.

[25] 王声平. 儿童自我意识发展的家庭影响因素及培养策略[J]. 教育导刊,2010(11): 87-89.

[26] 黄有芳. 听说游戏中提高幼儿语言表达能力的实践探索[J]. 幼儿教育研究,2018(1): 21-22.

[27] 胡萍. 善解童贞 1——0～6 岁孩子的性发展与性关怀[M]. 南宁: 广西科学技术出版社,2011.

[28] 张明红. 学前儿童语言教育[M]. 上海: 华东师范大学出版社,2001.

[29] 彭懿. 世界图画书阅读与经典[M]. 南宁: 接力出版社,2011.

[30] 程黎,程霞,张睿. 国外关于幼儿创造力发展及其影响因素的研究及启示[J]. 幼儿教育(教育科学),2012(12): 48-52.

[31] 王昆,郑竞翔. 美术教学中幼儿创造性思维的培养[J]. 学前教育研究,2014(9):70-72.
[32] 尹佳. 儿童绘本中性别角色教育的启示[J]. 家教世界(现代幼教),2014(1):14-16.
[33] 阎书昌. 华生实验被试小阿尔伯特的身份确认及争论[J]. 西北师大学报,2013,50(1):93-98.
[34] 杜丹. 孩子说话口吃的成因与矫正[J]. 早期教育(家教版),2015(12):26-27.
[35] 朱帝玲. 儿童语言发育迟缓相关因素分析[J]. 临床医药文献电子杂志,2018,5(23):11-14.
[36] 曹丽,冉域辰,孟仙. 儿童早期语言发育中的特点分析[J]. 中国儿童保健杂志,2018,26(4):437-439.
[37] 刘永春,李芹. 儿童多动症与微量元素的相关性研究[J]. 实用临床医药杂志,2008,12(4):88-89.
[38] 张南燕. 幼儿常见心理问题及其矫治对策[J]. 中国保健营养(下旬刊),2013,23(4):1701-1701.
[39] 王巧敏,章小雷,黄钢. 沙盘游戏在儿童心理治疗和教育中的运用现状[J]. 中国妇幼保健,2010,25(6):863-865.
[40] 王振宇. 学前儿童发展心理学[M]. 北京:人民教育出版社,2015.
[41] 魏勇刚. 学前儿童发展心理学[M]. 北京:教育科学出版社,2018.
[42] 包丽珍,曾天德. 学前心理学[M]. 长沙:湖南师范大学出版社,2016.
[43] 成丹丹,汪晓阳,游贝贝. 学前心理学[M]. 北京:清华大学出版社,2016.
[44] 山香教师资格考试命题研究中心. 国家教师资格考试保教知识与能力[M]. 北京:首都师范大学出版社,2018.
[45] 张平. 好动≠多动[J]. 教子有方,2018,12(4):6-7 .
[46] 刘艳新. 孩子,你慢慢来——对一例多动症儿童的个案辅导及反思[J]. 中小学心理健康教育,2017(8):50-52.
[47] 李映春. 综合心理行为干预对注意缺陷多动障碍儿童的有效性[J]. 中外女性健康研究,2019(7):90-114.
[48] 高春英. 儿童多动症的表现及教育策略[J]. 江苏教育,2018(32):52-54.
[49] 罗秋英. 学前儿童心理学[M]. 上海:复旦大学出版社,2017.
[50] 程素云,王贵平. 幼儿心理学[M]. 北京:中国传媒大学出版社,2014.
[51] 姚梅林. 幼儿教育心理学[M]. 北京:高等教育出版社,2007.
[52] 葛礼云. 幼儿园班级管理中幼儿自我意识的培养策略[J]. 新课程(教研版),2017(10):211.
[53] 李洪曾. 学前儿童家庭教育[M]. 大连:辽宁大学出版社,2002.
[54] 张永红. 学前儿童发展心理学[M]. 2 版. 北京:高等教育出版社,2014.
[55] 庞丽娟. 同伴提名法与幼儿同伴交往研究[J]. 心理发展与教育,1994(1):18-21.
[56] 庞丽娟. 幼儿不同交往类型的心理特征的比较研究[J]. 心理学报,1993(3):306-313.
[57] 徐荣荣,于开莲. 儿童的画与话——幼儿绘画作品分析[J]. 学前教育,2015(5):9-11.
[58] 周念丽. 学前儿童发展心理学(修订版)[M]. 2 版. 上海:华东师范大学出版社,2006.
[59] 傅宏. 学前儿童心理健康[M]. 南京:南京师范大学出版社,2002.
[60] 陈帼眉. 学前心理学[M]. 北京:人民教育出版社,2003.
[61] 刘岩. 启迪思想 拓展思维——浅议幼儿美术教学[J]. 现代教育科学,2019(S1):142-143.
[62] 胡锦,王青兰. 浅谈家庭教育在学前儿童语言及言语发展中的重要性[J]. 亚太教育,2016(16):5.
[63] 沙晶莹,王元,房卫鑫. 幼儿入园分离焦虑的研究述评[J]. 中国健康心理学杂志,2014,22(6):955-956.
[64] 创造性思维的例子 15 个. 百度文库,https://wenku. baidu. com/view/aef3ad62591b6bd97f192279168884-868762b8d4. html.
[65] 最强大脑记忆大师王峰的故事,https://www. xuexila. com/jiyi/jiyidashi/c188584. html.
[66] 百度百科,https://baike. baidu. com/item/海伦凯勒.
[67] 百度百科,https://baike. baidu. com/item/延迟满足.